谨以此书献给城市与

绿色守望者们！

绿色生长的城市

——城市生态空间体系建构与空间形态优化

吴敏　马明／著

中国建筑工业出版社

图书在版编目（CIP）数据

绿色生长的城市：城市生态空间体系建构与空间形态优化／吴敏，马明著. —北京：中国建筑工业出版社，2019.12

ISBN 978-7-112-24488-1

Ⅰ.①绿… Ⅱ.①吴… ②马… Ⅲ.①城市环境-生态环境-空间规划 Ⅳ.①X321

中国版本图书馆CIP数据核字（2019）第282251号

本书基于人与自然和谐共生思想，以“城—绿”协同发展与空间特色塑造为目标，以“生态融城”理念及路径架构为前提，探索一种从城市非建设用地空间的科学化、系统化配置入手，引导建设用地空间的良好结构与形态，建立新型城乡空间增长模式，并最终实现生态化与城镇化的和谐统一。首先，基于自然生态演进与城市有机生长之规律，倡导一种生态与城市融合发展的全新理念——“生态融城”理念；其次，分析生态与城市两者生长、演进的空间关系与协同、联动的效能机制，提出以“空间”为手段，“效能”为目标的城市生态空间体系建构的一套技术方法；最后，探索生态空间与城市内、外部空间形态的关联，提出通过生态空间体系的建构引导城市空间结构形态特色化和生态环境大格局优化的策略与方法。

本书适宜城乡规划学、风景园林学、生态学、环境科学等学科以及国土空间规划等领域的规划设计、科研技术人员使用，亦可供高等院校师生以及政府决策部门人员阅读和参考。

责任编辑：焦　扬
书籍设计：锋尚设计
责任校对：赵　菲

绿色生长的城市——城市生态空间体系建构与空间形态优化
吴敏　马明　著
*
中国建筑工业出版社出版、发行（北京海淀三里河路9号）
各地新华书店、建筑书店经销
北京锋尚制版有限公司制版
北京富诚彩色印刷有限公司印刷
*
开本：787×1092毫米　1/16　印张：18　字数：255千字
2019年12月第一版　2019年12月第一次印刷
定价：98.00元
ISBN 978-7-112-24488-1
（35138）

序
PREFACE

相对于20世纪工业化大发展所带来的城市危机而言，当前，我国城市正值一个新的“危机”时代。且当我们顿一顿脚步，平一平心跳，回归于理性的严峻，不难觉察到这是一个最好的时代，却也是一个危机四伏、如履薄冰的时代。

这危机，且匿伏在如今一系列的城市“变革”之中。如特色危机，因而我们四处呼吁着城市风貌特色的塑造，以此摆脱“千城一面”的局面；如交通危机、人文活力危机，因此我们倡导街区制、开放化社区，以此激活交通微循环，焕新城市活力；如雨洪安全危机，故而我们不得不去关注海绵城市建设，以告别“逢雨看海”的尴尬；而关于城市设计的呼声越来越高，又是归因于我们的城市太过粗放，不够精细化，人文关怀缺失，艺术与美感贫乏……而最大的变革，还在于我们的城市正在“展”“守”之间急速地切换着模式。仿佛是在昨天，我们还快马加鞭地求发展、求拓展、求扩展，今天继而又转向为悬崖勒马，转而关注坚守与守护，守望绿水青山，守红线、守绿线、守底线等等。而就在这种快速转换的过程之中，社会整体的价值理性尚未完全建立之时，对立、冲突，甚至是恐慌、抵触的情绪也是不难想象的。

而这一切对于规划师来说，是具有讽刺意味的。也许在规划师们骄傲的内心当中并不愿意接受这一指责，宁可将之归结于发展现实以及体制约束下的无可奈何，或是认为从思想观念及意识形态上，很多并非出自本意，但现象终究表明，我们每个人都在愤世嫉俗，而每个人又都在随波逐流……假使我们愿意放一放身段，那就让我们带着一种批判性反思，重新审视一下规划师的“功”与“过”吧，谦和地思索一下，我们的城市到底需要一种什么样的规划？我们笔下的规划，是否为城市真实所需？以及忙碌之余，我们有没有真正理性地去看待城市的过去、现在，与未来？

在城市疯狂增长的背后，现存的自然环境极少能够幸免于人类的开发与利用。在人类的支配与主宰之下，城市以其强势的姿态蚕食着自然空间，致使系统的损毁、肌理的破坏、平衡的丧失，致使我们的生存环境遭受着莫大的威胁。中国的传统文化是中华文明成果根本的创造力，“道法自然”“天人合一”等生态哲学思想，引导着古人在营造生存环境之时的一种敬畏、遵循之心，自觉地将人间繁华隐匿并安放于自然，树立了诸多山水城市的精粹之作，是山水自然与人类文明共存的经典，并于数千年的城市建设发展过程中被恒久传颂。时代正走向开放、多元的大脉络与大趋势终究无人可以阻挡，而随着民族复兴、文化自信以及生态的崛起，不论我们是在寻求遵循之道抑或创新之路，都应当贯承曾经熏陶和滋养我们的文化印记，并矢志不渝地寻求它与当代文明的结合。凝聚核心理念、借助现代手段，去探求人与自然的相融与共，生态保护与人类社会发展的和谐共生的新路径。

然而，城市生态之路并非一蹴而就，也非如法炮制，每一座城市都应找到一条专属自己的生态路径。本书基于近年来针对山地、丘陵、平原等不同类型、规模城市所开展的生态网络规划、国土空间规划等研究和实践，针对城市空间的“生长”与生态空间的“演进”的双向、动态演变过程展开深度剖析，以“山水城市”及“生态融城”理念为引，以“城—绿”协同发展为旨，以“空间效能”与空间特色塑造为目标，运用系统理论探索城市生态空间体系构建的关键技术，及其引导下的城市空间格局、结构及形态的优化路径，从空间与效能两个层面共同促进城市与生态的和谐共融。全书致力于从城市非建设用地空间的科学化、系统化配置入手，引导建设用地空间的良好结构与形态，从而建立新型城乡空间增长模式，旨在为城市空间发展和生态空间保护提供科学的空间决策技术，同时也期冀提出城镇化与生态化相统一的城市发展新思路与新模式。

全书共7章。第1章绪论，阐述研究背景，解读国内外相关研究进展，明确本书研究目标、内容、技术路径与方法。第2章提出一种化解人地僵局、倡导生态与城市相互融合发展的全新理念，并构建这一理念的愿景、内涵与思路体系。第3章阐述生态与城市两者的双向演进战略，分析两者生长、演进的空间关系与协同、联动的效能机制，并开展两者在“空间—效能”方面的内在关联性研究。第4章以安徽省生态网络规划试点城市淮北市为例，开展基于城市与生态两者在“空间—效能”关联协同发展下的城市生态空间体系的程序、思路、技术方法的分析与实证研究。第5章基于生态空间体系与城市空间体系两者互动关联的角度，提出三大建构技术所引导的城市生态空间体系建构的技术路径与方法，及其指引之下的城市空间优化途径与对策。第6章分别以安徽省六座城市为例开展生态空间体系要素与城市内、外部空间形态的关联性分析，继而以皖南城市宁国市（山地型）、皖中城市淮南市（丘陵型）、皖北城市淮北市（平原型）为案例，探讨不同自然属性特征的城市空间结构、形态的特色塑造的方法与策略。第7章为结语与展望，探讨面临新时期、新需求下的城市生态空间规划的蜕变。其中，吴敏负责全书整体框架、核心思路、技术路径以及主体内容，并承担了第2~7章的撰写及图纸绘制工作；马明承担了第1章的撰写工作，第3、7两个章节的协助撰写、全文校对以及图纸校核等工作；硕士生娄梦玲、汪海蓉、黄中山、胡瑶、谢双双等人承担了部分图纸绘制的工作；焦扬编辑为本书的写作、校审与出版也付出了辛勤的劳动。

自生态哲学的悟透，至生态科学的探觅；出发于感性的思考，又回归于实践的理性；扩展视角的广度，挖潜技术的深度，最终成就关于人与自然、城市与生态关系的思想体系于空间上的落实。在撰写过程中，我始终追求着既蕴含理性、又通达心灵的表述，并借助形式语言以及风格化的表达，这并非是为追求一种时尚，也并非故弄玄虚，反之是期冀能够传递一种更加通透的思维。然而，沟通理性与心灵的两极确非一件易事，更是一种功力。终究是受限于文字功底的欠缺、积淀的浅薄，努力之至，却也无法使本书达到一种最为理想的状态……故而在这里，我也诚挚地恳请各位读者，不吝留下各自宝贵的建议。

吴敏
2019年11月于合肥

目录
CONTENTS

4 基于“生态—城市”协同的城市生态空间体系建构路径

5 城市生态空间体系建构技术及城市空间优化

6 生态空间体系引导的城市空间特色营建

人法地，地法天，天法道，道法自然。

——老子

1

绪　论

Introduction

CHAPTER 1

中国的21世纪，是将生态文明之花绽放并全面探索、高效实践的世纪。

在漫长的人类历史进程中，伴随着技术的进步，经历了从原始社会到农业社会、工业社会及信息社会的变革；而人类社会的发展，也经历了从畏惧自然到改造自然以适应发展需要的过程。但在工业革命之后，人类改造自然的能力大大增强，改造与破坏之间的“度”难以把握，均衡性难以维持，自然生态环境急剧恶化，人类社会生存环境面临巨大挑战。当前，保护、修复自然生态已经势在必行。

城市是人类经济社会财富的集大成者，又是生态环境问题最尖锐、矛盾最突出的地方。因其在人类聚居和经济体系中的突出地位，故而塑造生态宜居的环境品质成为城市发展的关键所在。在20世纪60年代，西方发达国家在工业化进程中忽视环境保护而导致一系列问题的爆发，对人类生存产生巨大威胁，由此引起了国际社会的共同关注，也掀起了关于环境和生态的研究浪潮。此后，生态城市概念一经提出，立刻受到全球城市的广泛认同。作为人类发展的理想与目标，生态城市建设已经成为现代人居、生产和环境相互协调的重大社会实践[①]。而不同发展时期的中外城市，对于生态化建设的实践和生态思想的研究也体现出不同的时代特征。

1.1 中外城市生态化建设历程

1.1.1 中国城市生态化建设历程

（1）原始社会至奴隶社会时期

在漫长的原始社会时期，受制于劳动技术能力水平，人类生存完全依附于自然采集；后因农业发展的需要，才逐步形成了固

① 蒋艳灵，刘春腊，周长青，等. 中国生态城市理论研究现状与实践问题思考[J]. 地理研究，2015，34（12）：2222-2237.

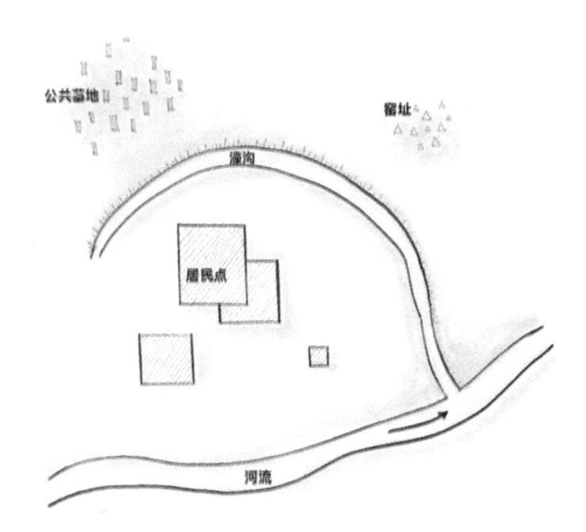

图1-1 半坡村原始村落示意

图1-2 燕下都城遗址示意

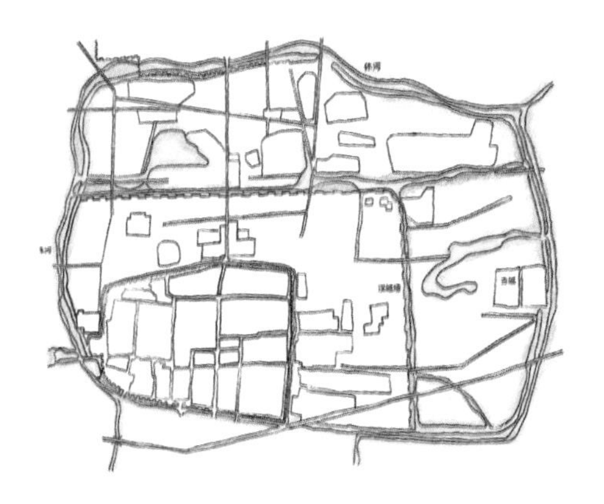

图1-3 曲阜鲁故城遗址分布图

定居民点，而这些居民点的选址多为水资源充足地带。我国历史上较大的聚落遗址，多出现在黄河流域、长江流域等水源富足区域。这一时期居民点选址的普遍特征是：建设于地势较高的地方，周边水资源富足并有肥沃的土壤便于农业种植。虽改造自然的能力极为有限，但人类根据生存安全和农业生产需要，对水资源这一决定性因素的利用已逐步形成了较为清晰的改造思路，即依托河流水系且选择向阳坡便于取水之地，于地势较高的方向与居住地之间建设濠沟用以疏散上方来水，同时还能起到防护自然界动物侵袭的作用，这种用水、治水模式亦成为后期中国古代城池建设护城河的思想来源（图1-1）。

因朝代更迭所引起的战乱纷争不断，到了春秋战国时期，城池的防护功能更加突出，《礼记》中所记载的“城廓沟池以为固”的思想被广泛应用到王城建设之中。并且不再拘泥于固定形式，随城池规模扩大，其内外部空间均与之呼应并调整，以更好地满足城防和生活需要。如部分城池的整体布局及空间形态顺应外部的自然山水环境，充分重视内外部水系综合功能；而在内部格局上，考虑依据立地条件顺应自然水系走向展开，且将水系贯穿城池内大部分区域，“理水”思想自此得到了进一步的落实与应用（图1-2、图1-3）。

（2）封建社会时期

进入到封建社会时期，城市发展建设多具有共性特征，表现为以封建统治为核心、城市防御功能不断加强、规模不断壮大以及由统一规划思想主导城市建设等，城市空间呈现为“河水绕城”“城中有城”“阶级分立”等典型特征。其中，尤以《周礼·考工记》中的营城思想与规划格局最具影响力，受其引导，诸多城市整体形态上呈现出“天圆地方”的规整格局。

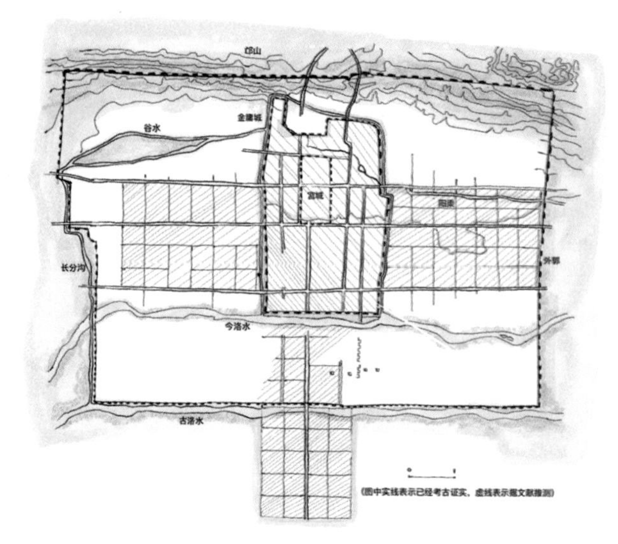

图1-4　汉魏洛阳城复原示意（根据相关资料改绘）

然而在不同地区，尤以临山、滨水等地区城市，其整体布局在很大程度上受到自然山水的制约和影响。城市的整体结构又存在着针对性变化，以此来满足其与周边自然环境的依托关系。如北魏孝文帝拓跋宏为便于统治全国而迁都营建的汉魏洛阳城（图1-4），城市选址于邙山以南、洛水以北，地势北高南低，因而宫城位置居中偏北，南北山水轴线对称；东西向临山沿水展开，三道水系东西贯穿全城，宫城外形成环状水系，并引水至宫城内；城内滨水地区尽量保留并大量种植树木，用以塑造和提升河岸绿化环境。

而始建于楚的寿县古城，则是较早按照“山—水—城”理念建造的城市之一。寿县古城是我国现存较具代表性的古城池之一，因历代为备战守、防洪水，不敢怠于修缮，故保存较为完善，尤以城墙完好，为国内所罕见。自然依托方面，古城东北临淝水，北依八公山，形成“青山横北郭，白水绕东城”的宏观环境。空间布局上，古城与北面的八公山、环城而绕的东淝河、瓦埠河形成传统营城理论中理想的“山—水—城”之格局，在其历史发展过程中逐步形成了贯穿八公山、古城南北门的发展轴线；城郭略呈方形，城内为棋盘式布局，建筑分布南密北疏；城内四角设有四个水塘，为古城内外水系连通之用，也是集中设置的绿化空间和活动空间（图1-5、图1-6）。

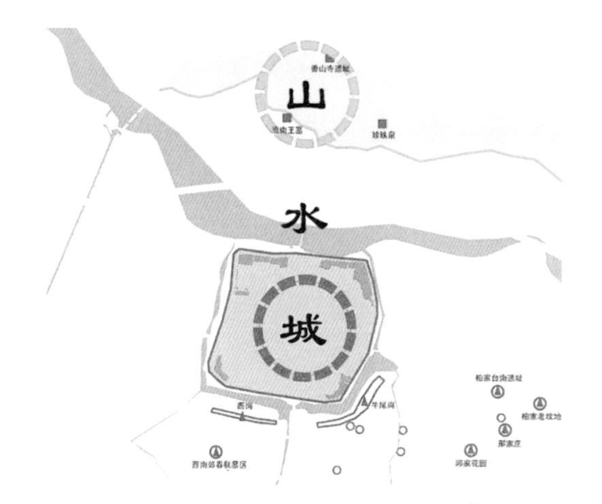

图1-5 寿县古城空间格局示意①

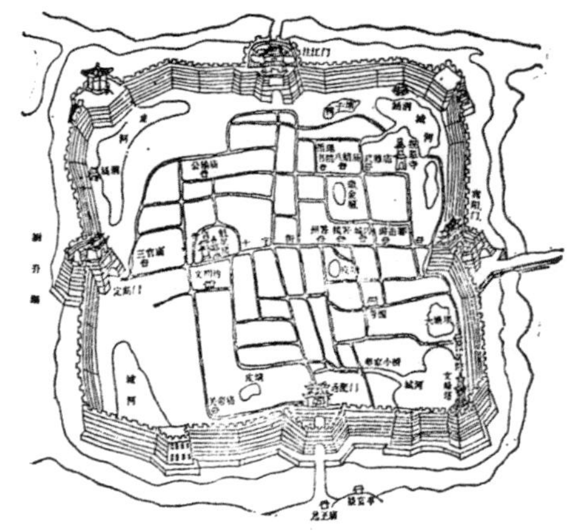

图1-6 清代寿县古城①

另一典型代表为南京古城，建设于长江岸线以东、东西部的连绵山体之间，南偏西呼应“雨花台—玄武湖”而形成一条斜向中轴；在历史时期各阶段，城市均依托这一轴线和自然地理环境而发展，城市结构及目前所遗留城墙均顺应山脉、河流②。作为“六朝古都”“十朝都会”，南京古城于漫长的朝代变革中不断完善着城市和城防建设，始终保持着较好的山水环绕型制；即使在各朝代的逐步扩建进程中，也并未选择集中拓展模式，在宫城之外的地带则更多是顺应山势和长江岸线拓展，呈现出不规则形态，进而形成城市与自然相融合、山脉与河流相连通的独特格局（图1-7、图1-8）。

在这一时期城市中，河流水系作为重要“纽带”，贯穿于城市内外，且发挥着关键作用。首先，这一时期的城市在城垣外多有护城河，连通外部江、河、湖、泊等自然水体，同时具有排水防涝等功能，在南方的一些城市还是重要的运输通道，城市道路系统也多依河道而布局。其次，濒临水系的沿岸空间为重要的交往场所，城市大部分商业店铺、文化展示均集中于此，不仅作为市井文化的集中地，也是民间举办文化、节庆活动的重要地带。再次，河流水系丰富了城市风貌，清清河水、柳绿成荫、曲桥轻跨，构筑了一

---

① 寿县人民政府. 寿县县城总体规划（2013-2030年）[Z]. 2014.

② 姚亦锋. 南京城市水系变迁以及现代景观研究[J]. 城市规划，2009，33（11）：39-43.

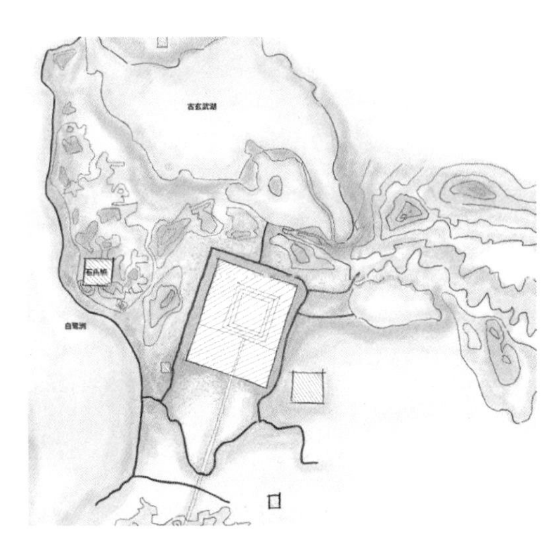

图1-7　六朝时期南京古城与自然地理关系
（根据相关资料改绘）

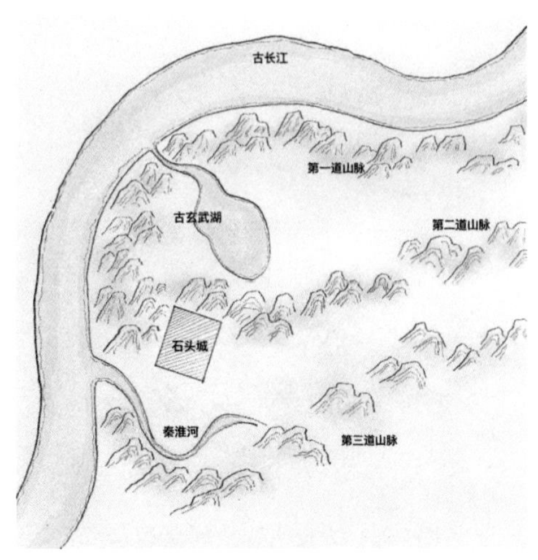

图1-8　南京古城与山水关系
（根据相关资料改绘）

图1-9　唐东都洛阳城市布局示意
（根据相关资料改绘）

图1-10　苏州古城空间布局示意
（根据相关资料改绘）

幅优美的人文画卷，展现了城市的独特人文魅力，如洛阳、苏州等（图1-9、图1-10）。我国的传世名作《清明上河图》，便生动描绘了北宋都城东京汴河两岸的自然风光和繁荣景象。

到了明清时期，我国古典园林进入全盛时期并发展成为世界三大造园体系之一，进一步丰富和提升了城市环境品质与内涵，对周边国家以及部分欧洲国家均产生了深远影响。中国古典园林具有悠久历史和深厚底蕴，无论是规模宏伟、气势磅礴的皇家苑囿，如颐和园、避暑山庄等，还是精致小巧、秀雅别致的私家园林，如拙政园、留园等，均将山水地形、花草树木结合叠石理水、亭台廊桥等精巧布设，创造出优美的自然山水意境，将遵循或是模拟山水自然环境的人工建造模式演绎到了极致。

（3）近现代时期

鸦片战争之后，我国步入工业化发展阶段，长江、珠江、津沪铁路、京广铁路等水路与陆路交通要道沿线的城市，随着城市空间的极速拓展，原有城市格局被打破，局部呈现无序扩张状态；另一些因作为租界而快速发展的城市，如大连、青岛、天津等，城市布局进入外向型发展阶段，并呈现出多种风格并存的状态。直到抗日战争胜利后，国内一些大城市才逐步进入有计划发展阶段，但受"中西合璧"思潮影响，一方面搬用英美早期的功能主义做法，一方面又试图结合我国古代城市建设的传统手法，未能形成统一的思想理念，在后续过程中也未能得以很好的落实。

解放战争之后，从西方国家学成归国的规划师们带回的西方城市规划理论与方法，开始影响国内一些大城市的建设并起到了积极的指导作用。如1949年完成的"上海都市计划"三稿（图1-11），综合了"卫星城""邻里单位""有机疏散"等西方理论，通过疏散城区人口、提高绿化用地比重、建设快速路

图1-11 "上海都市计划"三稿示意（根据相关资料改绘）

和环线等方式，采用非均衡、分散式的结构组织城市空间拓展，保持外部自然生态空间向着城市内部楔入，其设计手法对于国内其他城市规划和建设产生了一定影响，如青岛城市建设在功能分区、空间布局等方面充分考虑地形地貌，注重城市轮廓线，并积极塑造城市生态与人文风貌等。

中华人民共和国成立以后，从1949年到1952年左右的国民经济恢复时期，城市建设的主要任务是整治环境、改善居住条件、增设服务设施等，城市内部生态环境品质亦得到一定改善。在第一个五年计划时期（1953~1957年），我国的城市建设全面转移到以苏联援建项目为中心、推进工业化方面，对城市生态和环境整治等方面的工作有所放缓。而在“大跃进”和“文化大革命”时期，城市建设陷入混乱状态，这一局面直到改革开放前期才有所改善。

与此同时，国外已经开展了生态城市的研究与建设，受其影响，我国从20世纪80年代初开始进行生态城市研究，包括北京、天津、上海等城市都开展了以生态系统分析评价为主的研究①，国家也开展了相关试点工作。作为全国第一个生态试点城市，江西省宜春市在对市域范围内的复合生态系统进行研究分析的基础上，通过综合评价，反复调整系统结构与功能，确定了一套能概括整个系统且便于分析调控的结构②。湖南省长沙市基于独特地域特征，在保证城市生态安全和有效提高生态环境质量的前提下，探索了从综合分析、评价到统筹规划、建设的路径③。

20世纪90年代后，国家出台了一系列城市发展政策，如1994年的《中国21世纪议程》、1996年的《全国生态示范区建设规划纲要（1996~2050年）》、全国爱卫会1990年开始评选的“国家卫生城市”、建设部1992年起开始评选的“国家园林城市”等，有力

① 马交国，杨永春．生态城市理论研究综述[J]．兰州大学学报，2004（05）：108-117.
② 黄光宇，陈勇．生态城市理论与规划设计方法[M]．北京：科学出版社，2002：8.
③ 焦胜．长沙生态市建设规划重点与策略[C]//中国可持续发展研究会．2006年中国可持续发展论坛——中国可持续发展研究会2006学术年会青年学者论坛专辑．2006：4.

推动了生态城市建设实践工作。[①]四川省乐山市的城市规划以生态学理论为指导，于城市中心地带规划了8.7km^{2}的“城市绿心”，并通过长期严格的规划实施和管理，塑造了“绿心环形城市”的特色空间布局，成为生态型城市建设的范例[②]（图1-12）。

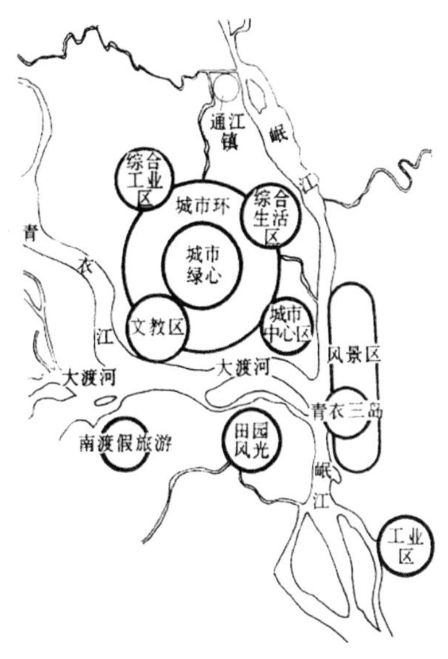

图1-12　乐山市城市空间结构示意[③]

进入21世纪，随着可持续发展战略的推行，推进城市生态建设、促进生态环境品质提升逐渐成为各级城市发展的目标之一。《北京城市总体规划（2004年—2020年）》提出了十项可持续发展战略，在城市生态化发展与建设方面起到了科学实用的指导性作用[④]。党的十七大报告首次明确提出了“建设生态文明”的要求，将城市生态化发展的研究与实践推向了多元化、快速发展的轨道[⑤]；到2011年底，我国284个地级以上城市中，有200多个城市明确了建设生态城市的目标。这一时期的研究实践主要集中在对生态城市的概念、内涵及城市生态化发展的评价方法与指标体系构建等方面，同时还针对前一时期城市在推进生态化发展建设方面的优缺点进行了总结，提出了解决措施建议，对于科学开展城市的生态化发展和建设工作起到了指导作用。与此同时，利用举办世界性大型活动的契机，如奥运会、世博会、APEC会议、G20峰会等，北京、上海、杭州等城市开始持续推进城市生态化发展建设；而在中外合作模式上，以中新天津生态城、曹妃甸国际生态城、中瑞无锡生态城等为代表，开始了一系列有关生态城区的规

① 刘颜欣. 生态城市规划理论与建设技术研究[D]. 兰州大学，2014：5.
② 欧阳林，罗文智，李琳. 乐山绿心环形生态城市规划与实践[J]. 城市发展研究，2006（06）：42-45.
③ 黄光宇. 乐山绿心环形生态城市模式[J]. 城市发展研究，1998（01）：9-11.
④ 龙瀛. 城市总体规划的十大可持续发展战略——以《北京城市总体规划（2004年-2020年）》为例[M]//中国城市规划学会. 城市规划面对面——2005城市规划年会论文集（上）. 北京：中国水利水电出版社，2005：9.
⑤ 曹瑾，唐志强. 国内生态城市理论与建设研究进展及述评[J]. 生产力研究，2016（01）：151-155.

划编制工作，并制定了从绿色建筑行动方案到生态试点项目建设等具体实施内容，为生态理论创新、节能环保技术使用和展示先进的生态文明提供了国际平台，并努力为中国乃至世界其他城市的可持续发展提供样板。

近年来，在推进国家治理体系和治理能力现代化的进程中，一系列政策、体制机制改革对城市生态化发展建设起到了重要的指引作用。2012年11月，党的十八大把生态文明建设纳入中国特色社会主义事业总体布局，再次将生态发展与建设推向了高潮；习近平总书记提出的“绿水青山就是金山银山”的科学论断，将城市建设行为从“城区”生态角度转向了“城乡”生态环境与山水格局的保护上来。党的十九大报告中进一步提出要“优化生态安全屏障体系，构建生态廊道和生物多样性保护网络，提升生态系统质量和稳定性”，同时在国土空间管理制度、生态环境管理制度等方面推进的体制机制改革，以及“美丽中国”“乡村振兴”和“蓝天、碧水、净土保卫战”等一系列行动，促进了城市生态化发展建设内涵与方式的全面扩展；在强化自然资源监管和环境保护机制建设的背景下，城市生态化发展建设的内涵既进行了扩展，也实现了回归。扩展，是体现于空间范围上，实现了城市生态化建设从以城市空间为主向着自然生态与城乡一体化视角的扩展；而回归，体现于理念模式与方式方法上，实现了生态化发展建设与中国传统哲学理念和城市建设思想以及地域特色等的保护、传承及利用相结合。

1.1.2 西方城市生态化建设理论与实践

工业革命是导致西方城市空间规模扩张和功能结构巨变的决定性因素，受社会制度的约束，人居环境问题一直未得到重视，直至1848年英国《公共卫生法》的出台。为应对工业革命之后城市发展中产生的诸多问题，一些著名建筑师和相关学者开始对城市未来发展提出了开创性的构想，并形成了一系列著名理论，后期这些理论被引入中国并对国内城市的规划建设产生了深远影响。而伴随着19世纪生物学研究的拓展，现代生态城市概念的逐步建立，开始对西方城市的生态化建设产生影响。19世纪60年代，德国动物学家海克尔（Ernst Haeckel）正式提出了"生态学"概念，开始关注自然界生物与环境的关系；20世纪20年代至60年代，奥地利生物学家贝塔朗菲（Bertalanffy）提出并完善了系统科学思想，强调环境对于维持系统存在的重要性，改变了人们的传统思维习惯，为树立对于城市与环境关系的新认识打下了社会基础①。1971年，联合国教科文组织在"人与生物圈"计划研究过程中，正式提出生态城市（Ecocity）概念，由此开始了对生态城市建设理论和实践的持续探索。总结西方城市的生态化理论与建设，从学术思想到规划实践均开展了诸多探索且涌现出大量理论与思想，多数围绕城市空间与生态空间展开研究探讨，大体上呈现出不同历史时期的特有思想倾向；而从研究视角和主体的差异来看，大体可划分为城市发展和生态保护两种视角。

（1）城市发展视角

城市是人类生活居住的空间，以城市为研究对象具有丰富的理论和实践成果。1898年，埃比尼泽·霍华德（Ebenezer Howard）提出"田园城市"（Garden City）理论，指出工业化导致城市的生产生活环境与人们所希望的环境产生巨大差距，城市与自然相互疏远，提出"城市应与乡村结合"，并在城市周围永久保留绿地；这种城乡一体、城绿交融的规划思想对于后期很多国家的城市规划产生了深远影响，并在英国、美国的很多城市相继展开了"田园城市"和卫星城的建设实验。20世纪30年代，现代建筑大师勒·柯布西耶（Le Corbusier）则将工业化思想大胆地引入城市规划，在其"光辉城市"（The Radiant City）理论中倡导运用技术手段对城市内部空间进行改造，他提出"把乡村搬进城市"和建造"垂直的花园城市"的口号，构想运用较少的土地建造高密度的大城市，并通过公园、林荫道以及大型公共广场等使得城市充满阳光和新鲜空气。基于工业化驱使城市规模急剧扩张而产生的人与自然的矛盾问题，这两位先驱分别从城市区域和城市内部优化两个不同的角度，提出了通过生态绿地引导或改善城市环境问题的解决措施，而无论是霍华德的分散主义还是柯布西耶的集中主义，这些理论均蕴含了丰富的生态哲理，对于后世的城市建设理论发展与实践探索均起到巨大的影响作用。

① 薛滨夏，刘崇，周立军．生态城市核心思想及其适宜性建设模式解析[J]．建筑学报，2011（S1）：136-139.

20世纪以来，伴随着大城市的恶性膨胀，如何控制与疏散大城市人口成为突出问题。1922年，昂温（Unwin）提出卫星城市（Satellite City）理论方案，即在大城市外围设立绿地，绿地之外建立卫星城镇；卫星城市理论是霍华德“田园城市”理论的拓展[①]。1918年，芬兰建筑师伊利尔·沙里宁（Eliel Saarinen）提出“有机疏散”（Organic Decentralization）的城市理论，提倡城市应当改变传统的集中布局方式而成为既分散又联系的有机体；有机疏散理论建议既要符合人类的聚居天性，感受共同的社会生活与城市脉搏，同时也不可脱离自然，应建设一种兼具城乡优点的聚居环境。这种规划思想于1913年的塔林、1918年的赫尔辛基的规划方案中得以运用，并对于第二次世界大战后欧美各国的新城建设、旧城改建以及在大城市向郊区空间扩张过程中均起着重要影响与引导，如大伦敦规划、大巴黎改造规划等；在1970年的莫斯科城市总体规划中，在“1个主城+7个片区”的城市结构中采用了环形、楔形相结合的绿地系统布局模式；1971年，在澳大利亚墨尔本等城市总体布局中也规划了楔形生态空间，以上城市的生态绿地布局模式均是“有机疏散”思想的具体实践[②]。

将空间分散理论上升到极致的是建筑大师赖特（F. L. Wright），其在20世纪30年代提出的“广亩城市”（Broadacre City）思想，认为随着汽车和电力工业的发展，已经没有将一切活动集中于城市的必要，分散将成为未来城市规划的重要原则，基于此创造了一种分散的“反城市模型”。其思想是为每个独户家庭提供1英亩土地以生产食物，以汽车为交通工具，通过超级公路连接各个区域，公共设施沿线布置，中心地区设立商业设施与加油站等；美国20世纪60年代以后普遍的城市郊区化在一定程度上便是这一思想的体现。另外，得到较多肯定的是20世纪40年代开始的，由著名建筑师阿伯克龙比（Abercrombie）主持制定的大伦敦地区的规划

---

① 吴志强，李德华. 城市规划原理（第四版）[M]. 北京：中国建筑工业出版社，2010：29.

② 吴敏. 城市绿地生态网络空间增效途径研究[M]. 北京：中国建筑工业出版社，2016：13.

方案，它是第二次世界大战后指导伦敦地区城市发展的重要文件。该方案在综合地吸收“田园城市”“卫星城市”“组合城市”“区域规划”等理论的基础上，对伦敦市的城市格局、生态格局、产业布局和区域衔接等进行了总体布局，其规划理念和模式对世界各大城市空间拓展以及发展建设均产生了深远影响①。其中，阿伯克龙比认为用于休闲娱乐和其他活动的充裕的开放空间对于维持和提高城市居民的健康至关重要，基于此，他展开了对城市生态空间的系统性建构，将伦敦地区分为内城建设区、郊区带、绿隔和外围乡村带，并在内城和郊区之间建设一个5英里宽的环状绿化带。此后，结合城市空间结构，在城市边缘、组团之间以及内部重点区域，通过设置多层次、大尺度的绿化空间，以达到延缓中心城市规模扩大、阻滞城市蔓延发展、保护环境、保护开放空间并提供居民休闲娱乐场所等目的，已经成为当今各国城市规划设计的常用模式与手法。

（2）生态保护视角

基于生态学视角，以自然生态保护为前提引导城市空间拓展，业已形成了较为丰富的理论研究成果。20世纪初，欧美科学家开始将生态学思想运用于城市发展研究之中。1916年，美国芝加哥学派创始人之一帕克（R. E. Park）提出城市生态学概念，指出“城市人类在竞争与合作中所组成的各类群体相当于动植物群落，因而支配自然生物群落的某些规律也可应用于城市人类社会”；而英国生物学家格迪斯（Patrick Geddes）提出“人类生态”概念，并将生态学原理运用于城市的环境、卫生、规划、市政等综合研究之中②。20世纪60年代初，英国著名生态学者麦克哈格（Lan McHarg）提出城市“自然的生存策略”，在尊重自然规律的基础上建造自然与人共享的生态系统，进而提出生态规划的概念，提倡将景观作为一个包括地质、地形、水文、土地利用、植物、野生动物和气候等决定性要素相互联系的整体来看待，通过将生态因子分层分析和地图相结合的叠加技术，发展了一套“千层饼”叠加模式的从土地适应性评价到土地利用规划的方法和技术；麦克哈格强调了应当遵从自然固有价值与生态过程，为景观环境规划提供了生态适宜性分析方法，以此发展了生态规划，为城市规划研究及决策提供了生态理性

---

① 姚迈新．大伦敦城市规划发展的经验及其对广州的启示探析[J]. 岭南学刊，2019（01）：53-58.
② 马交国，杨永春．生态城市理论研究进展[J]. 地域研究与开发，2004（06）：40-44.

的思考方法[①]。

一些国际组织也相继提出了新的规划理念和建议。国际现代建筑协会（CIAM）于1933年制定的《雅典宪章》，认为应将城市与乡村融为一体，构成区域单位要素，并建议新建的居住区要多保留空地，增辟旧区绿地并降低旧区人口密度，在市郊保留良好的风景地带。20世纪80年代，联合国在《人与生物圈计划》中指出“生态城市要从自然生态和社会心理两方面去创造一处能充分融合技术和自然的人类活动的最优环境，诱发人的创造性和生产力，提供高水平的物质和生活方式”[②]；同时提出了生态城市规划的五项总体原则，即生态保护战略、生态基础设施、居民生活标准、文化历史保护和将自然融入城市，这五项原则从整体上概括了生态城市规划的主要内容，也成为后来生态城市理论发展的基础。

1981年，苏联生态学家亚尼茨基（O. Yanitsky）提出了生态城市的理想模式，认为应强调技术与自然充分融合、人的创造力和生产力得到最大限度的发挥、居民的身心健康和环境质量得到最大限度的保护；尽管这一模式的现实可操作性不强，但其理念强调把以人为本、绿色发展放在城镇发展首位，其中也蕴含着对美好城市生活的向往。美国著名生态学家理查德·雷吉斯特（Richard Register）对城市生态化建设进行了系统化的研究与实践。1984年，他提出生态城市建立的四原则，即“以相对较小的城市规模建立高质量的城市、就近出行、小规模地集中化、物种多样性有益于健康”[③]；1987年，他提出创建生态城市的理论，在其所著的《生态城市：伯克利》一书中，提出了所期望的理想生态城市应具有的六大特征[④]；1996年，由雷吉斯特领导的“城市生态学”组织，

---

① 吴敏. 城市绿地生态网络空间增效途径研究[M]. 北京：中国建筑工业出版社，2016：13.

② 崔向红. 创建生态文明城市的理论及实践研究[D]. 东北林业大学，2005.

③ Richard Register. Ecocities: Rebuilding Cities in Balance with Nature [M]. Berkeley：North Atlantic Books，1984：13-43.

④ 黄肇义，杨东援. 国内外生态城市理论研究综述[J]. 城市规划，2001，25（1）：59-66.

进一步提出了更加完整的建立生态城市的十大原则[①]。

除此之外，国际上仍有很多专家学者提出有关城市生态化发展建设的一些原则和理念，涵盖了从强调物种多样性的自然特征下的土地开发、交通组织等方面，发展到涉及城市社会公平、法律、技术、经济、生活方式与公众生态意识等诸多方面。至今，关于城市生态化建设的研究仍然是在不断发展之中的，而所有这些原则、理念、模式与方法最终归于实践层面，仍然还需要持续不断地检验、调整和完善。

1.2 生态城市建设的探索与实践

自20世纪60年代以来，全球兴起了环境保护热潮，生态学理论及方法被广泛用于城市空间规划领域。80年代之后，由于人类环境问题的紧迫性和国际社会对生态发展的广泛认同，以及“人与生物圈计划”的有效推动与跨学科专业合作交流的推广，生态城市迅速成为国际学术界的研究热点，生态城市规划与建设实践也纷纷在许多国家相继展开[②]。1990年，第一次国际生态城市会议在美国伯克利（Berkeley）举行，其后，又陆续在阿德雷德（Adelaide）、达喀尔（Dakar）与库里蒂巴（Curitiba）召开了第二、第三、第四届国际生态城市会议。2002年8月，第五届国际生态城市大会在中国深圳召开，会议聚焦“生态景观、生态产业、生态文化”主题，通过了《关于生态城市建设的深圳宣言》，明确提出21世纪城市发展的目标、生态城市的建设原则、评价与管理等内容，强调把生态整合方法和原则应用于城市规划和管理。这是国际生态城市协会首次达成的有关生态城市建设的宣言，成为国际生态城市建设史上的一座里程碑。至2019年6月，国内如天津滨海、雄安新区、郑州等地分别举行了国际生态城市论坛或国际生态城市建设展览会，为推动生态城市发展建设提供了丰富的理论与技术支持。

中国于1972年加入“人与生物圈计划”并当选为理事国，自此较大

---

① （美）Richard Register. 生态城市——建设与自然平衡的人居环境[M]. 北京：社会科学文献出版社，2002：167.

② 蒋艳灵，刘春腊，周长青，等. 中国生态城市理论研究现状与实践问题思考[J]. 地理研究，2015，34（12）：2222-2237.

地推动了生态学等学科领域学者与国际同行的学术接触[①]；20世纪80年代以来，国内学者将研究进一步拓展到生态学、环境学、城乡规划学以及地理学等诸多学科领域，近四十年间历经了从城市生态问题分析、生态城市概念解析，到生态城市评价、规划和建设，以及各类型“生态示范园区”的建设实践。在这一发展过程中，与生态城市相关的各个学科也获得了极大发展，与城市生态建设、生态环境保护等相关的法规体系、管理政策也日趋完善[②]。

1.2.1 生态城市概念与内涵

1971年，联合国教科文组织在“人与生物圈”计划研究过程中，正式提出生态城市（Ecocity）的概念，也由此开始了对生态城市建设理论与实践的持续探索。然而至今，关于生态城市并未形成统一定义，甚至存在一些争议，不同学科对其内涵认知仍在不断深化。仅从目标诉求角度来理解，其所反映的是人类对于生态环境质量的需求、可持续发展的要求以及美好生活的追求。

国内学者中，沈清基（1998）认为：符合生态规律的城市生态系统应该是结构合理、功能高效、关系协调、达到动态平衡状态的复合城市生态系统，因此生态城市应是社会、经济、自然协调发展和整体生态化，即实现人与自然和谐发展、生态良性循环的城市[③]。任倩岚（2000）认为：生态城市是现代城市建设的高级阶级，是人类理想的生存环境，应具备社会生态化、经济生态化、自然生态化等特点[④]。彭晓春、李明光等（2001）认为生态城市的内涵包括三个层次：自然地理层，是城市人类活动的自发层次；社会—功能层，重在调整城市的组织结构及功能；文化—意识层，旨在增强人的生态意识，变外在控制为内在调节[⑤]。黄肇义、杨东

---

① 阳含熙，刘玉凯. 人与生物圈的研究[J]. 生物学通报，1983（03）：23-25，65.

② 蒋艳灵，刘春腊，周长青，等. 中国生态城市理论研究现状与实践问题思考[J]. 地理研究，2015，34（12）：2222-2237.

③ 沈清基. 城市生态与城市环境[M]. 上海：同济大学出版社，1998：52-55.

④ 任倩岚. 生态城市：城市可持续发展模式浅议[J]. 长沙大学学报，2000（02）：62-64.

⑤ 彭晓春，李明光，陈新庚，等. 生态城市的内涵[J]. 现代城市研究，2001（06）：30-32.

援（2001）认为：生态城市是全球生态系统的可持续子系统，它是基于生态学原理建立的自然和谐、社会公平和经济高效的复合系统，更是具有自身人文特色的自然与人工协调、人与人之间和谐的人居环境[①]。黄光宇（2004）认为：生态城市是“人—自然—经济—社会”协调发展的人类聚集地，具有和谐性、高效性、持续性、安全性、整体性和区域性等特征[②]。李宇、董锁成等（2012）基于经济视角，将生态城市概括为通过“企业—产业—区域—社会”四个层面循环，以及城市各子系统及其内部的物质循环利用，将经济活动对生态环境的影响降低到最小的一种城市发展模式[③]。姚江春、许锋等（2012）认为：生态城市是基于生态学原理建立的自然和谐、社会公平、经济高效的复合系统，以高效的生态产业、和谐的生态文化、多元的生态景观提供最佳的人类聚居地，具有绿色生态、循环经济、低碳节约、绿色交通、紧凑集约、绿色建筑、和谐宜居和文化包容等特征[④]。李迅、董珂等（2018）认为：生态城市的核心价值表现为共生、循环与自然，生态城市建设理论可以从理念体系、目标体系、技术体系、标准体系和示范体系这五个方面来构建，并应注入多元、共生、适应、平衡、系统和人本等关键理念来建设[⑤]。纵观国内学者的观点，均强调了生态与经济、社会、自然以及包含文化在内的复合系统协调发展的重要性，注重城市发展与生态平衡相得益彰的问题；而随着社会的进步和发展的多样化要求，规划、建设与管理好生态城市的任务将更加艰巨。

1.2.2 生态城市建设理念与实践

（1）理念与方法

基于近年来生态文明建设的热潮，国内诸多专家学者根据自身专业视角与特点，针对性地提出了生态城市建设的理论与方法建议。何碧波、黄凌翔（2011）提出了重建新城和改造现有城市两条生态城市的建设路径，并

---

① 黄肇义，杨东援．国内外生态城市理论研究综述[J]．城市规划，2001（01）：59-66.
② 黄光宇．生态城市研究回顾与展望[J]．城市发展研究，2004（06）：41-48.
③ 李宇，董锁成，王菲，等．基于循环经济理念的生态城市发展研究[J]．城市发展研究，2012，19（11）：146-148.
④ 姚江春，许锋，肖红娟．我国生态城市建设方向与新型规划技术研究[J]．城市发展研究，2012，19（08）：9-15.
⑤ 李迅，董珂，谭静，等．绿色城市理论与实践探索[J]．城市发展研究，2018，25（07）：7-17.

从理论背景、实践案例、局限性等方面分别梳理了重建型生态城市和改造型生态城市两种建设模式与建设经验[①]。唐震（2014）认为：随着现代技术革命的不断突破，人的需求逐渐凌驾于自然之上，现代城市发展无限突破资源限制，更多地体现于对经济增长与建设用地扩张的追求上，这是不可持续的；而中国传统文化中形成了具有价值的有关低碳生态的哲学观，包括辩证的变化观、平衡观、有节制的发展观、“制天命而用之”的能动观以及“人地天道合一”的有机整体观等，应对中国哲学理论和传统理念进行构架，在城市建设中借鉴传统，形成统筹“天—地—人”整体的发展路径，从而为城市建设模式的转型寻求出路[②]。刘晓文（2018）以许昌市城市生态文明建设为实例，讨论基于协同治理的城市生态文明建设基本情况及治理模式，总结为“高规格规划生态项目、政府部门内部协同、政企协同攻坚、公众参与治理、工作机制保障”五个方面，并提出优化路径和改善对策[③]。张佳丽、王蔚凡等（2019）从智慧生态城市的时代背景、认知基础、基本理论、技术方法、发展趋势和实施策略等方面，提出智慧生态城市发展的政策建议，包括做好顶层设计、加强技术创新应用、构建完善制度体系和加快人员专业素养等[④]。

不少专家学者也针对生态城市建设中的具体问题，在借鉴国内外经验的基础上，进一步提出改进措施和建议。蔡云楠、李晓晖等（2015）以广州为例开展研究，发现多年的生态城市实践并未扭转生态环境恶化的局面；认为普遍存在基础调查与分析缺乏系统考量、规划方法与技术难具实操性、规划实施保障机制不明以及实施效果评估基本缺位等问题，围绕“基础分析—技术应用—实施保障—绩效评估”的策略框架，提出以“开展基于生态本底调查

---

① 何碧波，黄凌翔．重建与改造——国外生态城市建设模式及对我国的启示[J]．生态经济，2011（12）：183-187．

② 唐震．低碳生态城市建设的中国传统理论溯源与现代启示[J]．城市发展研究，2014，21（11）：106-110．

③ 刘晓文．基于协同治理的城市生态文明建设路径研究[D]．郑州：郑州大学，2018．

④ 张佳丽，王蔚凡，关兴良．智慧生态城市的实践基础与理论建构[J]．城市发展研究，2019，26（05）：4-9．

的生态功能量化评估、以实施为导向优化生态规划编制与管控途径、以重点地区为先导建构生态实施机制、引入基于实测指标的生态环境绩效评估”的规划实施路径，解决生态规划失效问题①。方创琳、王少剑等（2016）总结了近15年来的低碳生态城市发展与建设，认为低碳生态工业园区和社区建设取得示范成效，并推动低碳生态产业成为城市新的经济增长点；然而真正意义上的低碳生态新城新区建设尚处于萌芽阶段，并且其建设过程中也暴露出一系列新问题。针对这些问题，提出未来要加强智慧低碳生态技术的集成应用，建设一批产城融合的示范区；大力发展智慧低碳生态产业，提升新城新区建设的智慧化、生态化和低碳化；构建一套通用性强的国家建设标准及指标体系；推行融智、融商、融资的“三融模式”，引进民间资本；推行产业规划、空间规划和技术规划的“三规合一”模式，以科学的低碳生态新城新区规划引领健康发展②。张文博、宋彦等（2018）通过总结美国生态城市建设模式，对我国生态城市建设提出五点建议：一是以创新驱动和创意产业培育为重点，推动经济生态化转型；二是以公众参与和技术应用为重点，完善生态环境的实现机制；三是以空间优化和交通设施配套为重点，构建绿色便捷的交通体系；四是以结构优化和政策配套为重点，加强保障性住房建设；五是以提升公共服务效率和增进社会交流为重点，促进社会和谐稳定③。

也有部分研究集中于城市街区或片区层面。陈天、臧鑫宇等（2015）以街区为研究对象，以生态学为基础，并综合多学科观点提出了生态城绿色街区城市设计研究体系，以信息、节能、环保等技术条件为支撑，从气候条件、土地条件、绿地植被、水体条件等方面提出了适应不同生态环境要素的生态城绿色街区城市设计策略，探讨绿色生态理念在街区层面的实现途径④。臧鑫宇、王峤等（2017）分析了我国生态城建设实践中的问题，以可持续发展指标的理论内涵和研究方法为基础，从指标的要素选择、具体内容确

---

① 蔡云楠，李晓晖，吴丽娟. 广州生态城市规划建设的困境与创新[J]. 规划师，2015，31（08）：87-92.

② 方创琳，王少剑，王洋. 中国低碳生态新城新区：现状、问题及对策[J]. 地理研究，2016，35（09）：1601-1614.

③ 张文博，宋彦，邓玲，等. 美国城市规划从概念到行动的务实演进——以生态城市为例[J]. 国际城市规划，2018，33（04）：12-17.

④ 陈天，臧鑫宇，王峤. 生态城绿色街区城市设计策略研究[J]. 城市规划，2015，39（07）：63-69，76.

定、实施策略、指标测评和修正等方面建立生态城绿色街区可持续发展指标系统；以指标系统为指导原则，为提出具有实效性的生态城市规划策略提供了科学依据，弥补了当前生态城市规划在中微观层面研究的不足，为生态城市的规划建设提供了科学、有效的指导[①]。杜海龙、李迅等（2018）通过对中外绿色生态城区评价体系和评价标准的内容、方法、特点和优化策略的对比研究，为我国绿色生态城市建设提供了指引[②]。

2017年，住房和城乡建设部组织编制的《生态城市规划技术导则》，提出了一整套生态城市规划系统方法，从内涵认识、适用范围、编制原则、技术框架以及与法定规划关系等方面阐述了生态城市规划的要点，明确了指标体系和技术内容等主要成果要求[③]，为国内生态城市建设提供了通用技术标准。近年来，不同学术背景的专家、学者和社会团体从各自的学术视野对城市未来的发展模式提出了设想，如园林城市、低碳城市、健康城市、智慧城市及山水城市等；它们与生态城市既体现了共同的追求，又存在着一定区别和差异[④]。

（2）生态城市建设实践

通过针对案例城市的研究，为生态城市建设提供经验借鉴，也是学者们研究的内容之一。2010年荣膺首个“欧洲绿色之都”的斯德哥尔摩即是面向全世界的生态城市建设的典型范本。荆晓梦、董晓峰（2017）通过分析斯德哥尔摩生态城市建设历程，归纳了为四个方面的经验：首先，在保护自然地形格局的基础上，将绿地系统纳入城市规划，将自然空间渗透至市区，形成“星形绿楔”引导的自然开放空间结构，遏制了城市的无序蔓延，也改善

---

① 臧鑫宇，王峤，陈天．生态城绿色街区可持续发展指标系统构建[J]．城市规划，2017，41（10）：68-75.

② 杜海龙，李迅，李冰．中外绿色生态城区评价标准比较研究[J]．城市发展研究，2018，25（06）：156-160.

③ 李迅，李冰，石悦．从价值理念到实施路径的系统设计——生态城市规划技术导则编制的思考[J]．城市发展研究，2017，24（10）：94-103.

④ 孙宇．当代西方生态城市设计理论的演变与启示研究[D]．哈尔滨：哈尔滨工业大学，2012.

了生态环境和居民休闲空间；其次，规划了放射状的交通廊道，城市建成区沿轨道线路有序扩张，并促使在城郊形成星座状的新城组团布局；再次，注重环保技术和资源利用的可持续性，发展紧凑的更新式生态社区，完成了包括世界生态社区典范“哈马碧生态城”在内的一系列工业棕地的改造，保证了城市在有限空间内的可持续发展；最后，采用先进规划方法，做好政策支持，同时推行广泛的公众参与，并简化行政和规划程序，将规划与城市的动态发展紧密结合，实现了对城市和区域规划的把控①。可见：尊重自然本底、将自然引入城市、引导城市空间格局优化、支持土地复合利用及推动公众参与，是斯德哥尔摩城市空间规划与经营实践的核心思想（图1-13）。

我国香港作为全世界人口最密集的城市之一，虽土地资源匮乏、地形地貌起伏多变，却成为普遍公认的生态城市，其关键就在于自始至终地贯彻保护生态环境、保护自然和人文资源、保护历史文化遗产的思想，致力于人居环境的改善和城乡可持续发展，并且通过制定法规条例为生态建设保驾护航。香港陆地面积约1107km^2，建成区面积仅占整个面积的24.1%，即使考虑未来具备开发条件的土地资源，这一比重也将控制在30%以内；而陆地区域中的66.2%为林地、灌丛地、草原和湿地，其中接近一半属郊野公园和其他受保护土地。在法律保障方面，1966年完成《香港郊野保育》报告，提出成立自然护理的专门组织和划定法定保护地区；1976年出台《郊野公园条例》，开始分批划定受法律保护的郊野公园，并规定了香港的四成土地作为郊野康乐和户外活动

图1-13 斯德哥尔摩星形绿楔①

① 荆晓梦，董晓峰．斯德哥尔摩生态城市空间规划的路径、特征与启示[J]．南京林业大学学报（人文社会科学版），2017，17（04）：135-145.

场所而被限制开发，以此缓解城市绿地和开放空间不足的问题；1996年正式颁布《海岸公园及海岸保护区规例》，促进海洋管理、市民教育、提供娱乐和科学研究，同年划定了3个海岸公园和1个海岸保护区。香港的生态优先理念和制度建设有效地防止了对郊野生态环境的人为威胁，控制了城市蔓延，确保了高质量的开放空间体系，因而也造就了疏朗的开放空间与密集的建成区相并置的特色空间格局。

上海是我国较早注重城市生态问题，并坚持付诸生态建设实践的城市。在中华人民共和国成立初期的相关规划中，就借鉴了“田园城市”“有机疏散”“卫星城市”等理论，以解决城市人口疏解与环境品质提升问题。1983年，上海市制定了《上海市园林绿化系统规划》和《中心城绿化系统规划》，架构了中心城“多心开敞”的绿化布局结构，建立了市级、区级、地区级、居住区级、小区级的公共绿地体系，开辟环状绿带与放射性林荫干道，发展专用绿地等；这些规划内容为“八五”“九五”“十五”时期上海绿化建设起到了纲领性指导作用。进入21世纪，上海市先后制定了《上海市绿化系统规划》《上海市中心城公共绿地规划》《上海市森林规划》和《上海市城市绿地系统规划（2002-2020）》，关注重点也开始由原来的中心城区扩展到了整个市域范围，注重城乡一体，并于中心城区实施均衡化、网络化的绿地布局。经过十多年的建设，“环、楔、廊、园、林”的市域绿化结构已经初步成型，中心城区内部绿地已初具规模；但城区边缘的楔形绿地因实施主体不明确、缺乏机制保障、城市开发压力大等诸多原因，而存在着人为侵占建设蚕食的状况。2009年，上海市开始组织编制《上海市基本生态网络规划》，突出“反规划”思想和目标导向要求，通过综合性规划方法，进一步建构了市域层面“环、廊、区、源”的城乡生态空间体系，和中心城区层面“环、楔、廊、园”为主体的生态网络空间体系；并针对各类生态空间类型分别提出了生态空间控制引导，起到了较好的生态保护与城市发展引导作用①。

---

① 詹运洲，李艳．特大城市城乡生态空间规划方法及实施机制思考[J]．城市规划学刊，2011（02）：49-57．

深圳市作为我国改革开放首批的经济特区，在推进生态城市发展、建设与管理方面一直处于领先地位，在国内率先提出以保护生态资源、控制城市无序蔓延为目标的基本生态控制线的划定与管控方法，基本生态控制线划定遵循生态系统完整性、布局结构合理性、总量控制科学性和实施操作可行性等原则，主要包括六种类型的土地：①一级水源保护区、风景名胜区、自然保护区、集中成片的基本农田保护区、森林及郊野公园；②坡度大于25%的山地以及原特区内海拔超过50m、原特区外海拔超过80m的高地；③主干河流、水库及湿地；④维护生态完整性的生态廊道和绿地；⑤岛屿和具有生态保护价值的海滨陆域；⑥其他需要进行基本生态控制的区域。这六种类型的土地，构成了全市范围的大型区域绿地背景和相互联系的生态廊道，形成完整连续的城市基本生态空间体系[①]。为进一步实现粗放式管制走向精细化治理，保障管控成效，政府先后出台了《深圳市基本生态控制线管理规定》《<深圳市基本生态控制线管理规定>实施意见》等规定，开展一系列管理深化、细化的工作，包括动态跟踪管理、线内建设情况调查及监控、基本生态控制线保护标志设立及准备等，有力地保护了城市自然生态用地的完整性，保障了生态格局不被破坏，促进了城市空间的科学、有序拓展。

（3）生态城市建设标准

同时，一些研究出发于可评价、可实施与可考核的角度，提出生态城市建设的指标体系建构与可量化指标。陈磊、王刚（2010）认为：生态城指标体系是评价指导生态城建设的必要手段，以天津曹妃甸为例，构建了开放型的动态指标系统；由目标管理型指标体系和过程调控型指标体系两部分构成；其中目标管理型指标体系分为目标层、方案层、指标层、标准层四个层次；过程调控型指标体系分为城市功能、城市空间、建筑和建筑学、交通和运输、能源利用、废物循环利用、水资源和水污染、景观和公共空间等8大技术子系统；全部共包含51个目标管理型指标和152个过程技术型指标[②]。陈晓晶、孙婷等（2013）以我国第一个“低碳生态示范市”深圳市为例，

① 关于《深圳市基本生态控制线局部优化调整草案》公示的公告[EB/OL].（2011-05-26）[2011-05-26]. http://www.sz.gov.cn/cn/hdjl/zjdc/201105/t20110524_1660544.htm.

② 陈磊，王刚. 曹妃甸生态城指标体系研究[J]. 中国人口·资源与环境，2010，20（12）：96-100.

采用比较分析、空间分析、统计分析、部门走访、问卷调查、专家咨询等多种方法，着眼于与部门事权相对接，构建了一套兼顾通用性与地方特性、先进性与可操作性的目标指标体系，包括总目标层、子系统层、路径层和指标层四个层次；并提出了相应的实施机制，包括实行年度维护、构建稳定的指标检测和协同管理机制，使目标控制型指标进入分区分级建设评级指引，将评价参数型指标与深圳市近期建设规划对接，分解指标、以法定图则为载体进入建设管理体系①（图1-14）。吴乘月、刘培锐等（2017）强调低碳生态理念、运用低碳生态规划方法的突出作用，基于规划评价的文献评述及国外规划评价的案例分析，提出先决判读、系统评价、机制设计的规划评价体系，结合对低碳生态城市规划方法的梳理研究，形成一致性评价、可行性评价、准确性评价、本土性评价、创新性评价相结合的系统性规划评价方法；并构建多情景的参照评分表以适用于不同规划层级，设计相对打分法以体现地方特色与兼容可比性，最终实现对低碳生态城市规划的完整评价体系研究②。张馨、裴成荣（2018）以西安市为例，从自然生态、经济生态、社会生态和文化生态四个方面构建了生态城市的评价指标体系，并利用理想解法进行测度，基于定量分析，探讨了处于遗址片区的城市在特色生态城市建设中，城市的空间布局、产业发展以及环境改善方面应当努力的方向，从而促使遗址的保护和利用成为特色生态城市建设的推动力③。

① 陈晓晶，孙婷，赵迎雪. 深圳市低碳生态城市指标体系构建及实施路径[J]. 规划师，2013，29（01）：15-19.

② 吴乘月，刘培锐，闫雯，等. 低碳生态城市规划评价体系研究[J]. 城市规划学刊，2017（S2）：222-228.

③ 张馨，裴成荣. 大遗址片区的特色生态城市建设研究——以西安市为例[J]. 生态经济，2018，34（05）：160-165.

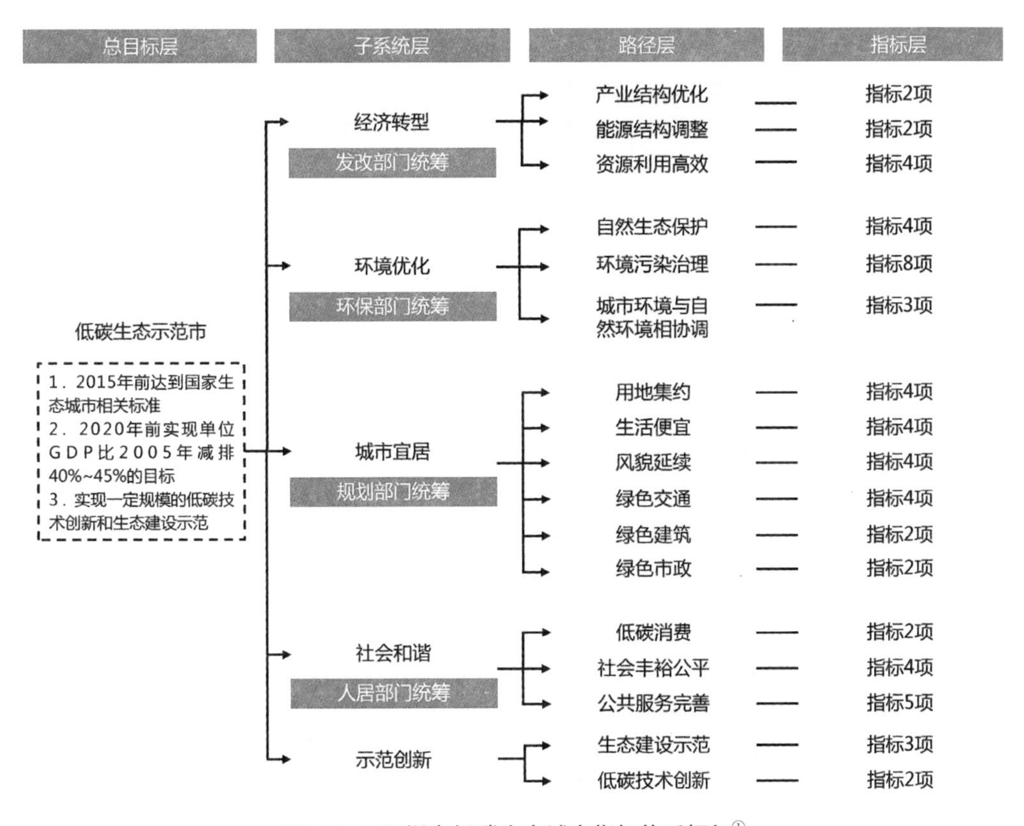

图1-14 深圳市低碳生态城市指标体系框架①

1.3 生态规划研究与实践

从19世纪到20世纪的城市规划理论发展进程中，关于生态环境问题的重要性，虽已明确是规划制定需考虑的因素之一，但并非界定为决定性因素，故而于规划理念上生态问题并非首要切入点，于生态规划设计方法上也多以主观判断为主，缺乏系统、完整的科学方法。进入21世纪之后，随着景观生态学、地理学等学科的发展，以及日趋进步的技术和日益完善的城乡空间建设管理体系，学术界开始围绕城市及与之关联的内、外部国土空间进行研究并提出方法、措施和建议。尤其是景观生态学的相关理论与方法对生态规划的完善起到了积极促进作用，其强调生态系统是生物与环境所构成的统一整

① 陈晓晶，孙婷，赵迎雪. 深圳市低碳生态城市指标体系构建及实施路径[J]. 规划师，2013，29（01）：15-19.

体，离不开所依附的空间，而城市生态系统同样不能脱离区域系统而单独存在。从人类主体视角来看，生态空间应包括除人类之外的各类生物及其生存环境所覆盖的区域，且在不同空间尺度上的表现形式和重点对应空间均不同，因而生态规划一般可划分为区域生态规划、绿道规划、城市生态网络规划及生态保护红线规划等，已有的技术方法和研究也多围绕这四个层面进行。

1.3.1 区域生态规划研究与实践

跳出城市本体视角而扩展到区域层面，维护区域生态安全格局，做好区域生态环境保护，是维护城乡生态安全和保障城乡可持续发展的关键。于省域层面构建生态格局，指导区域空间优化、制定生态空间发展策略的做法已经比较普遍，国内较早开始的是江苏省。在《江苏省城镇体系规划（2015-2030年）》中，基于低碳生态视角，通过选择省域城镇建设和发展影响因素，包括植被覆盖、生态功能区等自然地理要素和地质灾害、土壤侵蚀灾害等自然灾害要素，根据自然格局及城镇发展条件，规划了“两片、两带、四廊、多核网状”的生态保育空间结构，并制定了差别化的低碳生态发展要求[①]（图1-15），为保护区域生态格局、优化城镇空间利用提供了空间方案和措施建议。

在2013年中央城镇化工作会议提出“探索建立统一的空间规划体系，推进规划体制改革”的要求下，全国多个城市开展了“多规合一”的实践工作。海南省作为全国第一个开展省域空间规划（多规合一）改革试点的区域，以省域空间规划为纲领，对省域空间在发展目标、生态保护、开发布局、资源利用、设施布局等方面做出了战略性和全局性的安排和部署[②]。其中，基于山形水系框架，以中部山区为核心，以重要湖库为节点，以自然山脊及河流为廊道，以生态岸段和海域为支撑，构建了全域生态保育体系，总体形成

---

① 江苏省人民政府. 江苏省城镇体系规划（2015-2030年）[Z]. 2015.

② 胡耀文，尹强. 海南省空间规划的探索与实践——以《海南省总体规划（2015-2030）》为例[J]. 城市规划学刊，2016（03）：55-62.

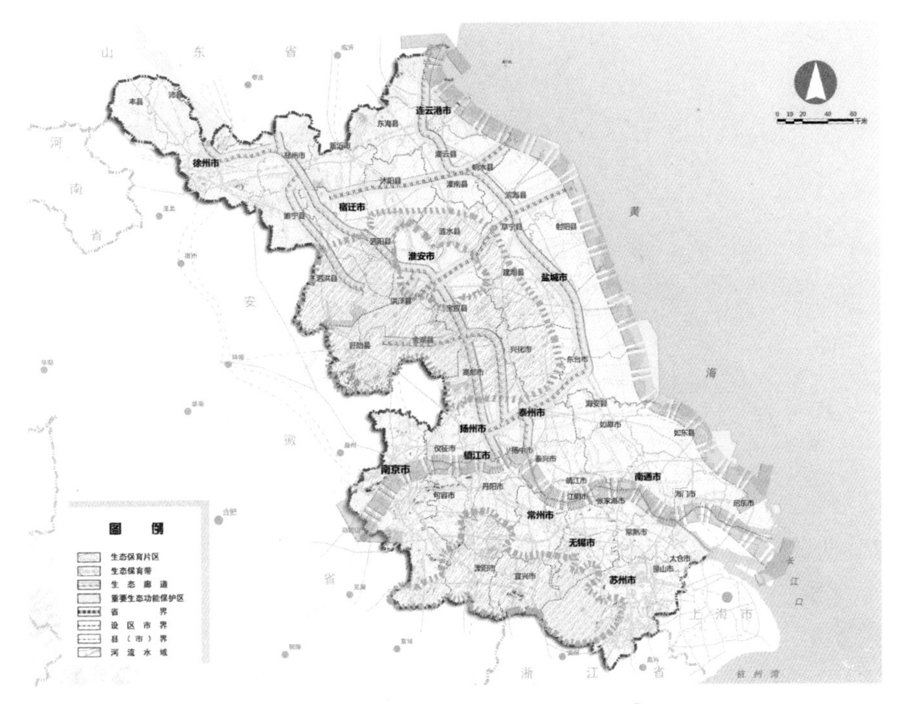

图1-15 江苏省生态保育空间结构[①]

了“生态绿心+生态廊道+生态岸段+生态海域”的生态空间结构，划定了生态红线、基本农田、林地等生态控制线，以进一步落实生态空间；并以优化资源配置为目标，根据生态空间结构，引导全省的开发功能结构，并明确建设用地的结构性布局、明确用地指标和产业、重大设施布局等控制要求（图1-16、图1-17）。海南省以规划保障生态文明建设、以生态空间统筹优化各类空间布局的机制的试点经验，对国内其他地区的规划建设起到了很好的示范和引领作用。

随着区域城镇群的发展，城市密集区空间呈现快速发展态势，生态空间的保护压力越来越大，对城镇群层面的生态规划问题也愈发受到关注。吕贤军、李铌等（2013）以长株潭绿心为例，兼顾了保护与发展的平衡点，从城乡生态空间的识别与重构、保护与利用、推进机制等方面对城乡生态空间规划进行探索，提出了绿心地区城镇发展空间格局、农村发展空间格局、自

① 江苏省人民政府. 江苏省城镇体系规划（2015-2030年）[Z]. 2015.

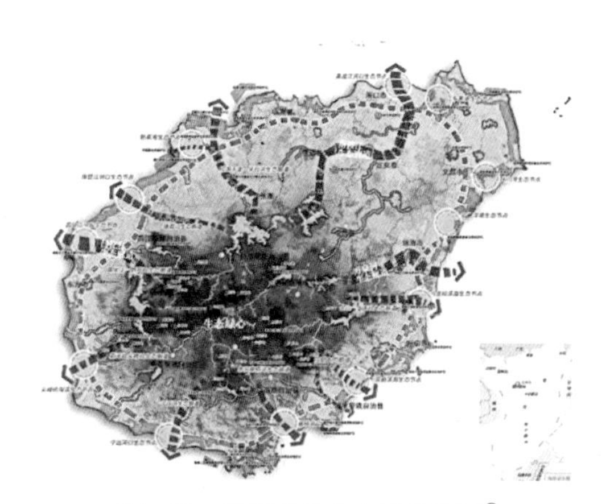

图1-16 海南省生态空间结构图①

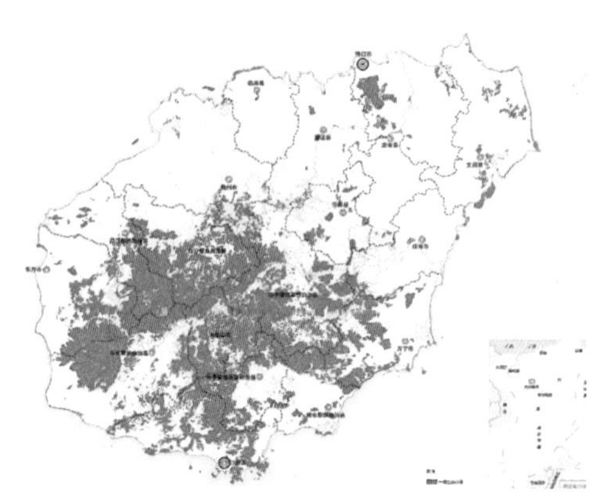

图1-17 海南省生态红线区域分布图①

然生态安全格局和设施生态空间格局的重构方案②。王智勇、李纯等（2017）以“武鄂黄黄”（武汉市区、鄂州市区、黄石市区和黄冈市区）城市密集区为研究对象，在提出“武鄂黄黄”城市密集区生态结构框架后，结合国内外部分城市密集区结构特征，进而提出了城市密集区应构建“绿带+环楔”或“绿心+环楔”的生态空间结构框架，结构要素则主要包括了生态联系带、生态极核、网状廊道和生态基底③。基于研究对象，该研究尝试提出了一种普适于城市密集区的生态空间结构模式，为其他地区提供参考和借鉴；但由于存在区域格局与城市个体的差异，这种生态空间结构框架的适用性还有待验证（图1-18、图1-19）。

也有一些专家学者对生态敏感区域或重要特殊区域的生态保护问题开展了针对性研究。孔令桥、王雅晴等（2019）以长江流域为例，通过选择对维护长江流域生态安全具有重要作用的生态系统服务指标和长江流域典型的生态敏感性指标，进行生态重要性和敏感性评估，据此划定长江流域生态空间及生态保护红线范围，并进一步分析了生态空间的分布特征和保护效果，指出现行重点生态功能区的保护空缺④。其研究特点

① 图片来源：http://lr.hainan.gov.cn/xxgk_317/0200/0202/201903/t20190327_2479528.html.

② 吕贤军，李铌，李志学．城市群地区城乡生态空间保护与利用研究——以长株潭生态绿心地区为例[J]．城市发展研究，2013，20（12）：82.

③ 王智勇，李纯，黄亚平，等．城市密集区生态空间识别、选择及结构优化研究[J]．规划师，2017，33（05）：106-113.

④ 孔令桥，王雅晴，郑华，等．流域生态空间与生态保护红线规划方法——以长江流域为例[J]．生态学报，2019，39（03）：835-843.

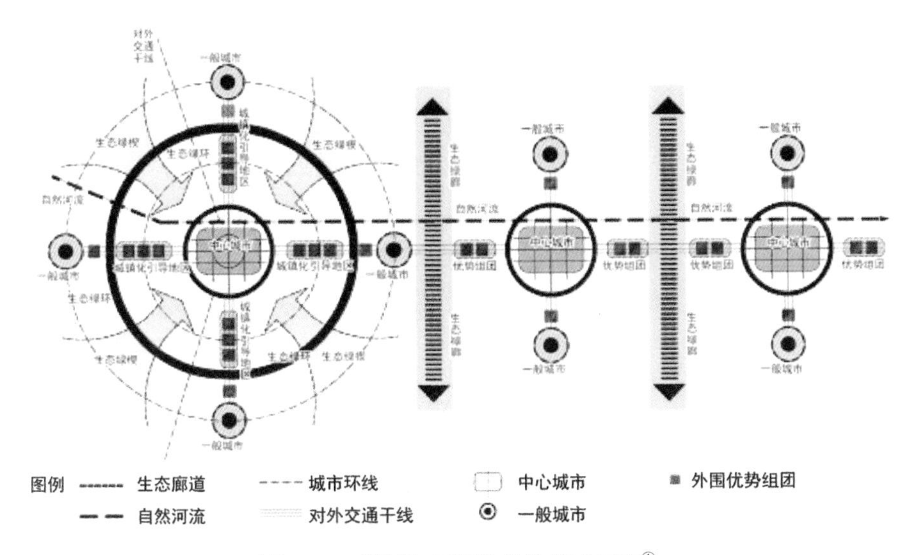

图1-18 “绿带+环楔”结构模式示意①

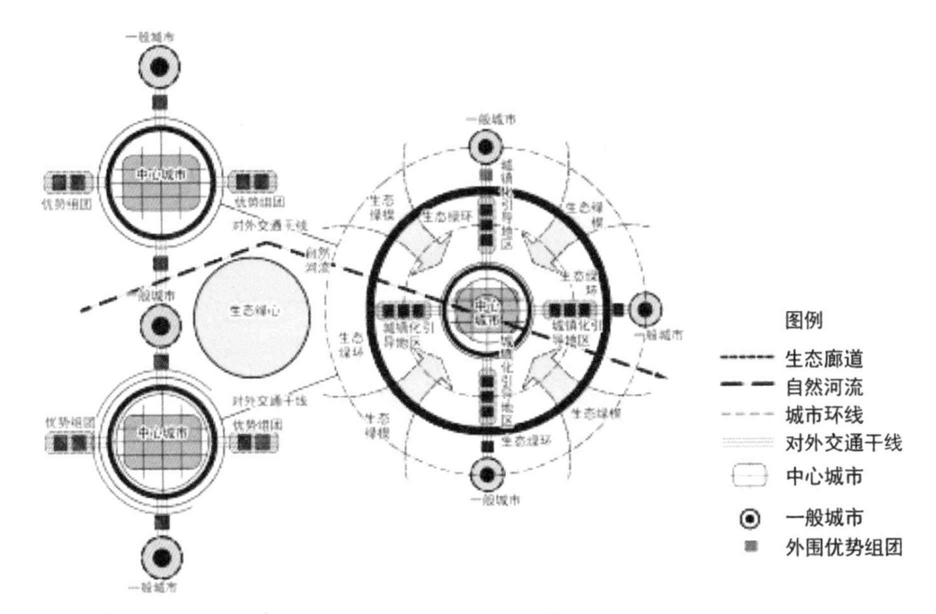

图1-19 “绿心+环楔”结构模式示意①

① 孔令桥，王雅晴，郑华，等. 流域生态空间与生态保护红线规划方法——以长江流域为例[J]. 生态学报，2019，39（03）：835-843.

是基于宏观尺度对长江流域上、中、下游生态功能开展了定量综合评估，确定了长江流域生态空间和生态保护红线的基本格局；研究突出了生态保护这一核心主题，而对自然生态系统的层次性、完整性如何综合，对长江沿线城乡发展与生物系统平衡、各类保护区既有界线、土地权属和管理责任主体等方面的矛盾如何处理，尚未开展统筹性研究，其结果的适用和可行还值得商榷。

1.3.2 绿道研究与实践

绿道是城乡一体化绿地系统的一种重要类型，其兼顾保护与利用，是开放空间、生态网络理想的表现形态[①]。“绿道”一词于1987年最早正式出现于美国户外游憩总统委员会（President's Commission on Americans Outdoor）的报告之中；1990年，查理斯·利特尔（Charles Little）在《美国绿道》（Greenways for America）中将其界定为：沿着诸如河滨、溪谷、山脊线等自然走廊，或是沿着用作游憩活动的废弃铁路、沟渠、风景道路等人工走廊所建立的线型开敞空间，包括所有可供行人和骑车者进入的自然景观线路和人工景观线路[②]。美国是世界上绿道推行最广、建设最多的国家，目前全美已有一半以上的州进行了不同层面的绿道规划并相继开展了实施工作。

我国对于绿道的研究，早期起源于国外概念的引进和理论研究，2000年左右开始进入到建设实践阶段。2000年，《国务院关于进一步推进全国绿色通道建设的通知》（国发〔2000〕31号）指出，绿色通道的建设是我国国土绿化的重要组成部分，并提出要针对公路、铁路、河渠、堤坝等沿线地区开展绿化及美化等工作，这为绿道在中国的实践开辟了广阔空间。2004年，浙江省编制的绿道规划是我国的第一个绿道网规划，其主要目的是保护自然环境中的生物资源和生境链，同时兼有文化及旅游等功能。2010年广东省人民政府批复《珠江三角洲地区绿道网总体规划纲要》，要求

---

① 刘滨谊，温全平. 城乡一体化绿地系统规划的若干思考[J]. 国际城市规划，2007（1）：84-89.

② Little C. Greenways for America[M]. London：The Johns Hopkins Press Ltd，1990：7-20.

“在珠江三角洲地区规划建设集生态、环保、教育和休闲等多种功能于一体的绿道网”，由此拉开了区域绿道建设的序幕。此后，《广东省绿道网建设总体规划（2011—2015年）》提出，要以珠三角绿道网为依托，在全省范围内再建6398km的绿道，建成总长达8770km、功能多元、形式多样的省级绿道网络[①]。2012年11月19日，安徽省人民政府办公厅印发《关于实施绿道建设的意见》（皖政办秘〔2012〕184号），启动城市绿道示范段建设和环巢湖、皖南“金项链”（区域景观绿道）建设工程；并要求按照“区域留绿道、城郊串绿道、老城连绿道、新区建绿道”的思路，大力推进城市绿道和区域绿道建设，各市县也相继启动了规划编制和建设工作。如安徽省宣城市，从2014年至2019年累计建成休闲绿道超过380km，已成为城市全域旅游的新亮点。但是就绿道在我国的实践来看，其更多的是承担城乡之间休闲、游憩、慢行等服务功能与风貌展示功能，对于优化城市空间格局、促进城市生态保护与生态提升等方面的作用尚显不足。

1.3.3 生态网络规划与实践

19世纪80年代景观生态学的发展日益表明：自然资源的保存以及动植物的保护，不可能仅仅依靠自然保护区来实现，植被以及动物种群的迁徙均需要相互交替的生境及栖息地来满足生存的需求；这便要求在这些栖息地之间必然应该有所联系与连续，而生态网络的建立被认为是提高城市开敞空间系统生态质量的一种极其有效的方法。在欧美国家，从初始存在到生态网络概念成型，历经了漫长演变，其历程可划分为四个阶段[②]：19世纪初至20世纪30年代，以欧洲的景观轴线、林荫大道等为代表；20世纪30年代至20世纪60年代，以欧洲的绿带、美国的公园路为代表；20世纪60年代至20世纪90年代，以美国的绿道及绿道网络为代表；20世纪90年代至21世纪初，开始形成生态网络与绿色基础设施等固定形式。尤其是在经历了近30年的研究与实践之后，生态网络的概念已被世界各地接受和认同，并且在欧美以及亚洲一些国家或地区的不同层面分别得以广泛实践。

---

① 广东省城乡规划设计研究院，广东省城市发展研究中心，等. 广东省绿道网建设总体规划（2011—2015年）[Z]. 2012.

② 刘滨谊，王鹏. 绿地生态网络规划的发展历程与中国研究前沿[J]. 中国园林. 2010（3）：1-5.

生态网络的概念源自于生态系统更进一步的结构连接与功能扩展，我国学术界对于绿地生态网络的理解，体现在对其空间结构、系统特性以及功能特征的一致认知上①。究其内涵，城市生态网络应是以一定地域内的自然生态用地和具有生态意义的人工绿化用地为载体，致力于实现生物多样性保护、生态格局优化、景观品质提升、游憩活动开展和拉动经济消费增长等整体性目的，并且在空间上具有高度联接与交叉特征的网络结构体系②；其特征是以绿色开放空间为载体，促进城市生物多样性保护与自然生态整体性恢复，并兼具生态、美学、经济、社会等多种功能，是一种探索人类与自然共生的可持续景观模式。

在区域层面的规划与实践上，中国林科院江泽慧教授、彭镇华教授等主持的“十五”国家科技攻关重大专项课题中，提出了基于“点、线、面”相结合建设中国森林生态网络体系工程的构想，并针对我国森林生态网络构建技术开展了攻关研究，取得了显著的成绩。尹海伟、孔繁花等（2011）采用RS和GIS技术，模拟湖南省城市群的潜在生态廊道，构建了湖南省城市群生态网络③。在城市层面，2010年9月，上海市规划国土局、绿化市容局等部门组织编制了《上海市基本生态网络规划》④，并于2012年批复通过，是国内首部获得批准的市域生态网络规划，规划通过多层次、成网络、功能复合的基本生态网络建设，确定形成以中心城区绿地为主体，周边地区以市域绿环、生态间隔带为锚固，市域范围以生态廊道、生态保育区为基底的“环形放射状”生态网络空间体系，并在这五类生态空间的基础上明确划定了生态功能区块。继上海之后，武汉、沈阳等各大城市也相继开展了类似的实践探索。在

① 吴敏．城市绿地生态网络空间增效途径研究[M]．北京：中国建筑工业出版社，2016：40.

② 刘滨谊，吴敏．“网络效能”与城市绿地生态网络空间格局形态的关联分析[J]．中国园林，2012（10）：66-70.

③ 尹海伟，孔繁花，祈毅，等．湖南省城市群生态网络构建与优化[J]．生态学报，2011，31（10）：2863-2874.

④ 傅强，宋军，王天青．生态网络在城市非建设用地评价中的作用研究[J]．规划师，2012，12（28）：91-96.

分区层面，王海珍等（2005）应用网络分析法为厦门岛规划了多个绿地生态网络方案，并通过廊道结构和网络结构分析对其进行评价①。同样，韩向颖（2008）也选取厦门岛作为研究区域，将景观格局分析和网络分析法引入到生态网络规划中，在提出多种网络预案的基础上，通过景观指数和网络指数的分析和比较进行了生态网络方案的优化②。郭纪光（2009）以崇明岛为例进行了生态网络规划，对其林地生态网络和湿地生态网络进行了网络叠加和优化构建的分析，并对于规划过程中的节点选取、引力分析、栅格的精度、阻力系数设定、阻力系数检验以及最小耗费路径的适用范围进行了讨论③。2017年，安徽省住房和城乡建设厅印发了《安徽省城市生态网络规划导则》，用以指导省辖城市的生态网络规划编制和实施工作，这也是我国第一个以省域为单元开展生态网络规划编制的地区。截至目前，该项工作已取得积极成效，全省设市城市均已完成规划编制，正有序推进实施工作。

受较高的社会、经济活动的干扰以及建设的限制，城市地区的生态破碎化现象已经严重阻碍了其内部正常的生态过程以及自然保护。城市绿地生态网络是一种促进生态系统完整、空间连续的重要方法，它进一步促进了人类与自然的连接关系，在强化自然资源管理和减少人类活动干扰等方面具有重要价值。随着生态网络思想的传播以及规划实践的开展，这一生态建设的空间模式也日渐得到认可和接受，并于一些城市及区域开展实践，尝试建立多目标、多尺度的城市生态网络空间体系。然而，围绕生态网络功能机制、形态结构这一核心理论，基于生态科学的、易于实现的、满足城市各方面需求的专业化与系统化研究仍然欠缺。而相对于欧美发达国家，我国的生态网络建设起步较晚，生态网络的系统性规划仍未全面铺开，实践工作仍然多数处于生态廊道构建以及绿地系统规划层面，推进模式上也以绿地作为环境客体的孤立建设为主，致使城市生态系统功能的整体优化难以有效推进。

1.3.4 生态保护红线划定与制度建设

生态保护红线是指在生态空间范围内具有特殊重要生态功能、必须强

① 王海珍，张利权. 基于GIS、景观格局和网络分析法的厦门本岛生态网络规划[J]. 植物生态学报，2005（01）：144-152.

② 韩向颖. 城市景观生态网络连接度评价及其规划研究[D]. 上海：同济大学，2008.

③ 郭纪光. 生态网络规划方法及实证研究[D]. 上海：华东师范大学，2009.

制性严格保护的区域，是保障和维护国家生态安全的底线和生命线。生态保护红线的划定，是建构城乡融合的生态网络体系、提高空间结构的约束力与指导力、维护生态安全的重要保障，更是践行生态文明体制的重要举措，并已经上升到国家战略层面①。2017年，由中共中央办公厅、国务院办公厅发布了《关于划定并严守生态保护红线的若干意见》，强调“划定并严守生态保护红线，是贯彻落实主体功能区制度、实施生态空间用途管制的重要举措，是提高生态产品供给能力和生态系统服务功能、构建国家生态安全格局的有效手段，是健全生态文明制度体系、推动绿色发展的有力保障”，并明确生态保护红线区域“通常包括具有重要水源涵养、生物多样性维护、水土保持、防风固沙、海岸生态稳定等功能的生态功能重要区域，以及水土流失、土地沙化、石漠化、盐渍化等生态环境敏感脆弱区域”②。

之后，环境保护部、发展改革委共同组织编制了《生态保护红线划定指南（2017版）》，其中要求“充分与主体功能区规划、生态功能区划、水功能区划及土地利用现状、城乡发展布局、国家应对气候变化规划等相衔接，与永久基本农田保护红线和城镇开发边界相协调，与经济社会发展需求和当前监管能力相适应，统筹划定生态保护红线”，并明确了生态系统服务功能重要性评估方法③。根据该要求，生态红线划定的核心内容是已列入名录的国家级和省级禁止开发区域，而生态系统服务功能重要性评估的结果存在较大变量。2019年4月，北京市正式印发《北京市生态控制线和城市开发边界管理办法》，针对生态保护红线边界、区内土地使用及建设行为等提出明确要求，真正将对生态空间的保护上升

---

① 马明，李咏，杨璐．“多规合一”视角下寿县生态保护红线划定实践[J]．安徽建筑大学学报，2018，26（05）：59-65.

② 中共中央办公厅 国务院办公厅印发《关于划定并严守生态保护红线的若干意见》[EB/OL].（2017-02-07）[2017-02-07]. http://www.gov.cn/zhengce/2017-02/07/content_5166291.htm.

③ 关于印发《生态保护红线划定指南》的通知（环办生态〔2017〕48号）[EB/OL].（2017-05-27）[2017-05-27]. http://hbj.jingzhou.gov.cn/news_show.aspx?id=19120.

到了制度层面。

但是，对于生态保护红线的划定方法，学术界尚且也存在不同观点。普遍观点认为生态保护红线的划定不仅仅是保护发展的“底线”，同时也是落实“多规合一”、制定统一空间利用“一张蓝图”的重要基础；生态保护红线中需重点保护的生态要素，在城乡规划、土地利用总体规划、主体功能区规划、生态功能区划、林业发展规划、水资源保护规划等各类空间性规划中均有涉及，其对应的空间由各主管部门管理，故而红线的划定必须考虑“多规合一”的问题，即应采用“多规”技术融合方式。蒋大林（2015）、马世发（2015）、李玄（2017）、黎斌（2018）等通过对生态保护红线划定的方法、实践与管理策略等解读，提出生态保护红线的划定应考虑重要生态功能区及敏感、脆弱区的分布与等级划分①②③④。常睿春（2016）、李晓翠（2017）等基于ArcGIS技术构建生态评价指标体系，对生态要素进行识别，通过GIS空间叠加技术得出生态敏感区分级层次，从而划定生态红线核心保护管控范围⑤⑥。龚蔚霞（2016）、马明（2018）等基于“多规合一”视角和技术要求，提出覆盖全域的生态保护红线划定思路和方法⑦。

尽管生态保护红线已然上升到前所未有的高度，但就目前国内对生态红线内涵界定来说，强调的依然是底线思维，即生态系统中的“最后屏障”，核心问题是保护，对生态环境的作用是控制恶化，而非促进和提升。从政策要求上看仍有一定缺失：一方面，生态红线划定以识别为主，即以现已纳入名录的各类生态功能区为主要对象，如国家森林公园、风景名胜区、水源保

---

① 蒋大林，曹晓峰，匡鸿海，等. 生态保护红线及其划定关键问题浅析[J]. 资源科学，2015，37（09）：1755-1764.

② 马世发，马梅，蔡玉梅，等. 省级尺度国土空间生态保护红线划定——以湖南省为例[J]. 热带地理，2015，35（01）：43-50.

③ 李玄，史会剑，胡欣欣，等. 山东省生态保护红线划定实践与管理策略[J]. 环境与可持续发展，2017，42（01）：50-53.

④ 黎斌，何建华，屈赛，等. 基于贝叶斯网络的城市生态红线划定方法[J]. 生态学报，2018（03）：1-12.

⑤ 常睿春，郭科，王顾希，等. RS和GIS支持下的县域生态红线划定技术研究——以四川省汶川县为例[J]. 国土资源科技管理，2016，33（05）：111-116.

⑥ 李晓翠，何建华. 生态红线划定的技术方法研究——以鄂州市为例[J]. 测绘与空间地理信息，2017，40（01）：50-55.

⑦ 龚蔚霞，钟红梅. 基于“多规合一”的城市生态控制线规划研究[J]. 现代城市研究，2016（09）：33-38.

护区等，但该类区域存在边界模糊不清、实际土地功能用途与生态系统服务价值不符、与耕地边界冲突、与各类矿产资源和基础设施用地边界冲突等重大矛盾；另一方面，对于尚未纳入既有名录，而实际生态系统服务价值较高的区域，虽可通过生态环境敏感性评价分析予以识别，但结果采纳与否具有很大主观意识，往往很难真正将其纳入保护范围。因此，生态保护红线制度虽作为顶层设计将发挥重要作用，但其内涵界定与范围划定、管控措施方面，仍然有很多细节问题需不断优化和完善，方能作为一项更好的长期制度发展并延续。

1.4 中国城市绿色转型发展之需

1.4.1 功能主义至上的转变

在西方工业革命之后，城市规模开始急剧扩大，引发了城市空间结构的剧烈震荡，促使人们逐渐放弃传统的形态布局而转向对城市空间扩展的研究和实践，并且对我国城市的现代化建设产生了深远影响。关于区域空间组织的理论，包括城市经济基础理论（霍伊特）、增长极理论（帕鲁）、核心—边缘模式理论（约翰·弗里德曼）、农业区位论（杜能）以及中心地理论（克里斯泰勒）等，多是基于“生产—功能—空间”的有机联系方面，对于生态环境的考虑偏少，而且缺乏实践验证。而在区域空间组织模式上，同心圆模式（帕克、伯吉斯）、扇形模式（霍伊特）、多核心模式（哈里斯、乌尔曼）这三大模式着重于对城市空间结构的描述，解释了城市用地空间结构与拓展模式的形成机制，却难以解释生态敏感区、森林、湿地等各类自然因素，可能会对城市空间拓展与居民生活造成的影响。

在国内研究中，20世纪90年代以前多为国外理论的引进。90年代之后则主要是从城市人口迁居、分布以及郊区化、城市社会空间结构，以及经济空间结构等角度加以分析与探究。真正开始关注生态与城市问题，一方面是通过系统总结城市空间拓展模式提出应关注生态问题，如武进《中国城市形态：结构、特征及演变》(1990)、胡俊《中国城市：模式与演进》(1995)、段进《城市空间发展论》(1999)等；另一方面体现在可持续发展理念的提出与推广，引发了生态学、地理学等相关学科开始关注城市空间与生态保护之间的关系，并借助于ArcGIS手段开展了一系列的案例研究和分析，探讨了自然生态保护与城市发展之间的关系，进而提出理论、政策以及技术方法上的各种建议。

1.4.2 空间发展模式的转型

纵观国内城市建设实践，受快速城镇化和工业化的驱动，产业发展及交通支撑等条件成为诸多城市空间演进的主要影响因素，而自然地形与地貌条件则被作为“限制性”条件，且这种限制性越来越弱，针对自然生态因素考虑更多的是如何利用，而非生态系统的完整性和延续性。通过诸多案例可以总结我国城市空间演进上存在着几点共性特征：一是从整体格局来看，虽一定程度上顺应自然格局，但于内、外部联系上，除保留自然水系、基础设施廊道和部分公园节点外，对于维持生态系统的考虑尚不全面，各片区绿地数量及布局形态存在明显差异，绿地周边用地性质安排不当，不利于绿地综合效益的发挥。二是产业园区作为城市空间拓展的主导因素之一，其在空间上高度集聚，规模庞大、形态规整、功能单一，主要为工业、物流仓储及适量配套设施用地外，绿化用地数量偏少，多以防护绿地为主，且连续性不足，缺乏过渡及融合性空间。三是老城区范围内总体生态效益下降，以保留现有格局为主，在城市规模扩张中未能进一步加强老城地段自然生态的联系，反被新开发建设地区所阻隔，愈发呈碎片化、孤岛式的绿化分布。四是除老城区、产业园区之外的其他拓展区域，是居住人口高度密集地带，因过于注重商业服务、居住等开发功能，而在绿地生态的系统布局及绿量分配上均不足，无法提升人居环境质量。五是重点生态区域，如滨水绿地、公园绿地等，其周边建设用地因建设管控不足、土地开发强度过高，从而造成围堵现象严重，不利于生态服务外部效应的发挥。

1.4.3 生态遗留问题的纠正

早在1997年，党的十五大报告中就明确指出：“我国是人口众多、资源相对不足的国家，在现代化建设中必须实施可持续发展战略，坚持计划生育和保护环境的基本国策，正确处理经济发展同人口、资源环境的关系”。在世纪之交，再次明确可持续发展是我国未来发展道路的唯一选择，既是基于可持续发展战略在我国的推广，更是由于1949年以来我国生态环境急剧退化的结果。中华人民共和国成立到改革开放之前的这一阶段，由于人们环境意识淡薄，尤以“大跃进”和“文化大革命”期间，国家在经济发展、人口控制、城市建设与环境政策等方面的失误，滥垦、滥伐、乱采、乱挖、过度放牧、围海造田等，造成了生态环境的大破坏①。21世纪进入城镇化的快速发展阶段，从2000年至2018年底，我国常住人口城镇化水平从36.22%增长到59.58%，伴随着农村劳动力的大量涌入、工业化进程的大力推进，高消耗、高投入、高污染的粗放式发展成了主流方式；尤其是遍地开花的城市工业开发区、乡镇工业园区等，无节制地占用非建设用地，排放不达标，加之无视生态系统的完整与生态资源的保护利用，致使本已脆弱的生态系统再次遭到巨大破坏。如果说前者是政治因素使然，那后者则是经济发展压力下的环境让步思想所导致。

从自然属性角度看，可持续发展要以实现生态系统的完整性和协调性为基础，使人类的生存环境得以持续。进入21世纪，伴随着可持续发展理念深入人心，前一阶段的发展模式已有所转变，如污染排放控制问题得到了极大改善，但从空间视角审视城市发展与生态保护问题，仍然存在巨大不足。当前虽然城市内部公园绿地建设已比较重视，但仅对局部地区生态环境和游憩功能改善有一定作用，而对整个城市的生态、人居环境改善十分有限。因此，从经济社会发展进程角度，继续推进可持续发展理念在生态保护与城市建设方面的实践落实，仍会是一个长期的过程。

1.4.4 生态与城市融合的必然

2012年，党的十八大从新的历史起点出发，做出“大力推进生

① 原新. 基本国策：中国可持续发展的理论与实践探讨[J]. 新疆大学学报（哲学社会科学版），1999（01）：17-22.

态文明建设”的战略决策，并且明确指出“面对资源约束趋紧、环境污染严重、生态系统退化的严峻形势，必须树立尊重自然、顺应自然、保护自然的生态文明理念，把生态文明建设放在突出地位，融入经济建设、政治建设、文化建设、社会建设各方面和全过程，努力建设美丽中国，实现中华民族永续发展。”2017年，党的十九大报告中更加强调“建设生态文明是中华民族永续发展的千年大计。必须树立和践行绿水青山就是金山银山的理念，坚持节约资源和保护环境的基本国策，像对待生命一样对待生态环境，统筹山水林田湖草系统治理，实行最严格的生态环境保护制度，形成绿色发展方式和生活方式，坚定走生产发展、生活富裕、生态良好的文明发展道路，建设美丽中国，为人民创造良好生产生活环境，为全球生态安全做出贡献”①。生态文明树立的新理念，更加强调将“生态原则”贯彻到经济社会发展的各个方面，基于保护自然、尊重自然的基本思路，回归自然发展的规律和秩序，是与中国传统生态哲学观保持了一致的。

农业文明、工业文明、生态文明是人类社会发展的三个阶段。农业文明时代，人类畏惧自然、臣服自然，自然条件是人类社会发展的约束条件，人类在有限的能力范围内与自然共生。工业文明时代，人类冲出了自然的“束缚”，并开始大力改造、利用自然；尤其工业革命之后，人类完全摆脱了自然的约束，开始疯狂掠夺自然资源，也带来了更多更严重的自然危机，致使包括人类在内的生态链惨遭破坏。生态文明时代是人类社会进步和反思的必然结果，汲取工业时代的错误教训，将环境保护与社会发展进行系统平衡，不仅局限于既有生态环境的保护方面，更为重要的是生态环境质量的改善和提升；生态的理念和思维指导发展，最终是为促进生态与发展的双赢。

因此，将生态文明理念应用到城市发展建设中，首要问题不仅是城市内部的生态环境改善，还应更加注重外部生态与城市内部的有机连接与渗透，基于此，《河北雄安新区总体规划（2018—2035年）》率先开始了有益的探索；国务院在其批复中强调“优化国土空间开发保护格局。要坚持以资源环境承载能力为刚性约束条件，统筹生产、生活、生态三大空间，严守生态保护红线，严格保护永久基本农田，严控城镇规模和城镇开发边界，实现多规

① 习近平在中国共产党第十九次全国代表大会上的报告[EB/OL].（2017-10-28）[2017-10-28]. http://cpc.people.com.cn/n1/2017/1028/c64094-29613660-5.html.

合一，将雄安新区蓝绿空间占比稳定在70%，远景开发强度控制在30%；将淀水林田草作为一个生命共同体，形成‘一淀、三带、九片、多廊’的生态空间结构”①。雄安新区规划坚持生态优先、绿色发展理念，在尊重、保护自然生态空间的基础上，合理引导绿色空间向城市空间渗透，控制城市空间的无序拓展，为我国城市发展提供了样板和示范。然而，雄安新区模式毕竟是以新区开发建设模式为主，而国内大多数城市所面临的，是如何在既有城市格局下优化空间格局、提升生态环境品质等难题，所以，促进自然生态与城市之间的融合与协同，仍然是亟须破解的关键问题。

1.5 综合评述

综合国内外城市和地区的生态化建设历程与生态城市建设的实践探索，以及有关生态规划的研究与实践，在推进生态化发展与建设的理论和应用方面均取得了大量成果，可归结为如下几方面的特征：①中国城市注重生态化问题古已有之，有较高的理念思想传承，但近现代受西方功能主义和快速城镇化进程影响有所忽视，进入新时期发展阶段后，业已开展重新思考与实践。②西方城市的生态化发展虽已取得一定成效，但因所面临的压力各不相同，业已完成了先发展后改造的过程，再考虑制度背景和社会环境作用与我国的差异，其理论、经验模式不可完全复制。③城市生态化建设已经被各方所重视，生态城市理论及内涵随技术的进步也扩展至智慧、低碳、环保等领域，并成为从宏观到微观的全过程影响的重大战略目标。④生态学理论与方法在引导城市生态化建设中正逐步发挥更加重要的作用，从区域到城市，已经形成较为系统完善的理论和方法支撑，但视角还需进一步扩展。⑤我国已经开始从顶层设计层面构建自然资源监管体系，通过高压政策保护自然生态资源，但保护

① 国务院关于河北雄安新区总体规划（2018-2035年）的批复[EB/OL].（2018-12-25）[2019-01-02]. http://www.gov.cn/zhengce/content/2019-01/02/content_5354222.htm.

内容、覆盖范围和管控方式仍然不断完善中。

综上所述，总结其发展特征和实践经验，对于引导和推进城市生态化发展建设具有积极意义。中国传统城市发展思想已经对人与自然生态的关系有了极高的诠释，但是如何能够指导、应用到现代城市发展中去，还需要路径模式的探索与创新。而现代生态规划理论和方法尚存不足，可以归纳为四个方面：①区域生态规划：基于自然生态资源分布，能够较好地建构区域生态格局，但与行政区划、经济社会发展、矿产资源利用、区域设施建设等方面的结合存在不足，难以有效落实。②绿道：在我国人口资源压力下，绿道建设尺度偏小、层次偏少，虽能够串联起城市内部及其与边缘地区的绿地斑块的联结，但游憩、景观和交通功能日渐突出，而生态作用甚微。③城市生态网络：能够突破城市内部在绿地建设方面重指标轻效益、重形态轻结构、重内部轻外部的局限性，以生态功能效益为核心，提供关于绿地生态空间规划的新技术和方法支持，但是过于强调自然生态核心理念，对城市空间增长、功能运行等研究欠缺，因而致其受重视不足，系统性建设滞后。④生态保护红线：作为顶层制度刚性最强，由于前期以环境保护部门为主的划定思路，也存在若干不足：一是以识别国家级和省级禁止开发区域为主的方法细化不足，如风景名胜区内的旅游资源保护和利用问题、沿江沿淮生态红线内的水利设施建设问题等均难以处理；二是生态环境敏感评价结果人为影响大，作为弹性选择空间往往被最大程度的压缩应纳入规模；三是环保部门的数据与实际国土部门土地利用数据边界冲突较大，空间上“一刀切”的形式，导致生态红线内与林地、耕地及部分建设用地图斑冲突严重；四是缺少生态保护红线管治措施，对线内空间的管治、既有产业和城乡建设用地如何处理，未置可否。

针对以上问题，迈入发展新时代的中国城市，应该注重生态保护与城市发展的“双向融合”，无论在空间结构、空间格局，还是生态效应、经济效益上，将区域生态网络格局与生态系统服务功能并驾齐驱，真正体现绿地生态与整体城市的相互关联以及系统融合。基于中国传统理念，探索一种新的“生态—城市”空间发展模式，研究一套生态与城市相互协同、互为融合的空间技术与方法，应当作为未来城市生态化发展和建设研究的重点。

山水城市提倡人工环境与自然环境相协调发展，其最终目的在于建立“人工环境”与“自然环境”相融合的人类聚居环境。[①]

——吴良镛

① 吴良镛．“山水城市”与21世纪中国城市发展纵横谈[J]．建筑学报，1993（6）：4-8.

“生态融城”：一种新的空间发展理念

“Eco-Integrated City”: A New Spatial Development Concept

2

CHAPTER 2

人与自然，经历了一个从畏惧与崇拜，到征服与利用，再到亲和与共存的三个阶段。当前，我们正处于第二阶段迈向第三阶段的关口（图2-1）。在第二阶段中，人与自然的对立态势进一步加深，城市建设与生态保护之间的危机与悖论在传统的城市发展模式中始终未能得到化解，而这些根本上源自于人们对于自然及其效益的认知局限。自人类的降生，随之与生物圈的交往，进而对自然界的各种影响，到确立其作为地球中心……[①]为了眼前短暂的文明，人类忘却了世间万事万物以及自然生态的一般规律，肆意践踏了自然。如今，当面临日益恶化与灾害频发的生存环境之时，我们如何打破这一悖论，回归到正确的认知与把握的轨道上呢？

当前，我国经济社会全面进入转型发展的关键时期，在建设新型城镇化与生态文明的大背景下，城市发展同时面临两大任务：城镇化与生态化。打破上述悖论的前提，是要寻求一条人与自然相和谐、城市发展与生态环境相适应的包容性发展道路，重塑一种城镇化与生态化相协同，且引导城镇化“绿色转型”的全新发展理念[②]（图2-2）。“生态融城”即是为迎合这一迫切需求而提出的，

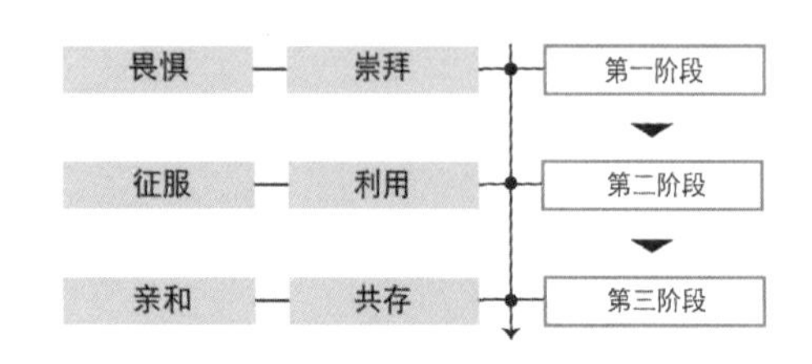

图2-1　人与自然关系的三个阶段

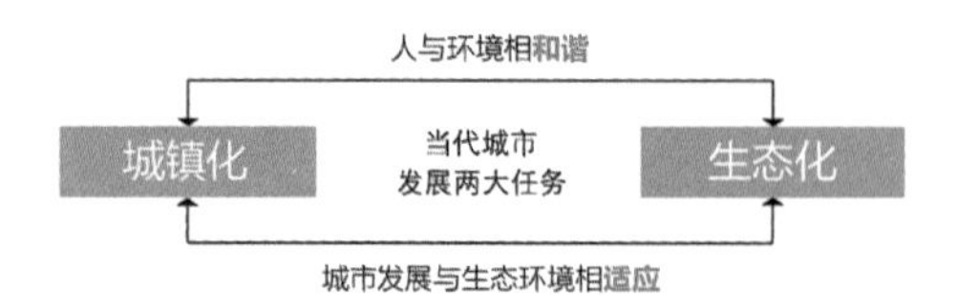

图2-2　当前城市发展的两大任务

① 周海林，谢高地. 人类生存困境：发展的悖论[M]. 北京：社会科学文献出版社，2003：2.

② 吴敏，吴晓勤. 基于“生态融城”理念的城市生态网络规划探索[J]. 城市规划，2018，42（07）：9-17.

其以塑造生态城市为目标，倡导人类与自然主动地和谐相处。它是一种生态哲理，也是一种发展智慧。

2.1 思想来源："山水城市"观

"山水城市"思想理念形成于我国数千年的文明发展历程，应对了自基本的安全防御、生产生活，到礼制宗教上升到美学与哲学的需求，从远古时期的"山水聚落"演变为古代城市营建模式，可以说，中国古代城市的建设史即是一部"山水城市"建设史。先民们从被动地依赖自然、敬畏自然、顺应自然，到主动地利用自然、改造自然并塑造自然，在城市建设方面积累了丰富的经验，按照山水城市的营建法则创造了颇多形态各异、独具特色与魅力的城市，为后人留下了宝贵的文化遗产。直至20世纪90年代"山水城市观"的提出，则更进一步清晰地表达出人类追求理想人居环境的一种愿望与诉求，一种卓越的生态智慧以及实践的道德准则。

2.1.1 古代山水城市营建思想

古代山水城市营建的思想与理念，既受自然地理因素的制约、生存与发展需要的驱动、风水环境观念的指导，同时也有宗教观、审美观、哲学观所产生的深刻影响，体现为敬畏与崇拜、依赖与感念、因循与顺应、陶冶与净化、追思与静悟五个方面，并在山水城市营建思想的形成上，经历了一个由自发转向自觉的漫长发展与演变过程[①]（图2-3）。

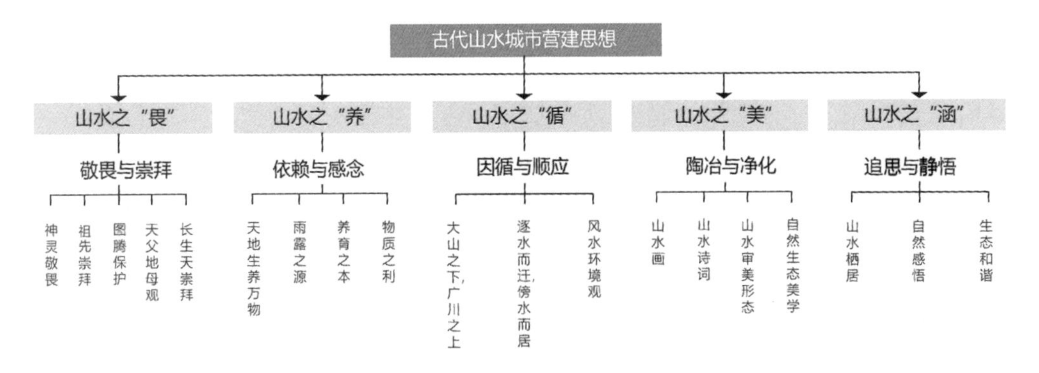

图2-3 古代山水城市营建思想

① 龙彬. 中国古代山水城市营建思想的成因[J]. 城市发展研究，2000，05：44-48.

（1）山水之“畏”——敬畏与崇拜

远古时代，因恶劣的生存状况、有限的认识能力以及原始的宗教信仰等，人类本能地对于自然怀有神圣的敬畏之心。带着与自然界生命万物的同根同源性、统一性的认识，他们敬畏神灵、敬爱生命、感念天地万物，体现为一种“敬畏生命观”。

早期的自然崇拜、祖先崇拜、图腾崇拜等宗教形式中，自然与图腾等被认为是人类的祖先与保护者，因具备超人的能力故而受到人类的崇拜乃至畏惧，甚至希望通过图腾标志被其认同并受其保护；道教从“天父地母”观念出发，通过“父母”与“天地”的映射关系，提出敬天爱地、顺应天地的观念，表述了人与自然相和谐的基本方式及其重视生态、亲和自然的生态伦理①；而在“长生天”崇拜中，蒙古民族视“苍天”为永恒最高神，即拥有至高无上权力的天神“长生天”，故而人类要尊重、敬畏和感念天地自然，并与之和谐相处②。

这种敬畏生命观产生于人类对于茫茫宇宙之中自身力量有限性的认知基础，表达了自然生态系统的有机性和整体性，呈现出传统的环境伦理意识，隐喻着古人的生态哲学与智慧，并对于早期人类的意识形态、行为方式均产生了较为深远的影响。

（2）山水之“养”——依赖与感念

“有天地，然后万物生焉”③，“唯天地，万物父母”④，有了宇宙才呈现天地，有了天地才开始孕育万物。天地生养万物，而人为自然之子。在中国传统哲学观念中，天地先于万物而存在，而人类对于天、地的依存则自其诞生之时即已开始。

“山者，万物之瞻仰也”⑤，“水者，万物之本原也”⑥。优良的山水环境是靠渔猎、采食为生的游牧人类向大自然索取物质财富并

---

① 方丽青，吴伟根．道家“天父地母”隐喻及其生态智慧解读[J]．浙江农林大学学报，2011，（28）：640-643.

② 赵金平．再论成吉思汗与“长生天”崇拜[J]．青海民族研究，2002（03）：74-77.

③ 出自《易经·序卦传》。

④ 出自《尚书》。

⑤ 出自《韩诗·外传》。

⑥ 出自《管子·水地》。

赖以生存的源泉。“出风云以通天地之间，阴阳和合，雨露之泽，万物以成，百姓以飨”[①]。孔子把山看成是沟通天地、和合阴阳的事物，并认为山是雨露之源，抚养万物之本，山与水是草木生长、鸟兽虫鱼繁殖之地，也是生产财富和百姓日用之物的地方。在远古时期，先民们便认识到山、水具有最强大的自然力、生命力与养育之力，能够满足他们的现实理想和要求，是人类生存与发展必不可少的条件。它易于提供居所、冬暖夏凉；它易于提供食物，有动物可猎、鱼虾可捕、野果可采；它土地肥沃、适于耕作；作为天然屏障，同时它又可庇护人类免受外界侵袭，得以繁衍生息。

在生产力水平极度低下的情况下，人类的生存在很大程度上受惠于自然山水所提供的物质之利，而若是离开或是失去这种物质之利，人类就将面临毁灭的绝境。[②]因而，无论是在心理上亦或是情感，人们对于自然山水的养育之恩均抱有一种依赖与感念。

（3）山水之“循”——因循与顺应

“凡立国都，非于大山之下，必于广川之上。高毋近阜而水用足，低毋近水而沟防省”[③]，“圣人之处国者，必于不倾之地，而择地形肥饶者”[④]……“逐水而迁，傍水而居”，古人选择依山、枕水、面屏而居，出发于区位特征，充分考虑居住地与自然的互动，秉承因循自然、因势利导的思想。古代城市无论是在选址与营建，还是在布局与形态等方面均充分体现了遵循、适应山水环境的思想，发展与之亲和、共生的关系。从最初的顺应自然山水，到发扬自然山水，再到与自然山水的有机共融，形成了“山水聚落”之格局，达到了天人合一境界，因而造就了中国古代人居环境的理想模式。这就是我国城市建设的“原型”，并逐渐发展成为一种悠久的传统[⑤]。

谈论山水城市，不得不提及形成于我国数千年文明历程，并为古人追求理想人居环境的一种思想理念——风水环境观。作为我国古代关于城市与宅居择址的一种山水文化观念，风水环境观出于防灾避难的根本，本着永续发展的思想，并追寻理想人居环境的营造，它深刻地影响了古代民居、村落以

① 出自《论语》。
② 龙彬. 中国古代山水城市营建思想的成因[J]. 城市发展研究，2000，05：44-48.
③ 出自《管子·乘马》。
④ 出自《管子·度地》。
⑤ 龙彬. 风水与城市营建[M]. 南昌：江西科学技术出版社，2005：8.

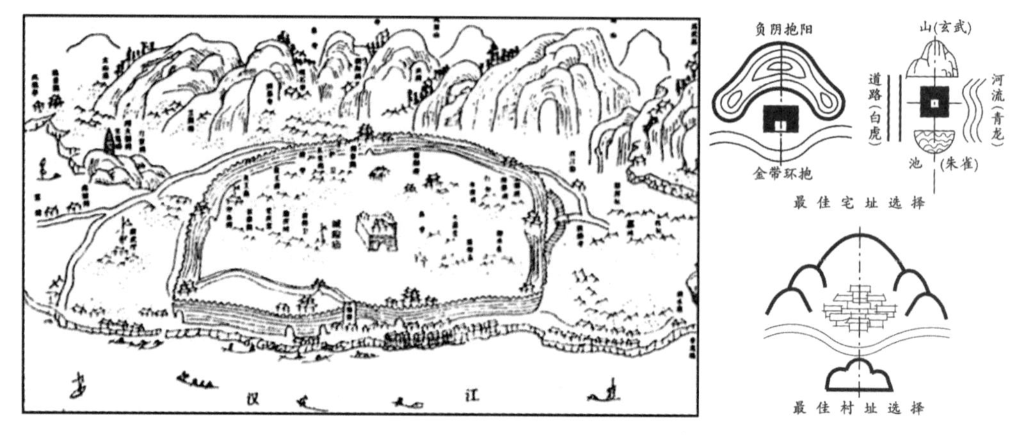

图2-4 古代城市山水格局意向图①

及城市选址、发展与变迁的全过程。风水环境观思想在现存古代都城以及历史文化名城中清晰可见，它重在“气”与“水”的环境动态，强调龙（山峦）、砂（山丘）、水（水文）、穴（地形）、向（方位）等环境要素及其分布格局对城市的影响②，提倡理想的城市环境应背山面水且左右围护，因而能够藏得住“气”，也留得住“水”（图2-4）。在风水环境观的指引之下，山水城市建设将山、水作为构图要素，将山、水、城的共存作为一种传统追求，这一思想所引导的营造方式由自发逐渐走向了自觉，并日渐形成了“山水大聚会之所必结为都会，山水中聚会之所必结为市镇，山水小聚会之所必结为村落”③所描绘的现代城镇体系的雏形。

（4）山水之“美”——陶冶与净化

“山川之美，古来共谈”，在我国美学史上，以山川为主体的自然美占据了重要的美学范畴。从魏晋到唐、宋，再至晚清，古典艺术中的山水画、山水诗词、山水音乐以及山水游记等，以各异的审美形态与艺术手法将山水之美表达得淋漓尽致，并汇成丰美的山水艺术。山水诗画的创作在于取得一种山与水之间的沟

① 王良．襄阳城市历史空间格局及其传承研究[D]．西安：西安建筑科技大学，2017.
② 张效通，钱学陶，曹永圣．应用中国环境风水原则规划“山水城市”[J]．城市发展研究，2011，01（18）：18-24.
③ 出自《商君书·徕民篇》。

通，并由此将人的情感融入山水中去。[①]从山水诗画的抽象表达到山水园林的具象呈现，均以各自洒脱、自由、适性的方式手法，尽现对于自然景观、人居环境的赞赏之情以及对于自然的热爱之意。山水审美由情景交融到虚实结合，再升华到对意境的追寻，突出了自然美学的观念；而反之，自然环境对于人的审美陶染，则又将山水审美推向了更深的层次。这一审美需求体现了从局势到情感的追求，重在让观者如同身临其境，并潜移默化于真境、意境、神境的高深境界之中，陶冶情操、净化心灵，从而达到精神的升华。

古代山水审美及意识形态，与山水本身共同构成了我国特有的山水文化，并在文化渊源上蕴涵了丰富且朴素的生态主义思想，充实了生态美学的精神内涵。同时，这一形态又奠定了山水环境与中国美学的密切关联，并对于我国传统城市营建的思想与方法等均产生了深远的影响。

（5）山水之“涵”——追思与静悟

自古以来文人雅士对山水意境的追求不断，山水之间寄托了无数对高尚品质的向往与追求，且山水诗画文化也已成为了我国传统文化的重要组成部分。而中华民族对于自然山水历来的情感，不光源自对优美的自然风景的赞赏，更为重要的是山水之中所凝结的我国自古以来的文化精神及其丰富的人文内涵。这种内涵体现在对于物质环境的追寻——山水栖居，对于精神世界的追寻——自然感悟，以及对于众生平等的追寻——生态和谐三个方面。

1）山水栖居

“鱼逐水草而居，鸟择良木而栖”，人类从未停止过对于“山水鸟鱼之乐”的向往。自古以来文人雅士畅游天地，钟爱并倾慕自然，山水栖居的情景应运而生。仁人志士以山水为乐，向往着远离俗世、安贫乐道、返璞归真的隐逸生活，希望以此逃离凡世的喧嚣，走进青山碧水的怀抱，感受自由自在的快乐[②]。

山水栖居的思想吸收了“与麋鹿共处”的顺应自然、清静无为的道家思想，“独善其身”的儒家思想以及禅定无欲的佛教思想，也极大地体现了回归自然、诗意栖居的生态主义思想。

① 吴家骅．景观形态学[M]．北京：中国建筑工业出版社，1999，05：88.
② 张晧．柳宗元的生态美学思想[C]//．全国第三届生态美学会议论文集，2004.

2）自然感悟

古代圣贤们表达了人与自然万物相互融合，从而达到“万物一体”“物我合一”的境界，这些哲学思辨均体现了一种融入自然、感悟自然的生态主义思想。

儒家的道德感悟，如“君子比德”思想，孔子比德于山水之美，曰“仁者乐山，智者乐水”[①]，这种“比德”的山水自然观将人生追求引向山水审美，“合山水之乐，成君子之心”，表达了自然山水无私地供给人们以物资和滋润，且能陶情怡志，于仁山智水之间蕴涵德行与品格。道家提倡虚静神思，认为人处于空明澄净的自然境界之中，方可做到心境清明、思想升华，也即所谓“遵从自然规律的人随着道的潮流而流动[②]”。佛教则受顿悟空寂思想的影响，敞开“复得返自然”的心怀，提倡远离俗世移情于自然，推崇自然与人、主体与客体在精神世界上合二为一的思想等。

3）生态和谐

人的精神与自然万物和谐统一，在中国古老且富有智慧的生态哲学思想中，向来主张宇宙的整体性和有机性，认为人应当尊重天地万物生存发展的本性，维护生态环境的和谐，才能够真正有利于人类的长久生存与发展。

汉代硕儒董仲舒提出了“天人合一”思想，认为人脱胎于自然，故而人的一切行为应该象天、则天、顺天且应天，顺应自然规律且遵循自然法则。道家的“天道”“人为”相和谐的思想在“天人合一”哲学中得以强调。儒家的“天父地母”“民胞物与”以及“与天地合其德，与日月合其明”的观点，则表达了儒家传统中的博爱与仁爱的深刻思想渊源。而佛教的“众生平等”观念中所宣扬宇宙众生所具有的同一性、相通性与平等性，均体现了人与自然和谐统一的生态伦理观。这种认为人与自然同在的思想观念在中国历史上源远流长，也对中国古代城市规划建设产生着深远影响。

---

① 出自《论语·雍也》。

② 张继禹．聆听自然 随道而动：简论道教生态智慧的现代价值[J]．中国道教，2009（6）：7-10.

2.1.2 20世纪90年代：“山水城市”观

（1）时代背景

在我国古代城市营建思想与实践中，都表现出传统的生态伦理思想与山水文化精神，及其引导之下的山水、人居的共生共存关系。然而，随着近代化与现代化步伐的加速，受工业革命的冲击以及“人定胜天”思想的驱使，人类中心主义不断膨胀，人类改造自然的能力得以长足发展。截至20世纪末，相当一部分国家已经完成城市化发展的任务，率先迈进了发达国家行列；中国自改革开放以来，城镇化与现代化成为不可抗拒的趋势，尤以进入20世纪90年代后，更是突飞猛进。在快速城市化的背景下，一方面，我们的生产方式与发展方式建立在对生态资源无节制的索取甚至挥霍的基础上，彻底打破了自然法则，违背了自然规律，日渐走向与自然相对立的轨道，致使生态环境持续恶化，并引发了一系列前所未有的生态性灾难；另一方面，大量城市建设亦抛弃了自身根基而盲目跟风模仿，城市空间形态趋同，地域特色丧失殆尽，数千年来源远流长的山水文化传承严重受阻。

（2）思想意蕴

伴随着生态意识在当代西方的率先觉醒，1990年，著名科学家钱学森先生以超前的发展眼光首次提出了“山水城市”的概念：“能不能把中国的山水诗词、中国古典园林建筑和中国的山水画融合在一起，创立‘山水城市’的概念？人离开了自然，又要返回自然。社会主义的中国，能建造山水城市式的居民区。”钱学森认为“园林是为城市建设服务的，要以中国园林艺术来美化城市”，“在社会主义中国有没有可能发扬光大祖国传统园林，把一个现代化城市建成一座超大型园林？高楼也可以建得错落有致，并在高层用树木点缀，整座城市就是一座‘山水城市’……”

基于中国传统的山水自然观与天人合一的哲学观，反思当代城市建设实践，“山水城市”描绘了关于21世纪中国城市发展模式的构想。“山水城市”不应简单地理解为有山有水的城市，它是具有山水物质空间环境和精神文化内涵的理想城市①，其立意源自对自然环境的尊重，将城市的自然风貌与人文景观融为一体，追求山环水绕、城绿嵌合的形意境界，且蕴含着中国独特

---

① 吴人韦，付喜娥.“山水城市”的渊源及意义探究[J]. 中国园林，2009，06：39-44.

的文化风格与底蕴。吴良镛认为："山水城市概念是从中国几千年对人居环境的构筑及发展过程中总结出来的"，并提出"山水城市是提倡人工环境与自然环境相协调发展，其最终目的在于建立'人工环境'与'自然环境'相融合的人类聚居环境"。鲍世行认为："山水城市具有深刻的生态学哲理"。胡俊认为："山水城市倡导在现代城市文明条件下人文形态与自然形态在景观规划设计上的巧妙融合，并继承了中国城市发展数千年的特色和传统。"

"山水城市"与中国古典传统风水理论、现代城市规划、城市设计、环境艺术等理论和科学技术相结合，具有深刻的文化传承性与跨时代的前瞻性①，也是一种蕴含着人与自然、生态与人文、科学与艺术、历史与未来、物质与精神，以及为人民服务的思想体系②。山水城市的兴起是社会进步与时代发展的必然产物，它既洋溢着现代化的时代精神，又传承了我国传统文化特色，且发扬了中国古典园林的思想，是传统山水文化魅力于当代的再现。"山水城市"观以跨学科、跨文化的超越性思维，主张将城市建设成为一座具有深刻意境美的超大型园林，将微观传统园林思想运用于整座城市与自然空间的共同塑造之中，从而实现山得水而活、水得山而壮、城得山水而灵，进而形成了城市与山水、森林、游园等有机结合的"园林化"山水城市形态，且让人居环境充满着山水诗画的意境，人们在城市中即可以直接亲近自然并尽享园中景色，同时感受传统造园艺术。

（3）价值与缺失

"山水城市"充满着理想与感性的智慧，钱学森先生以一种较为感性的方式提出了对于未来城市发展的理性设想，描绘了一种将园林建筑、自然山水与中国山水辞赋意境相融合的理想城市构思。这一思想观念同时追求人、社会与自然环境之间的协调与和睦，着重于展现地方特色以及优良的传统文化。"山水城市"观为

① 王超．基于山水城市理念下的空间战略研究——以浙江省江山市城南新城发展战略规划为例[J]．上海城市规划，2011（05）：67-71．

② 王铎，叶苹．"山水城市"的经典要义——再论"山水城市的哲学思考"[J]．华中建筑，2009，27（01）：6-8．

我国具有东方独特韵味与意境的园林化城市建设指引了方向，对于我们重新思考一种城市发展理念，建立一种科学发展模式的带动是积极的，其所蕴含的生态智慧，对于寻求解决人类生态困境之道，端正人类对于自然的态度和行为，摆脱人类中心主义并实现人地和谐亦具有非常重要的时代意义与应用价值，且成为我国城市规划建设中具有影响力的规划理念之一。

然而，与其他未来城市空间发展理论相比较，“山水城市”作为一种理论自身并不完善，在历经30年发展之后，还依旧停留在一种愿景式的构想之中。究其原因，更多的是时代背景所产生的影响。20世纪90年代，我国正进入改革开放后的快速城镇化与工业化阶段，国内城市在快速经济社会发展进程中，在各类产业园区建设、房地产市场发展以及大量农村剩余劳动力进城等因素驱使下，城市规模进入了快速增长期，解决空间发展方向与规模问题成为城市发展的首要问题。而这一时期的城市规划师和决策者们，受西方城市规划理论和模式的影响，大量借鉴西方城市经验并以功能主义模式来塑造城市空间，于是普遍出现了“老城区+新城区+产业园区”的功能分区模式，并通过“环形、放射+方格网”式路网系统进行连接，形成了当前广泛存在的城市空间形态和结构。在这一进程中，产业用地和主干路网得到极大完善，但城市生态空间、游憩空间及其他公共服务设施建设严重不足，后期众多城市出现的“城市病”一定程度上也是这种发展模式造就的后果。

进入新时代以后，中国传统的自然观与哲学观，固然能够给予我们发展道路上的思考与启示；然而，当前我国正值现代科技、现代产业以及现代社会文化等于快速发展之下且呈现出一系列新的特征，如何将中国传统精粹与哲学思想精妙地运用于现代城市的规划建设之中，似乎还需要一个漫长的征途和艰辛的探索过程。因此，在山水城市观提出30年后的当下，相关理论体系的健全、思路路径的建构以及技术方法的探索等方面，还迫切需要持续不断的系统摸索与实践检验，需要站立于我国古代山水自然观、天人合一哲学的基础上，传承中国传统的山水城市营建思想，探求钱学森先生的“山水城市”理念于现代城市建设中的意义，将中国的山水诗词、山水画、山水园林与城市空间发展的实际相融合，结合当前的现代科技发展、现代工业生产以及现代文化生活等现代化城市特征以及所面临的各种发展际遇，以独到的意境构筑具有中国特色的城市空间模式。

2.2 “生态融城”思路体系

基于传统历史与文化角度，重新审视中国当代城市发展所面临的问题，如因建设速度过快导致的环境恶化、特色丧失、内涵缺位等，这便需要我们本着一种原始的自然敬畏之心，反思人类生产、生活等一系列人与自然相处的行为方式，建立一种对于世界的重新理解，展开对于未来中国城市的发展模式的思考与设想。

人与自然的和谐是生态文明时代的主旋律。“生态融城”理念倡导人类与自然主动地和谐相处，倡导城镇化与生态化协同发展，它以塑造生态城市为目标，是一种生态哲理，也是一种发展智慧（图2-5）。这一思想理念，将生态理念空间化，提倡自然与人、山水与城市，由原先的“对立”向着“两立”，由“两难”向着“双赢”[①]的亲和与共存格局的转变（图2-6）。

2.2.1 理念内涵

“生态融城”关键强调一个“融”字。基于我国数千年传统的山水自然观与“天人合一”的哲学观，这一“融”字富于生态哲理，并富有浪漫主义的色彩，它蕴含着“包容”、“溶解”以及“交融”之意，且分别从思想、功能以及空间三个层面系统地描绘了人与自然互为睦邻、城市与山水生态和谐共处的美好图景[②]（图2-7）。

（1）思想层——包“容”

包容，即容纳、宽容、兼容与和谐。

在我国快速城镇化发展进程中，难免出现排斥性冲突、矛盾或互为掣肘等不和谐问题。探究解决之道，还需基于问题的思想根源。包容是大自然的法则，即与万物同生长，“草木有情皆长养，乾坤无地不包容”，有了大地的包容，才有了万物的生机，人类才得

---

① 宋青宜. 点亮的神灯：我所感悟的人与自然和谐新哲学思想[M]. 上海：文汇出版社，2008：09.

② 吴敏，吴晓勤. 基于“生态融城”理念的城市生态网络规划探索[J]. 城市规划，2018，42（07）：9-17.

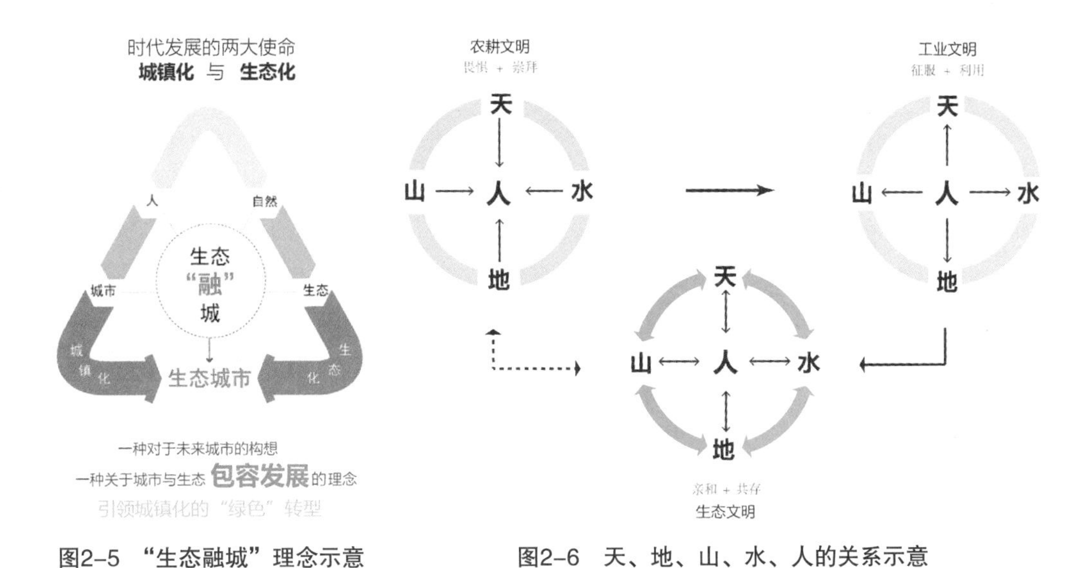

图2-5 “生态融城”理念示意

图2-6 天、地、山、水、人的关系示意

“融”
包容，溶解，交融…
生态
“融”
城市
包容 思想层
溶解 功能层
交融 空间层

图2-7 “生态融城”思想内涵

以生存、生长并生息。思想层的包“容”，强调延续古人所看重的山水文化与山水情怀，以宽厚之德包容万物，来源于山、水的包容精神是中华民族一以贯之的道德修养与美德精神。佛为心，道为骨，儒为表，大度看世界，这种兼容之道与包容意识正是解决当今发展实际矛盾与问题的关键。

包容之“容”，强调了自然与人的内在一致性，它从思想层面奠定了“生态融城”的思想基础与境界。在这一发展思想之下，城市以谦逊且积极的态度与山水自然和谐共处，以一种博大的开放意识与包容精神开展现代城市建设，强化城市各类系统的兼容与包容性，展现出广阔、坦荡的城市气概与城市品格。

（2）功能层——“溶”解

溶解，即两种以上物质混合或互为扩散，最终达到一种功能稳定及平衡状态的过程。

城市自然生态系统是城市巨系统的一个组成部分，在促进人与自然和谐发展、统筹区域及城乡发展方面意义关键。功能层的“溶”解强调山水自然于城市中各项效应的发挥。一方面，其对于城市乃至区域的生物多样性保护、景观格局恢复、生态环境保育以及高质量生态服务的提供等方面运行着特有的生态功能，通过其内部各种生态流（物种、物质、能量、信息）的运动（扩散、传输、运动）而产生影响（促进、维持、扭转、阻碍、创造等），进而直接改变其面向城市的各项生态效益（生物多样性、碳氧平衡、滞洪排涝、杀菌除尘、降温增湿、减少噪声、净化空气等）；另一方面，融合于整体城市空间之中的自然生态系统，通过生态空间的系统构建，如串联各类型公共开放空间等，与城市生态安全格局、服务设施及基础设施系统、慢行交通、文化遗产保护以及景观环境等密切关联，从而积极地引导了一种促使综合效益增长的可持续土地利用方式，在提升城市景观品质与地景美学效果、增加土地经济效益、促进人文传承与社会和谐等方面发挥更为广泛的综合效益[①]。

溶解之“溶”，强调了生态与城市二者内在的系统性与协同性，它从功能层面诠释了“生态融城”的作用原理与运行机制。在这一功能价值的交汇互溶之下，城市与山水自然有机联动、互利共生，而生态空间价值及其城市功能效益也将作为城市建设过程中的极为重要的驱动力。

（3）空间层——交“融”

交融，即交汇、交互与融合，指不同元素间的接触、混合，或喻义关系融洽且结合紧密。

城市自然生态系统属于典型的人工与自然相耦合的复合性生

① 吴敏．城市绿地生态网络空间增效途径研究[M]．北京：中国建筑工业出版社，2016：83.

态系统，其位处于城市整体空间之中，并与城市基底之间呈耦合、共生的镶嵌格局。这种空间镶嵌格局呈现为不同景观类型在空间结构上因聚集或分散而形成互为嵌合的空间关系[①]。此种关系不仅表现在空间结构与形态上，且终将导致生态与其基底城市功能之间的复杂关联，城市生态空间要素如生态斑块的规模、尺度、格局、形状、边界，以及生态廊道的宽度、曲直、连接度等空间特征，亦会直接影响着其面向整体城市的生态效益及其综合效益的发挥。

交融之“融”，强调了生态与城市二者外在的整体性与融合性，它从空间层面诠释了“生态融城”的物质形态与空间模式。这种互为基底的空间关系，合成了一张城市与山水自然镶嵌耦合、互为睦邻的美好图景，展现出自然、清新的城市格局与形态，以及极富魅力与特色的城市气质与风貌。

2.2.2 发展思路

建立于山水城市观的基础，“生态融城”以一种广义生态观与包容发展观融合了社会、文化、历史、经济等因素，且随着社会和科技的发展不断地充实和全面完善，并引导未来城市发展路径。

“生态融城”理念，以人与自然的和谐相处为出发点，以尊重自然、保护环境且提升人类幸福感为原则，创造独具中国特色的可持续发展城市为目标，融合并集成自然生态理念和传统文化精髓，提出了一种关于未来城市的构想，即以生态来“溶解”城市，打破“城—绿”两分格局，建立一种新的空间生态秩序。“生态融城”所提倡的山水审美，除体现于生态化的城市格局上，还体现在城市对于自然景观的利用上，通过将大城乡融入大山水，构建城乡生命共同体的空间发展模式与营造方法，促进两者在空间关系上的双向生长与演进，也推动两者在效益机制上的互促与联动，以此化解人地僵局，实现城市与生态的包容发展，实现人类生活方式和生活环境向着自然的回归。

“生态融城”这一绿色发展理念遵循城市有机生长与生态自然演进之规律，与生态文明建设的要求不谋而合，为当前城市空间发展模式的转型提供了道路。这一道路强调生态建设与城镇发展的共生，即“绿色”的发展模式；

① Forman R，Godron M. 景观生态学[M]. 肖笃宁，译. 北京：科学出版社，1990：27.

强调生态环境与经济增长的共融，即“融合”的发展路径；同时也关注生态效益与城镇空间运行效能的协同，即“效能”的核心发展目标（图2-8）。

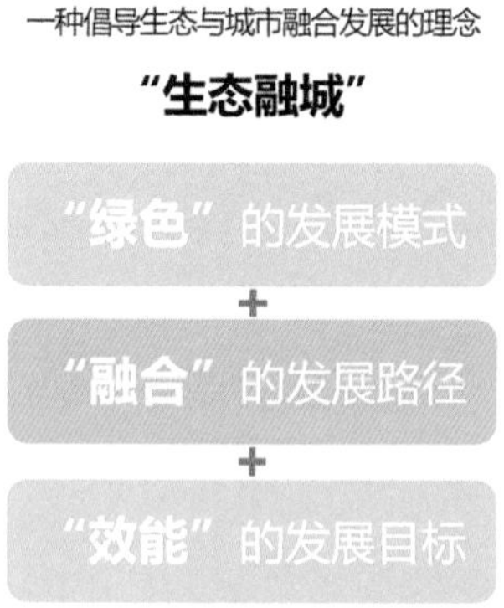

一种倡导生态与城市融合发展的理念
“生态融城”
“绿色”的发展模式
+
“融合”的发展路径
+
“效能”的发展目标

图2-8 “生态融城”发展思路

2.2.3 空间意向：现代山水城市

结合了时代发展特征，现代山水城市是山水城市观在现代社会这一背景下的一种“与时俱进”的演绎，也是“生态融城”这一发展理念下的空间发展模式。现代山水城市的建设融合城市的山水本底与空间发展之特点，统一环境维育与城市建设之关系，其并无固定可循模式，在经梳理、分解与提炼后，可从山水之城、生态之城、文化之城、特色之城四个方面加以诠释（图2-9）。

（1）山水之城

秉承山水格局，延续自然肌理，让城市融入自然，打造“山水之城”。

现代山水城市首先应是一座“山水之城”，让中国城市寻回“山水”精神，体现“天人合一”的自然内涵，延续初始的自然敬畏之心。让寄存于人类精神本质中的那份敬畏在现代社会中找到合适归宿[①]，并将之作为一种生态观念，重建人与自然的和谐关系。现代山水城市的建设应让城市回归大自然，顺应山水空间肌理，构建以自然为骨架的城乡空间结构；一方面城市的发展要与周边的山水空间有机结合，另一方面则将城市中的山、水、田、园以及开放空间通过绿化生态通廊加以联系，打造山水空间纽带，形成山环水绕、城绿镶嵌、田园栖居的山水城市空间格局。

---

① 罗伟，李自福. 论敬畏精神对重建人与自然和谐关系的意义[J]. 玉溪师范学院学报，2008（06）：20-24.

图2-9 现代山水城市的四幅图景

（2）生态之城

维育生态环境，保育资源本底，让自然融入城市，打造“生态之城”。

现代山水城市应是一座“生态之城”，倡导土地伦理在城市空间发展中的贯呈，并成为生态环境保护的主流思想。现代山水城市应视城市为一个巨大的生态系统，同时也是更大范围的区域生态空间的重要组成。一方面，城市的生长与发展要有机结合区域及周边生态资源，体现自然生长的肌理，防止城市无序蔓延；另一方面，生态环境也是城市空间的重要内容，应在城市内部构建生态空间体系，并保持与外部生态空间的连续，维持整体城市内、外部的动态平衡，保持良好的还原、缓冲、调节、抑制等生态功能，以“师法自然”的生态内涵将人与自然融为有机整体，让城市空间与生态空间融合共生，亦让城市生态系统与区域生态系统永续联动。

（3）文化之城

传承历史文化，延续文化脉络，文化熔铸城市品格，打造“文化之城”。

现代山水城市应是一座“文化之城”，体现一座城市发展的本质特征与内在之美，并通过文化脉络记载这座城市的兴衰与变迁。中国的传统文化，包括山水文化在内，均是不可复制的稀缺资源，在我国城市空间营造的过程中当被重新召唤，延续曾经的记忆，传递历史的回响，并传承文化的脉络。然而文化于城市中的承接是需要载体的，体现在根植于生态环境基础的风貌民俗、历史遗存及其他形态等，表现于城市空间通过挖掘历史肌理、彰显地域风貌、梳理文化廊道、保护历史街区等，并借鉴城市空间处理手法，利用人工的巧妙构筑将自然景观与人工景观互为融合，从而实现空间脉络的延续、城市品格的塑造、文化自信以及民族归属感的修复。让城市的文化底蕴与当下的时代相结合，且让“寄情山水”的文化内涵熔铸于现代城市建设之中。

（4）特色之城

营造空间特色，构建意向图景，营造城市个性与活力，打造“特色之城”。

现代山水城市还应是一座“特色之城”，精髓在于追求意境与个性、通达文脉和哲理。一座城市的特色决定着这座城市的独特个性、社会活力以及场所精神，应对现代城市建设中的风貌趋同、文化割裂与个性丧失，现代山水城市的打造以深厚浓郁的山水文化为基调，结合地方的建筑形式、地貌特质、产业结构、景观形象以及文化、风情等，梳理并挖掘体现于城市空间形态中的显性与隐性特征，重点强化稀缺性与异质性，分别从形式、意向与意义三个层面，通过于现代城市发展背景下的创造性的再生与再现，营造别具一格的特色城市。

2.3 现代山水城市空间营建

2.3.1 现代山水城市营建思路

山水意识，是中国独具的精神气质、思维方式与价值观念。现代山水城市的建设综合吸收、继承并强化山水城市、田园城市、园林城市、森林城市等绿色发展理念，在尊重宏观山水格局即营建“大山水”的基础上，既要营建“山水中的城市”，也要营造“城市中的山水”，将自然生态元素与城市建设元素紧密嵌合（图2-10）。

营建“大山水”

营建“山水中的城市”

营建“城市中的山水”

图2-10 现代山水城市营建思路

（1）营建“大山水”

营建“大山水”，即是立足于区域山水格局，出发于大尺度的山川型势来谋划区域整体人居格局[①]。营建“大山水”强调的是突破行政界线管理思维，它针对的是人类共同拥有的自然环境及文化地域，是一种在更大地区层面所开展的对山川秩序的整体统筹与经营，通过系统梳理、整合并联系区域山、水、林、田、湖、草等生态空间资源与环境，维持并强化山水空间特征，奠定可持续发展的区域与城市生态环境基底。

（2）营建“山水中的城市”

融入“大山水”的山川格局，以山水空间骨架作为现代山水城市的空间基底，让青山绿水环绕，城市镶嵌其中，并与区域山水格局融为一体。营建“山水中的城市”，强调的是以传统的山水文化来唤醒民众内心的山水之情，让城市重新回归于传统的自然环境之怀抱。即是依托区域及城市山水生态格局，将理性与艺术相结合，将生态与文化、美学、意境相融入，本着自然法则营建城市结构与空间形态，塑造具有独特地域特征的和谐人居环境。

（3）营建“城市中的山水”

遵循景观生态学原理，将外围的“山水”空间要素有序引入城市，将更

① 李欣鹏，王树声，李小龙，等. 方域经画：一种区域山水人居格局的谋划方式[J]. 城市规划，2018，07：69-70.

多的自然生态元素融入城市，以连续的山体绿化、滨水绿地、林荫大道等为纽带，将城市近郊的森林、自然保护地与城市内部的各级各类公园、街头绿地等相衔接，共同形成网络化的城市生态空间系统，为城市生态平衡与环境改善提供稳定支持；同时也能有效提升城市建设风貌，强化山水特征，提升环境品质，让市民感受到大自然的赐予，同时亦为建设山水城市提供良好条件。

2.3.2 现代山水城市空间营造策略

现代山水城市的空间营造，关键在于梳理并协同好山、水、城三者之间的关系。通过“梳山—理水—融城”“显山—露水—塑城”“仁山—智水—乐城”三大空间营造策略，分别从城市与山水格局、建筑与空间形态、景观与文化品质三个不同的空间层面，提出以生态为引导的山、水、城互动融合且魅力独具的城市空间建构与发展路径（图2-11）。

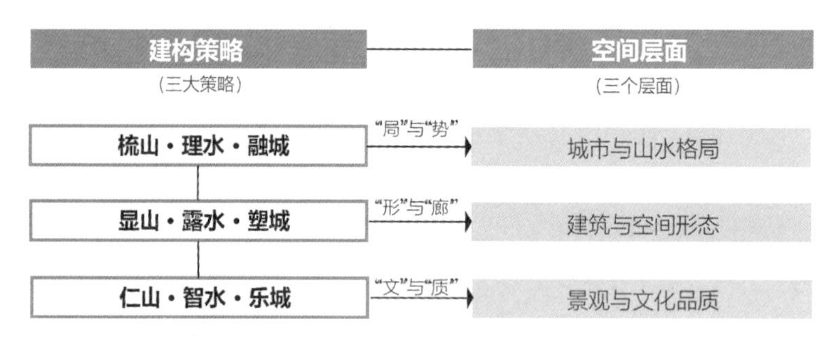

图2-11 现代山水城市空间营造三大策略

（1）梳山—理水—融城

从城市与山水格局层面，梳理“山—水—城”的结构关系，建立与山水环境相融合的城市空间框架是现代山水城市营造之首要。

梳山—理水—融城，既基于宏观山水格局，让城市主动迎合山水大“局”与大“势”，先“梳山理水”，再“造地营城”。以水系山脉为城市空间骨架，将自然山水基底作为城市空间发展不可逾越与侵犯的一张底图，这是山水城市形意境界形成的重要前提。基于山水肌理的梳理与生态资源的识别，即以山、水为骨，以水、绿为引，在城市中嵌入自然要素，通过构建山水格局体系以及与之相连续的水绿空间体系，将城市各功能区域与山水脉络紧密联系，达到山、水、城在空间二维层面上的和谐、有序、共融，实现“山水在城中，城在山水中”的总体空间格局（图2-12）。

图2-12　梳山—理水—融城

（2）显山—露水—塑城

从建筑与空间形态层面，梳理“山—水—城”的形态关系，将城市空间形态与山水形态相匹配，让山水与城市融为一体，是现代山水城市营造的重要条件之一。

显山—露水—塑城，即塑造山、水等自然要素可被感知的城市轮廓与空间形态，不但要将山水要素引入，还应打通山、水、城之间的视线通廊，构建山水眺望体系和空间轮廓体系。现代山水城市的空间形式不能过于平铺直叙，应充分运用各种构景要素，形成开合有序、层次清晰且富有变化的空间序列。通过控制城市建筑的高度、密度以确保山体、水体的可见性，勾勒山水城市界面，塑造城绿交融的天际轮廓线；通过空间视域、视廊、试点的组织，建立起“望山”“见水”的城市视觉对应与意向感知系统；通过把天赋的自然景观引入重点地段，使得城市与山水自然共荣共雅。基于山、水可及的城市空间形状与轮廓的梳理，引导城市的“形”与“廓”，实现山、水、城在三维空间层面上的交融与共、互为嵌合的总体空间形态（图2-13）。

（3）仁山—智水—乐城

从景观与文化品质层面，梳理“山—水—城”的意蕴关联，基于城市厚重的历史积淀与文化资源的传承与发扬，彰显城市活力与特色，也是现代山水城市营造的重要条件之一。

仁山—智水—乐城，即挖掘城市底蕴内涵，结合城市山水资源、地域历史、人文特色以及建设风貌，通过风貌体系、文化体系和游憩体系的构建，塑造富有人性化、品质化、个性化色彩的城市空间，打破平淡乏味的枯燥格局，激发品质活力与文化魅力。以山水诗意的刻画以及人文活力的营造为基础，赋予城市空间环境以超然的灵性与神秘的气息，让现代都市充满着“文”与“质”，使城市居民可纵情于山水之间、乐活于都市之中，安于归宿并感悟真谛，实现山、水、城在意蕴及内涵层面的浑然交融（图2-14）。

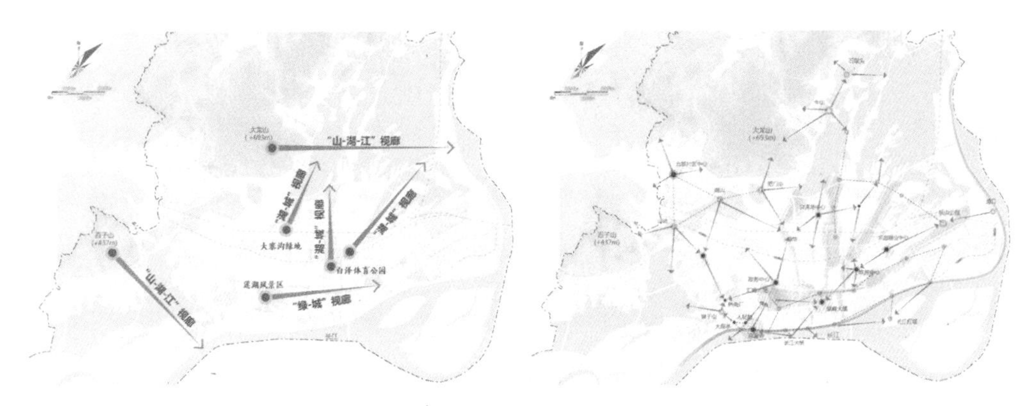

图2-13 显山—露水—塑城

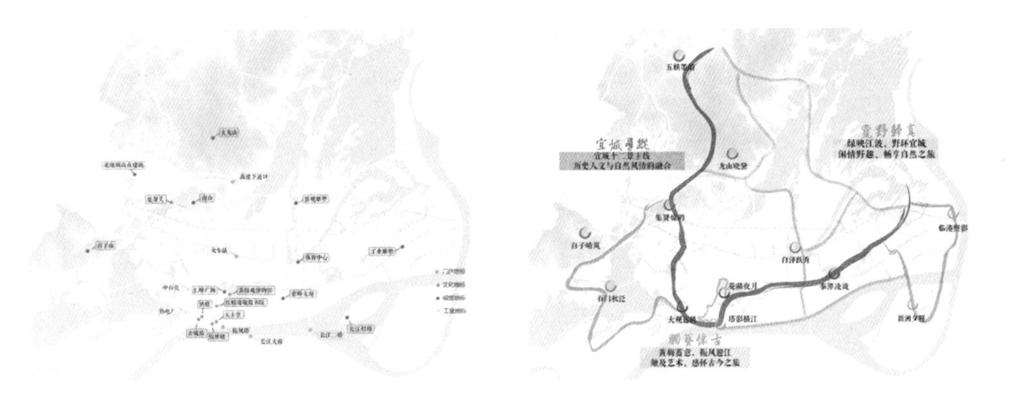

图2-14 仁山—智水—乐城

生态的问题，绝不仅仅是环境保护的问题，更是涉及人的世界观与存在方式的问题。[1]

——[美]安乐哲（Mary Evelyn Tucker）

① 引自安乐哲主编的《宗教与生态丛书》之《道教与生态——宇宙景观的内在之道》一书的序言。

3

CHAPTER 3

“生态—城市”协同发展战略

“Ecology-City” Coordinated Development Strategy

当我们陶醉于现代城市建设的成就时，也不得不接受因过度发展而带来的生态恶果。在质疑我们的规划理论和建设方法，试图从发达地区寻求良方之时，回头却发现先人早已从“象天地法，尊重自然，师法自然，道法自然”之中，凝集了一整套思想与实践的系统①，而其思想的核心，便是强调自然与人类和谐与共处的一体化理念。

3.1 问题与挑战

改革开放以来的40年间，城镇化的“集聚效应”带给了城市巨大冲击，高速的集聚与发展、强力推进的城镇化带来了城市规模的快速壮大，同时也导致城乡区域地形地物、土地覆盖、生态环境发生骤变，规模化与品质化的冲突日渐激化。由此引发的城市生态问题，也随着生态环境恶化而备受关注，对于优质生态环境的追求也日趋强烈，城市发展与建设面临着严峻的问题与挑战，并集中呈现在五个方面。

3.1.1 生态地位缺失——重建设轻非建设

与绿地生态建设的低动态特征相比较，城市开发建设的高动态特征相对强势，因而我国城市长期以来保持着建成区（建筑、街区等）布局主导的规划方法和人工环境主导的建设模式，作为公共资源的绿地生态空间，日渐沦为城市中的“弱势空间”而有限或无限地让步于城市开发，被动地适应于城市建设发展，最终遭受大量缩水、孤岛化与破碎化②。

3.1.2 空间理性不足——重形态轻结构

传统的城市绿地建设一直侧重于城市形象的表征，而非基于

① 唐震. 低碳生态城市建设的中国传统理论溯源与现代启示[J]. 城市发展研究，2014，21（11）：106-110.
② 吴敏. 城市绿地生态网络空间增效途径研究[M]. 北京：中国建筑工业出版社，2016：7-8.

结构的科学理性，因此也更多关注“绿心”“绿轴”等绿地形态，以及环境景观的精细塑造等。在城市规划布局中，优先的往往是居住、商业、工业、道路等用地的确立，城市绿地生态空间被动服从于建设用地的总体结构及其布局，从属性地位导致了城市生态建设长期处于高人工干预状态，违背了自然演替规律，阻碍了生态效益的发挥，甚至引发对区域生态格局的负面影响。

3.1.3 价值标准单一——重指标轻效益

传统理念中认为“量足”则会“质优”，受绿地率、绿化覆盖率、人均绿地面积三大指标的引导，传统的城市绿地规划与建设方式过分地追求绿地数量，而非基于立体多维的价值衡量体系，实难形成系统高效的生态空间体系。因此，在关注数据指标的同时还须重视生态过程，保障绿地生态空间相同数量指标下的效能增长，促进生态绿地与城市发展建设的互惠双赢。

3.1.4 “就城市论城市”——重城内轻城外

伴随着城市生活品质的提升，作为承载城市环境形象与社会游憩、户外活动的空间载体，城市内部绿地生态系统的建设备受关注，且逐渐形成包含公园绿地、防护绿地、附属绿地等在内的相对成熟、独立的空间体系，在景观形象的塑造上取得卓越成效。然而，因城市蔓延而导致不断退化的城郊生态系统以及更为广泛的乡村生态环境却极少有人问津，忽略了无论是城内、城外的生命系统实则为同一本源的事实，且不断运行着内部与外部之间的交换、传输与补给。

3.1.5 “就绿地论绿地”——重界定轻关联

日益完善的城乡空间建设管理体系，不乏对于各类功能空间的明确及各类控制线的划定，同时确立了明晰、完善的空间管控制度。空间类型与控制线的刚性界定，为土地空间资源的有序利用与保护提供了实为有效的管理手段，但现有的技术规范则多是针对城市与乡村，即从空间上将城市、乡村及非建设用地三者割裂开来，淡化了城乡之间的关联，割裂了生产、生活与生态三者的相互依赖，忽略了绿地生态作为一个动态系统在各类空间之间原本可发挥的联动作用。

3.2 “生长”与“演进”

自然的“绿色生长”以及城市的“空间演进”，这一漫长的互动发展过程呈现在空间上，即一幅双向进退、耦合映衬的空间变迁图，也是一场“图”与“底”的空间演绎（图3-1、图3-2），而生态与城市，在这一过程中体现为生长、演进的空间关系以及协同、联动的效能机制。

图3-1 生态与城市——“图”与“底”的关系

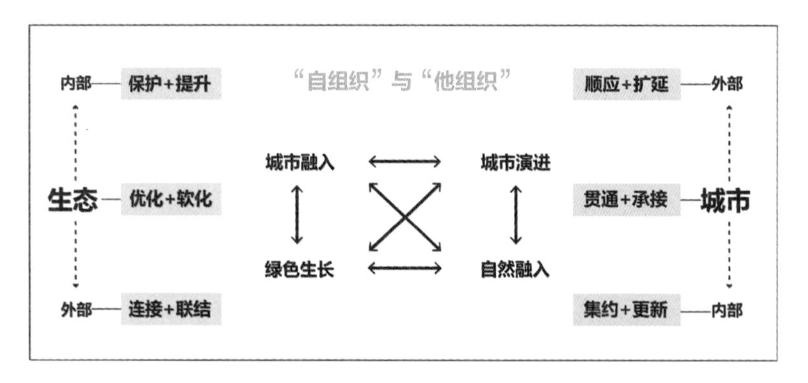

图3-2 “绿色生长”与“城市演进”

3.2.1 “绿色生长”战略

自然的“绿色生长”，强调站立于生态本位，关于土地空间动态演变的诠释与解读。由生态的内部空间向着其外部空间，即自城市的外部向着城市边缘，再至城市内部的生长过程。在这一过程中，生态空间的生长战略，分别呈现为内部的“坚守”、边缘的“交融”以及外部的“生长”三个方面（图3-3）。

（1）保护+提升——内部的“坚守”

绿色生长的内核，在于对城市和区域具有重要生态保护价

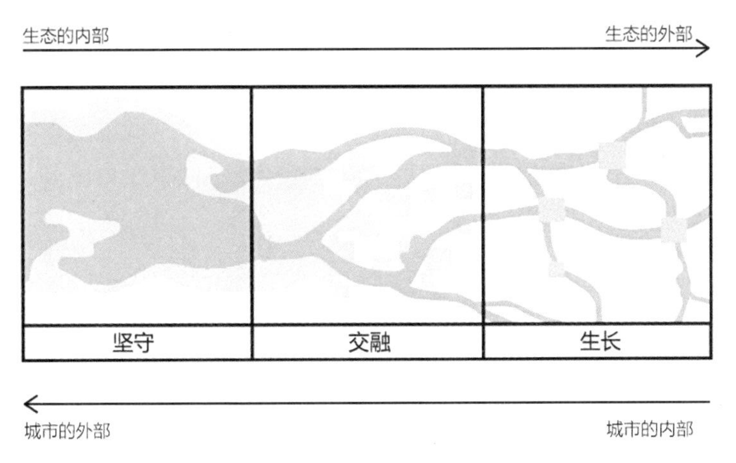

图3-3 自然的“绿色生长”战略

值、生物多样性和生态极敏感性的生态核心区域，如各级各类自然保护区、风景名胜区、水源地保护区、森林和湿地等生态区域，以及动植物迁徙通道、自然河流水系通道及山谷廊道等重要的生态廊道。这些核心生态区域和生态廊道，是保持绿地生态空间功效与发挥生态系统服务价值的本源所在。因此，应放眼于区域层面对其施行最严格的空间管控，对于维护区域生态平衡、优化城市生态环境品质、保持生物多样性具有至为关键的作用，同时为城市永续发展预留了生态底线。

绿色生长的内生机制，在于保持生态核心区域的生态效能不降低，方能源源不断地导向城市而发挥生态效益。在制定生态保护措施或制定管控规划时，可针对性地开展优化与提升。对于具有突出生态价值和生态服务功能的生态区域，如自然保护区、珍稀动植物栖息地、风景名胜区、森林公园、地质公园等，应加强保护与可持续利用，保护动植物适生环境，构建区域生态屏障体系。对于区域重要的公益林及河流生境保护地带，应重点保护天然林，保持其面积稳定并促进生态效益的逐年提高，严格控制各类城市建设占地、采伐、擅自改变林地用途等行为。重要公益林以外的其他林地区域，提倡建设以林木为主体的生境保育林；对于河道与湿地区域，应在河道两侧划定宽度不等的河流湿地保育区，并于区内建设生境保育林，严禁破坏性建设活动。

绿色生长的外延机制，在于有序引导区域性生态空间的连接，以及绿色空间向着城市空间的蔓延，即构建区域及城市生态空间系统。通过网络化生态空间系统的建构，塑造维系城市生态环境和自然生命系统的关键性格局，架构起生态核心区域与城市之间的生态廊道，提供有利于动植物生存、繁衍、迁移、传播的栖息地与连续、安全的迁徙通道，维持城市的生物多样性与生态稳定性。生态空间系统的建构应注重其结构、功能与系统三大特性，在结构上强化网络化特征，功能上注重多元复合特征，保障城市生态安全、维护生物多样性、保持生态过程完整等核心功能，系统上则应注重发挥“功能—结构”双重特性，从而促进自然生态系统向着城市空间“有机生长”。

（2）优化+软化——边缘的“交融”

从空间特征视角，可将土地用途划分为人类活动为主和自然生态为主，城市和乡村同为人类的聚居地，前者主要依靠人工建设，后者则是自然依附与人工建设的结合。城市边缘区域，是城市、乡村和自然的共存地带，其间各种人类活动与自然生态因素互存共生，是一个自然生态、社会人文、经济活动与景观风貌紧密关联的区域，并在时间、空间上均呈现出高度相关的有机联动及动态耦合特征[①]。

在传统的增量规划中，城市向着外部拓展并开展大规模开发建设，以快速通道形成外围环状道路成为一种普遍的规划手法，这种模式在一定程度上强化了建设用地间的联系，也方便了过境道路以及跨区域的交通联系，与此同时却也犹如一道生态的“壁垒”或“屏障”，割裂了城市内、外部的生态联系。自然在此遭遇阻隔，外围的生态核心区域无法向城市内部延伸渗透，由此在城市边缘区域呈现出明显的空间分异，导致无法形成内外一体的有机系统，整体生态效益大打折扣。

基于现代山水城市塑造的视角，于城市边缘地带的生态交

① 邢忠，应文，颜文涛，等. 土地使用中的“边缘效应”与城市生态整合——以荣县城市规划实践为例[J]. 城市规划，2006（01）：88-92.

融，是城市“包容”生态的第一步。城市边缘区是城市景观和自然景观的交接区域，促进两种景观区域的相互融合，需要从布局方式、土地功能与开发强度等方面入手。布局方式上，避免大规模集中成片，结合山水地形地貌和林地、耕地等土地分布，鼓励分散式、小型化、组团式的布局，让绿色生态空间充分嵌入建设用地，形成“你中有我、我中有你”的镶嵌格局。土地功能上，避免集中规模化的商贸、居住等开发，鼓励提供公共服务、开展公共活动和文化展示、旅游及休闲游憩服务等功能的土地利用类型，结合自然生态空间为大众提供更多的绿色开放空间，以促进人与自然的交流。开发强度上则应严加控制，提倡不影响生态系统服务价值前提下的低强度、低密度建设，引导建筑高度和轮廓线，促进形成显山露水、自然生态与城市景观交相辉映的格局，并通过多种空间手法优化建设用地安排、软化城市边界，以实现生态质量不降低、土地效益最大化，且城市景观与地景美学效果兼顾等综合性目标。

（3）连接+联结——外部的“生长”

城市绿地，是指以植被为主要存在形态，用于改善城市生态、保护环境，为居民提供游憩场所和绿化、美化城市的绿地，包括综合公园、社区公园、专类公园、游园及防护绿地、附属绿地等[①]。城市绿地多为结合自然湖泊、河流水系、地形地貌等因素而形成，也包含部分人工建设的公园，因特定功能需要而设置的专类公园，以及其他附属于各类建设用地，如居住区绿地、道路交通附属绿地等等。当前对于城市绿地的关注集中于绿地率、绿化覆盖率、人均绿地面积等指标，并以“填空补缺”“见缝插绿”等方式来强化指标，与此同时，却并未关注城市内、外部绿地生态空间的自身联系，从而导致虽是美观、整洁的城市绿地，却因长期高度的人工干预而难以发挥生态效能，甚至造成区域景观格局和生态系统功能的破坏。

绿地作为城市公共生活的重要载体，也是城市生活品质的重要表征。然而零星的、散点状布局的绿地生态斑块，并未形成系统关联的内、外部生态空间，难以满足城市的各种需求。基于景观生态学原理，为确保生态过程在不同生态要素间的顺利进行，应加强各生态要素之间的连接，且基于均衡、合理分布要求强化联结点的设置。采取科学方法，结合资源分布与使用

① 住房和城乡建设部. CJJ/T 85-2017城市绿地分类标准[S]. 北京：中国建筑工业出版社，2017.

需求，通过不同阈值的设置提升生态空间临近程度，借助城市更新、土地整理的契机，让外部生态空间在城市内部寻求到“生长”机会，进而系统性建立起各类型生态斑块之间的连接，加强生态空间的连续性，并从布局上进一步优化其空间集散程度和疏密关系，促进城市内部的生态效益及其引发的其他各项效益的提升，最终增强城市整体生态功能效益。

3.2.2 “城市演进”战略

城市的“空间演进”，强调的是站立于城市本位，关于土地空间动态演变的诠释与解读。城市的内部向着城市边缘，再至城市外部，即自生态的外部空间向着内部空间的演进过程。在这一过程中，城市空间的演进战略，分别呈现为外部形态的“描绘”、中部肌理的“强化”以及内部功能的“升华”三个方面（图3-4）。

（1）顺应+扩延——外部形态的“描绘”

顺应山形走势、河流走向和地形地貌，合理选择城市建设空间是城市布局的基本原则。然而现实中，以开山凿山、摧绿毁田、填海覆河等方式拓展建设空间的现象屡见不鲜；一些城市即使大体上顺应了山水地貌，但在面临自然生态系统的保护以及结合自然坡度、顺应河流水系等生态边界地带的建设等方面，仍然呈现为粗放、蛮横的布局方式。虽然多年前的城市规划相关技术

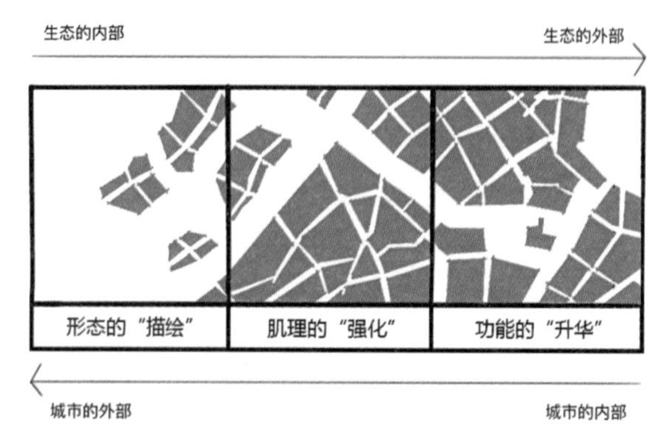

图3-4 城市的“空间演进”战略

标准中，已明确提出开展建设用地适宜性评价作为规划建设的基础，但该评价更多的是从工程建设适宜角度的思考，而关于自然生态格局和生态系统保护的考虑却是严重缺失。

随着景观生态学、地理学研究的推广，基于ArcGIS平台对各类空间数据进行识别和综合评价，依据评价结果所确定的层级范围进行分类并明确相应的土地空间范围，已成为空间定量分析方法的有益补充。如在城市建设用地分析中，常采用地形地貌、水文资源、土地覆被、生态资源、自然灾害5个方面的评价要素，并通过AHP层次分析法、GIS自然断裂法等方法进行评价和处理，根据需要生成并提取相应空间范围，明确空间边界。这种综合各种空间数据和模型而开展的分析研究，是对传统技术方法的巨大改进，为科学确定综合适宜的城市空间边界和形态提供了技术支持。

技术方法的进步为空间的分析研究提供了保障，然而城市空间研究更需要思想理念的更新来指导城市空间发展及其空间形态优化。在传统的增量模式下，城市空间演进多是由内及外，即围绕着建成区向外部非建设空间的扩延，自然山水一度作为重要的限制性因素而成为城市空间发展的边界。然而，在人类建造技术取得突破性提升之后，面临空间快速扩张的城市，在其发展方向和空间规模范围确定的过程中，在通过开山、填河、改道、覆绿等大规模人工改造手段后，部分限制性因素被“无视”，并沦为非限制性因素，导致无法兼顾城市自身扩展与外部生态保护之间的关系。因而，在“山水城市”观的思想理念引领之下，基于生态学视角突出并强调以“底线思维”控制城市空间形态与边界，通过科学评价，识别并确定核心生态区域，将其纳入严格管控层面而实施永久性保护，是制定城市空间发展战略的首要任务。而其他限制性区域，则可作为城市空间拓展与自然生态保护的“博弈”空间，依据城市发展需求进行适度选择，并进一步细分与识别。

（2）贯通+承接——中部肌理的“强化”

城市的空间结构，表现为功能和空间二者的组合及分布方式上。在传统的城市规划惯性思维中，侧重于以功能需求来组织城市空间结构，而非基于生态系统完整的综合抉择。无序的建设与过度开发所导致的自然空间被蚕食、生态系统遭损毁、生态空间破碎化等问题，在城市与生态相交锋的城市边缘地带尤为严重，究其根本原因，还是城市空间拓展的压力。而不同空间形态的城市，其所表现出的压力区域也不尽相同，空间集聚型城市主要呈现在空间拓展的主要方向上，而空间分散型城市则更多暴露于各组团、功能区之间的连接区域上。

基于生命共同体理念，城市内、外部处于同一生态系统，在保护外部核心生态区域的同时，还应关注外部生态空间向着内部源源不断的生态输送的通道空间。城市边缘地带是外围生态安全的重要防护，同时也是城市系统和自然生态系统双向融合的场所，应确保这一区域中的生态贯通，加强内、外部生态“源”与“源”之间的有机连接。生态贯通除注重尺度、走向设置之外，还应兼顾生态系统完整性及城市游憩、农业生产等功能需求，对贯通廊道的系统连接及其内部生态功能等进行优化，更进一步地系统优化城市边缘地区的空间肌理与结构，进而促进空间有序组织、增进城绿交融。城市边缘地带肌理与结构的强化与优化，有利于促进生态融入城市，同时亦是促进了城市拥抱自然。

（3）集约+更新——内部功能的“升华”

绿地是城市公共空间的重要载体，承载着城市绿化、形象展示以及公共活动等功能。城市内部生态空间依托于既有的建成区绿地，也依赖于旧区改造与更新地段，而新区绿地除了结合自然水系和基础设施，更多则是结合路网和用地布局的配置，在数量与分布上有一定考虑，但关于生态系统功能方面考虑甚少。

改变传统规划的“重量轻效”，在高度集中建设的城市内部空间中，结合现有生态空间，借助于城市有机更新的契机高效利用有限的生态空间资源，通过科学合理的布局以发挥更高的生态效应，并由此激发其带给城市的其他各项效应，使其增效并“升华”。对于城市生态绿地的设置，应重点关注四个方面：一是注重分布格局，改变传统“就城市论城市”的模式，将内部生态空间放置于区域生态系统之中，优先处理好内部绿地系统与生态“源”地、生态廊道之间的关系；二是注重分布密度，并非简单地落实绿量要求，更应考虑生态系统服务的需求，考虑合理的生态系统服务半径与影响范围，以满足生态系统功能的正常运行；三是强化生态节点设置，利用廊道、绿带等线性空间，结合地形与周边土地利用情况，从均衡角度合理设置大、中、小型公共绿地，为市民提供良好活动场所；四是合理控制开发容量，主要是廊道、绿带及节点周边的土地利用控制，如建筑密度、建筑高度和开发强度等，以确保市民与自然的近距离接触，促进生态系统服务效应向着更大范围扩散。

3.3 “空间—效能”关联机制

探索生态与城市的协同发展，“空间”是外在呈现，而“效能”则是内在驱动。在这里，只有促进生态以及整体城市“效能”发展的空间，才是能够被认同的“空间”，因而，关于生态的空间结构与其功能效应之间的运行原理与过程，及其内在关联机制的研究是关键。也即，“效能”的提升必然建立于“空间”优化的基础，然而，作为载体的“空间”又是如何承载并影响“效能”，而“效能”反过来又需要怎样的“空间”支撑，且如何驱动着“空间”呢？

3.3.1 城市生态空间效能维度

当前城市在配置绿地生态空间时，强化以城市美化、形象展示、植物造景等视觉效果以及防护隔离为主体导向，偏重以人均绿地指标、绿地率、绿化覆盖率等量化指标作为衡量绿地生态环境的标准，与此同时却忽略了绿地生态空间的自然属性，淡化了基于生态机能引发的面向城市的生态系统服务功能，也忽视了生态空间结构于其各项效能发挥所产生的作用及影响。这种片面、短视的认知导致了偏重、缺失的价值观，也带来生态空间配置过程中的盲目与低效。因此，系统、全面认识城市生态空间效能，对于科学地决策空间资源分配，以及引导快速发展阶段中的城市可持续建设来说尤为重要。

城市生态空间的效能，指城市生态空间所具备获取效益的能力或程度，包括生态空间本身产生直接效益的能力，也包括由此引发间接效益的能力。城市生态空间效能由三个重要因素决定（图3-5）。

一是直接效益，即效能的“本体”，为生态空间自身功能与效应，以核心生态效能为主。

二是间接效益，即效能的“外溢”，生态空间发挥于城市之中的种种功能效应以及价值呈现。

三是效益环境，即效能的“抑制剂”或“催化剂”，是导致上述生态效

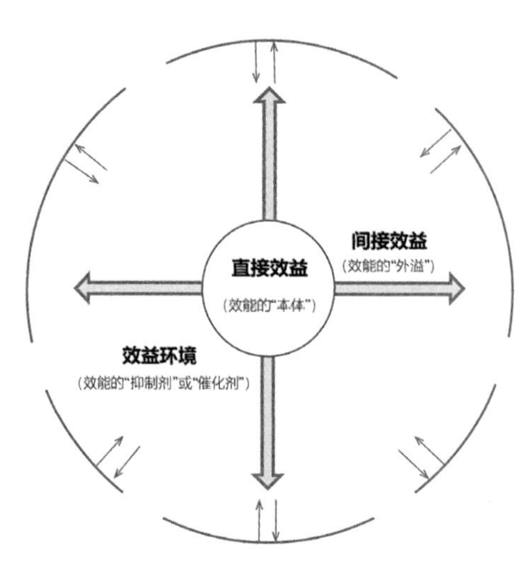

图3-5　城市生态空间效能影响因素

应以及城市各项功能与效应强弱的诸多影响因素。

其中，城市生态空间自身功能与效应是其效能产生的根基与本源，也是其面向于城市发挥外向性效应的前提条件。因此，探析影响生态空间效能的深刻因果关系，是城市生态空间"空间—效能"关联机制研究以及空间增效途径探索的关键切入点。

城市生态空间不同于纯自然的生态空间，体现于4个特征之上：生态本源性、服务于人和城市、受城市社会经济因素驱动或干扰、空间因快速演化而呈现非稳定特征。这些特征决定了城市生态空间的研究应同时基于两个层面的思考，既要考虑生态空间本身，也要考虑与之紧密关联的城市。源于这些思考，针对城市生态空间效能展开生态维度、城市维度以及时间、空间维度的论述。其中，生态维度为基本维度，城市维度为扩散维度，两者可理解为基于不同主体与不同范围下的对于城市生态空间的认知，而时间与空间维度是可以叠合于前二者之上的叠加维度（图3-6）。

根植于基本的生态维度的分析，侧重其对城市维度而产生的内在作用与影响机制研究，并分别从时间、空间两个角度描述城市生态空间的功能变量。城市生态空间效能的维度分析，即解读城市生态空间的本源特性与外溢特性，亦从空间广度及时间跨度

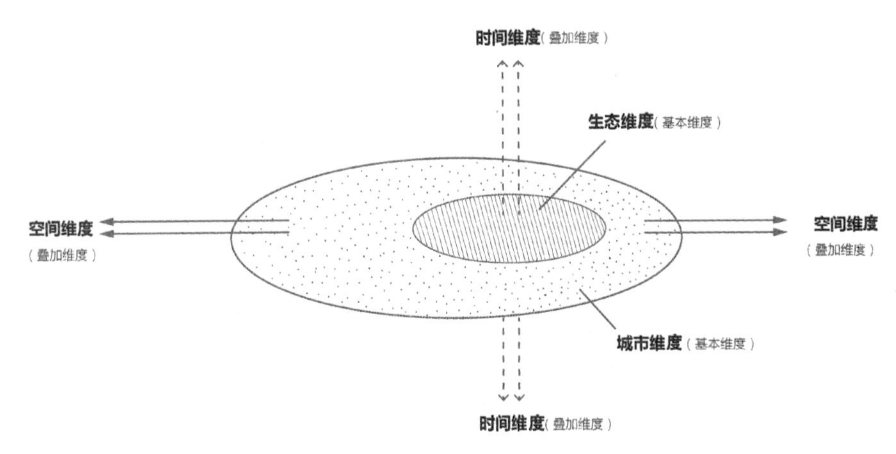

图3-6　城市生态空间效能的维度解析

上分别体现了其效能的动态特性，有利于针对城市生态空间各项效能进行整体全面的探索。

（1）生态维度：生态系统功能

生态维度上看，研究关注的重点是城市生态空间自身的生态效益，即生态系统功能。生态系统是由动物、植物以及微生物及其所依存的非生物环境所共同构成的综合体，通过各组成部分之间及其与周围环境之间的物质、能量交换而发挥多种多样的功能。城市生态空间作为一种典型、完整的生态系统，具有物种的多样性、生态的稳定性以及生态过程的完整性等特征，这一生态系统在维系生物生命、支持自身系统、抵抗外界干扰以及维持环境的动态平衡等方面具有不可取代的重要作用（表3-1）。城市生态空间的生态维度，是其内部性以及自身固有的自然本质属性，不以人的意志为转移，存在于人类出现之前，同时亦是城市生态空间为人类及城市提供各种产品与服务的基础与前提。

（2）城市维度：生态系统服务

城市维度上看，研究关注的重点是城市生态空间面向人类与城市的各项服务功能，即生态系统所生产的物质与所维持的环境，以及对人类提供服务的性能[①]，也即生态系统服务。联合国千年评估（2005）中将之定义为

① 蔡晓明，蔡博峰. 生态系统的理论和实践[M]. 北京：化学工业出版社，2012：38.

人们从生态系统获取的效益。来源于自然生态系统以及人类改造的生态系统，生态系统服务包括了生态系统为人类提供的直接或间接、有形或无形的效益，又可划分为供给服务、调节服务、文化服务和支持服务四大类型。其中，供给服务是指从生态系统中获取的产品，如食物、纤维、燃料、淡水以及生物药材等；调节服务是指从生态系统过程调节中获取的效益，如空气质量的维持、气候调节、侵蚀控制、水净化、废物处理、疾病控制等；文化服务是指人类通过生态空间而获取的精神上的充实与感知上的体验等非物质效益，如文化价值、宗教价值、美学价值、知识教育体系、灵感、地方感等；支持服务则指其他生态系统服务达成所必需的间接、长久的影响，如土壤的形成、水土保持、营养循环、水循环以及栖息地供应等。

城市生态空间的城市维度是其外部性以及生态效益向着城市区域的"外溢"，体现于生态环境、社会游憩、经济消费以及景观形象等全方位（表3-2）。随着城市快速发展下生态问题的日益加剧，生态与城市因紧密关联而逐渐呈现双向影响：一方面，生态空间的生态系统服务受城市的经济市场、社会调控等多重因素的影响、限制或推动；另一方面，城市的全面发展、结构优化、形象改善、品质提升等日益脱离不开生态空间的支持。基于城市维度看待城市生态空间综合效益

生态维度：生态系统功能　　表3-1

特性	功能
物种多样性	维系生命
生态稳定性	支持自身系统 抵抗外界干扰
生态过程完整性	维持环境动态平衡

城市维度：生态系统服务　　表3-2

特性	功能
生态环境	环境保护 污染防治 水土保持 气候改善
社会游憩	旅游休闲 游憩娱乐 健身交流 文化传承 科普教育
经济消费	消费拉动 地价提升
景观形象	品质改善 形象提升 特色品牌

以及生态系统服务，有利于正确地开展生态系统的空间评价与决策。城市维度根植于生态维度，生态系统服务功能的发展必须建立在生态系统保护的基础上，对于生态空间生态系统服务功能的不当或过度利用，必将导致系统结构的变化与功能的全面退化。

（3）时空维度

1）时间维度

生态空间是一种动态演变系统，生态空间效能即这一系统在生态演进与变迁过程中的一个变量，具有动态特征与影响特性。因此，时间维度的研究即站立于生态过程的角度，将城市生态空间效能放置于一个完整过程中加以纵向对应，从而探析这一变量在这一过程中的内、外在的动态反应与控制效果。

对于一个尚未成熟的生态区域来说，生态空间的各项功能效益与服务价值的显现呈现出周期上的较大差异（表3-3）。其中，尤以生态环境效益周期最长，通常是10年以上方可能收获显著效果，且随着时间的推移增长明显，而短期内生态效益则较为薄弱；经济消费效益周期亦较长，通常是在区段生态环境改善、社会人气聚集到一定程度时方会呈现，一般需5年时间，尤其是在尚需大力改造或环境修复的地区，短期内经济效益难以显现；景观形象效益周期最短，依附于较强的人工塑造措施，通常3年内即可收获明显效果；社会游憩效益则居于两者之间，通常是在景观形象效益显现之后即可随之有效拉动。

时间维度：基于时间维度的生态空间效能变量 **表3-3**

时间维度 / 城市维度	短期（0～3年）	中期（3～10年）	长期（11～20年）
生态环境	○	⊙	●
社会游憩	○	●	●
经济消费	○	◎	●
景观形象	⊙	●	●

注：○、⊙、◎、● 分别表示从低至高的生态空间的城市效能。

从城市生态空间效能周期分析及其时间维度曲线来看（图3-7、图3-8），在现有绩效体制与目标驱使之下，城市生态空间决策容易导向忽略长远效益而过分追逐短期利益的“短效机制”，突出表现在对于视觉效果、美学价值、空间分布的过分关注，如各地掀起的“城市美化运动”热潮，与之同时却弱化了生态空间自身的结构性与过程性，导致生态空间常让位于城市开发并沦为“弱势空间”，日渐造成现今碎片化的城市绿地生态格局。同时，时间维度具有单向不可逆性，即因过分追逐短期效益而带来生态机能的丧失，甚至会引发巨大的环境经济代价。因而，可持续的生态发展模式应基于不同时间维度建立起客观理性、纵向且全面的价值评判体系，并加以科学的分析决策。

2）空间维度

空间维度可看成是基于不同区域层次与空间范围，对于城市生态空间效能开展的评价，它体现了对于城市生态空间效能研究的全局观与整体观。

城市生态空间效能的发挥不限于生态空间本身，且辐射于整体城市区域而呈现出“外溢”特性，由于空间的不可割裂与延续性等特性，应将生态空间功效放置于城市乃至区域整体环境中进行综合评价，并呈现为宏观、中观、微观三个空间层面。其中，宏观层面侧重从城市生态空间与城市或区域整体关联的角度研究其效能

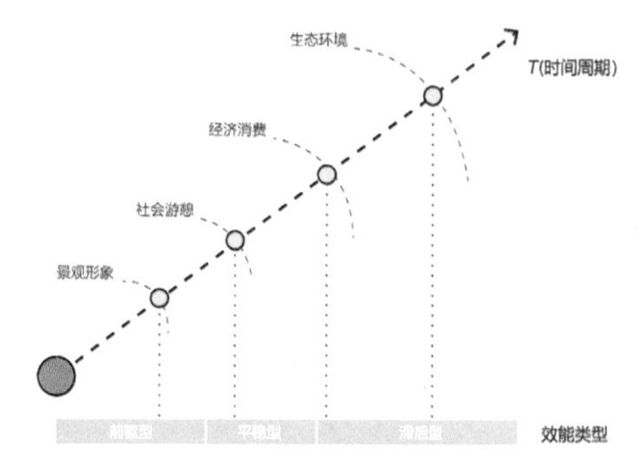

图3-7　城市生态空间效能周期分析

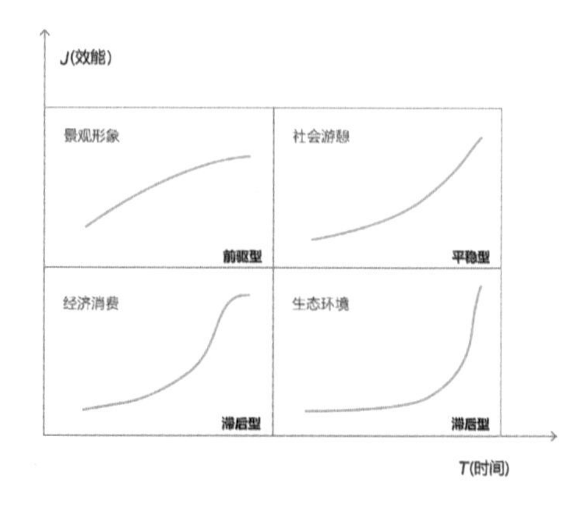

图3-8　城市生态空间效能的时间维度曲线

的发挥；中观层面侧重城市生态空间与其周边地块的关联方式对其效能发挥的影响研究；微观层面则侧重于城市生态空间内部即自身空间关联方式对其效能发挥的影响研究（表3-4）。

空间维度：基于空间维度的生态空间效能 **表3-4**

空间层次	生态空间效能
宏观层面	生态空间与城市、区域的整体关联模式
中观层面	生态空间与周边城市地块的关联模式
微观层面	生态空间与生态空间自身的关联模式

3.3.2 城市生态空间效能构成

城市生态空间在经高度连通配置与系统整合之后，充分体现了超出生态用地本体价值的增值效应。因此，效能的分析研究应当放置于城市及区域整体环境中开展，是生态空间各构成要素功能效应的总和。对应于空间构成，提出城市生态空间效能的三级结构体系。其中，一级效能由本体效能与区域效能两部分构成，可简单理解为生态空间的内部效能与外部效能。二级效能进一步分解，由主体效能、边缘效能、影响效能与辐射效能四个部分组成，三级效能则为生态空间的具体功能效应，包括生境保育、雨洪管理、污染防治、休闲游憩、文化传承、景观形象等（图3-9，表3-5）。

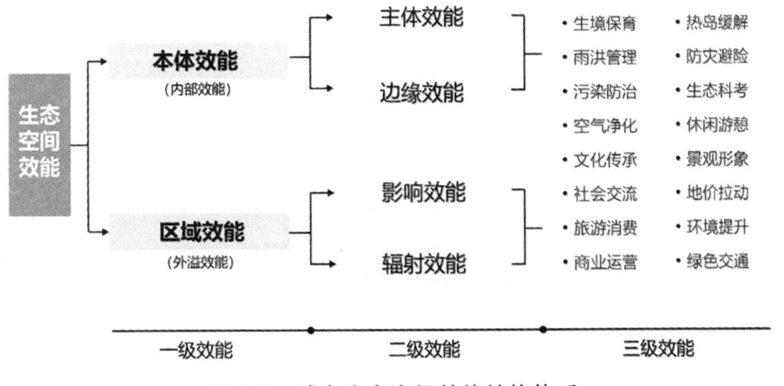

图3-9 城市生态空间效能结构体系

城市生态空间效能结构及要素体系　　表3-5

一级效能	二级效能	效能要素
主体效能	主体效能	节点效应 流效应
	边缘效能	边际效应
区域效能	影响效能	影响效应
	辐射效能	拓展效应

（1）本体效能

本体效能即城市生态空间自身效能，又可划分为主体效能与边缘效能。

主体效能指生态空间主体的直接功能效益，体现为核心生态区的生态环境效益，属生态空间内部效能。主体效能在要素上体现为节点效应与流效应，其对于生物生存及运移、物质能量的流动等生态学过程具有决定作用。主体效能是城市生态空间效能发生的前提与基础，具有生态功能效益的“本源”化、内部性与直接性特征，如生境保育、雨洪管理、污染防治、空气净化、热岛缓解、防灾避险、生态科考等。

边缘效能又称边际效能，发生于生态空间边缘的边界缓冲区域，在要素上体现为边际效应。因与城市建设空间相临，交错地带生境条件的特殊性与异质性带来生态因子的互补性汇聚，从而产生出超越自身的关联增值效应，显现出明显有别于本体的边际化效益，同时赋予了生态空间之外的相邻腹地乃至整个区域综合效益的提升与增长。边缘效能处于城市生态空间本体与外部之间，兼具内部性、外部性的复合特征以及混合功能，如休闲游憩、旅游消费、文化交流、景观形象等。

（2）区域效能

区域效能即城市生态空间在城市以及区域范围内所体现的效能，又可划分为影响效能与辐射效能，是生态空间效能向着自身之外地区的外溢化体现。

城市生态空间向着城市区域的效益强化、提升以及拓展、扩散，体现在基于生态效益的社会、经济、景观效益等，如城市生态安全的保障、社会文化的协调、经济开发的推动以及景观形象的提升等。影响效能是指受城市生态空间直接影响的外部效能，体现了城市与生态相互交融及作用渗透的强度；而辐射效能是指受城市生态空间间接影响（也可称辐射影响、拓展影响）的外部效能，其高低是衡量城市生态空间结构合理与否的重要标准。影响效能与辐射效能体现出城市生态空间功能与效益的“外溢”化、外部性与间接性，如生态区域的可达、景观生态环境的提升等。

3.3.3 效能空间解构

由系统论、区域观出发，结合城市生态空间的效能构成，以及内部性、外部性特征，可将城市生态效能空间划分为生态本体空间与生态场域空间两大类。其中，将城市生态空间自身定义为生态本体空间，并依据生态敏感性程度划分为生态主体区以及生态边缘区；而将其外部接受生态功能的外向化、拓展性区域，定义为生态场域空间，依据受生态本体空间影响的程度、深度、性质，进一步划分为生态影响区与生态辐射区。据此，则由生态主体区、生态边缘区、生态影响区与生态辐射区四个要素共同构成了城市生态效能空间（图3-10，表3-6）。

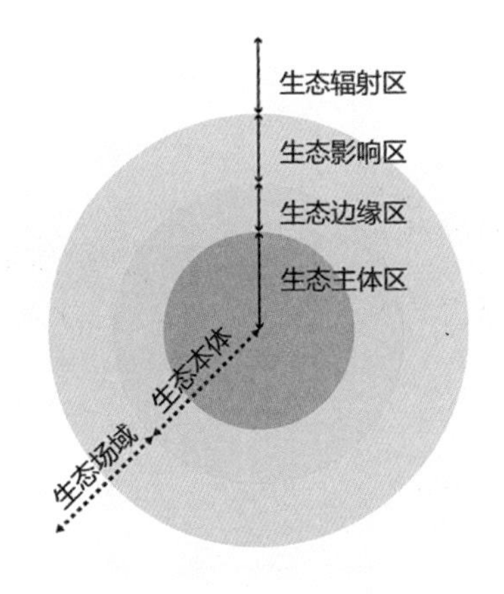

生态主体区　生态边缘区
生态影响区　生态辐射区

图3-10　城市生态空间效能空间构成

城市生态空间的效能空间构成及效能体现 表3-6

构成要素					
构成要素	生态本体空间	生态主体区			
			空间界定 生态核心区域	**效能体现** ——核心功能区 ——生态效能以及生态空间面向城市发挥生态系统服务价值的本源	
		生态边缘区			
			空间界定 边缘过渡地带 （位于核心区外围）	**效能体现** ——于生态与城市间起到衔接与过渡作用 ——本体面向城市不可或缺的生态屏障 ——承载丰富人类活动	
	生态场域空间	生态影响区			
			空间界定 受本体直接影响的城市区域	**效能体现** ——因突出的景观环境具备超度空间活力 ——承载多元社会经济活动 ——对于整体城市生态环境、景观形象及人居品质具有重要代表作用	
		生态辐射区			
			空间界定 受本体间接影响的城市区域 （位于影响区外围）	**效能体现** ——拓展且强化了生态面向城市的整体生态效益	

（1）生态本体空间

本体即事物本身，哲学本质即事物的本源与根源。生态本体空间可定义为城市中具有绿地生态属性的空间实体，即城市绿地生态的空间占有。土地利用构成上看，生态本体空间是指由城市各类型生态绿地综合而成的空间系统，它包含了非建设用地系统内的依托自然山水格局的生态空间，也包含了建设用地系统内的各类城市绿地，总体可划分为生态引导型、隔离防护型、文化传承型以及市民活动型四大类型。其中，生态引导型多为城市中重要的生态斑块，如自然保护区、风景区、水源保护区、湿地、林地等；隔离防护型主要为具有一定屏障与隔离作用的绿地区域，如道路防护带、防风防沙林带以及基础设施防护隔离带（高压走廊、垃圾填埋场隔离带）等；文化传承型主要是指一些具有文化保护、传承与宣扬作用的文化主题园或遗产保护性绿地等；市民活动型则主要指分布于城市中的休闲游憩型公园绿地，如绝大多数的综合性公园、滨水休闲绿带以及街头绿地等。

依据生态敏感性的差异，生态本体空间又可划分为生态主体区与生态边缘区两个组成部分（表3-7）。

1）生态主体区

生态主体区，是指对于生态、城市乃至城乡区域均具有重要生态保护价值、高度生物多样性、高度敏感性的生态核心区域；主要包括自然保护区、风景区、水源保护区、湿地、森林等大型生态斑块的核心区域，以及一些重要的自然性生态廊道，如动植物迁徙通道、自然性河流廊道以及山

城市生态本体构成及空间界定 表3-7

	要素构成	空间构成	绿地类型	
生态本体空间	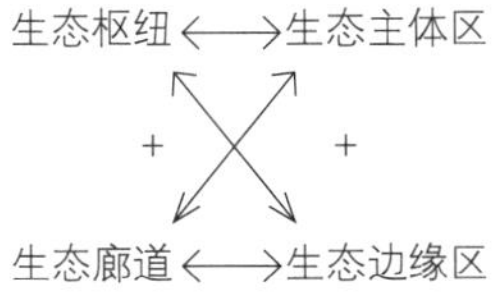 生态枢纽 ⟷ 生态主体区 + ╳ + 生态廊道 ⟷ 生态边缘区		生态引导型	重要生态斑块（如自然保护区、风景区、水源保护区、湿地、林地等）
			隔离防护型	道路防护带、防风防沙林带、基础设施防护隔离带（高压走廊、垃圾填埋场隔离带等）
			文化传承型	文化主题园、文化遗产保护性绿地等
			市民活动型	休闲游憩型公园绿地（城市公园、滨水区、街头绿地等）

谷廊道的核心区域等。生态主体区是生态本体空间中的核心功能区，其生态价值即城市生态空间生态功效的根源，也是城市生态空间面向城市发挥生态系统服务价值的最本源所在。

2）生态边缘区

生态边缘区是指位于城市生态空间主体外围的边界缓冲区域，一般是指具有一定宽度且接受边缘效应的过渡地带。生态边缘区在生态本体区域与城市之间起到衔接、纽带与过渡作用。然而一些特殊情况下，如斑块规模有限，或是一些相对较窄的生态廊道，因受人为干扰程度较大而不具备稳定的内部生境条件，则可全部被认定为边缘区域。由此可见，边缘的存在并非完全依附于本体，城市中大量人工生境的塑造，因自身的生态性并不完备而可作为城市生态空间边缘来看待。

生态边缘区作为本体的存在，一方面是城市不可或缺的屏障，对于城市生态本体空间的核心区域起到过滤并降低外来影响的保护作用；另一方面，其对于城市的意义也极为关键，作为用以承载丰富的户外休闲、娱乐游憩活动的最佳载体，它在自然、文化以及环境景观方面的优势与吸引力使之发展成为极受市民、旅游者青睐的公共开放空间。

（2）生态场域空间

城市生态空间不仅涵盖各类型生态本体空间，同时波及其外的城市区域。城市生态空间的系统性、渗透性、增强属性等决定了其除自身功能与结构特性之外，还呈现出外部影响与拓展的特质。生态场域空间实质上是依附于生态本体空间的城市空间，是城市生态空间本体效应的外溢接收区域。从广义生态空间范畴来看，生态场域空间也是城市生态空间的重要组成部分，作为受生态影响的空间地域，并体现出不同于其他城市地域的诸多方面。依据受生态本体空间影响的程度、深度与性质，又可将生态场域空间划分为生态影响区与生态辐射区，其中生态影响区是指受生态本体直接影响的城市区域，生态辐射区是指接受生态本体间接影响的拓展性区域。

1）生态影响区

生态影响区是城市中与生态空间关联互动的前沿地带，也是两者空间整合的纽带，因与生态本体空间位置上临近且关系上紧密，因而接受着本体的直接影响，是生态面向城市发挥直接效益的波及区域。该类用地表征为紧临生态本体空间的城市开发建设空间，如滨水商业区、休闲娱乐区、文化展示区以及旅游设施等，或是濒临风景区、城市公园或开放性绿地的居住区、办公及商务区域等。

生态影响区通常具备优越的生态环境条件与突出的景观异质性，因而蕴含着极高的空间“势能”，焕发出极度的空间活力。影响区因具备着承载多元社会经济活动的能力，带来了远超出城市一般用地的附加价值。与此同时，其对于整体城市生态环境、景观形象及环境品质亦有着重要的影响。生态影响区的土地利用方式反映出城市对于生态环境资源的利用与管理水平，科学合理的利用不但有利于生态空间的良性循环，亦将惠及整体城市区域，而不合理、不适度地滥用则直接殃及本体生态环境，结果丧失的不仅是生态效益，亦会导致城市因此背负沉重的环境代价。生态影响区的存在是城市生态空间的普遍现象，其影响强度及空间广度，则会因生态空间结构与布局的合理与否而产生较大差异。

2）生态辐射区

一般来说，生态辐射区是指受益于生态空间结构特征而带来影响的效益拓展区。与接受直接影响的生态影响区相比较，辐射区是位于影响区外围的受城市生态空间间接影响的广泛城市地带，如一些虽不在用地上与生态空间直接相邻，但处于步行五分钟即可到达生态空间的居住区、办公区、商业区，或是某些具有较好视线通廊的观景性区域等。

作为因生态空间结构而带来的受益拓展区，生态辐射区在不同城市生态空间结构下的差距较大，因而在城市中具有较大的空间拓展余地。随着城市生态空间结构的完善与优化，将会大大提升其辐射影响的覆盖领域，并对于促进城市整体生态环境效益具有重要贡献。

3.4 “空间—效能”协同战略

在“空间—效能”的关联机制研究中，“空间”是作为载体，“效能”是作为内核，而生态与城市二者间的关系，则分别呈现于这一载体与内核的联动与协同之上，引导着融合型的城乡共生系统，促进着高效型的城市增长模式。

3.4.1 空间协同：融合型城乡共生系统

（1）生态机能融合

山、水、林、田、湖、草是一个生命共同体，这一共同体表明了人与自然的内在联系与内生关系。因此，应打破传统城市、乡村、自然系统对立割裂的模式，针对现有的城乡生态机能进行融合，促进城乡一体、人工与自然生态一体。

从生态机能的角度，各要素的关联引导着城乡间的生态流通与交换，外部系统以其优良的稳定性与成长性面向内部系统提供持续增补，共同维系城市生命系统、抵抗生态风险、维持动态平衡。这就要求在城乡建设中切实保障生态系统的完整性，保障内、外部系统的流通通道，应以保护生态核心区域要素为底线、建构生态廊道为纽带、强化各类生态斑块为节点，保障整体系统运行能力不降低、服务效应不下降，方能持续改善人类赖以生存的自然生态环境品质。

（2）生态空间融合

宏观的生态格局奠定了城市的绿色基调，保护自然山水资源应列入城市发展的底线要求，而更高层次的要求则是发展内、外一体的生态空间，并推进生态空间与城市空间的镶嵌发展，促进自然生态要素向着城市空间渗透与覆盖。

将外部生态本底不断向着城市内部延伸，城市在发展中有序向生态空间演进，通过城市内、外部生态空间体系建构城市发展的空间骨架及绿色屏障，一方面能够保障城乡间的合理过渡，从原有硬性过渡空间转为城绿交融空间，促进生态空间的融合；另一方面，也能够强化城市开发边界的有效管理，在防止无序蔓延的同时，不断优化城市空间结构、强化空间肌理、引导有机增长，真正“让城市融入大自然”，并引导健康、高效、集约的城市发展。

（3）风貌特色融合

“望得见山、看得见水”是每一个城市人的人居梦想，城市生态空间除却对人类生存、安全的重要保障作用外，更能找回人类对大自然的依赖感和归属感。通过自然渗透、有机生长，促进绿色空间融入城市，应是当前城市空间格局优化和空间特色塑造中需要迫切解决的问题。

构建自然山水与乡村、城市相交融的城乡空间格局，有利于塑造独具特色的城市空间格局与形态，保留个性化的城市空间肌理。同时，郊野乡村面貌的保持，维系了城、乡景观风貌的差异，塑造了独特的地域风情，彰显了城市的本土特色与文化特性，也为城市留下了更多的记忆。在持续推进自然生态与城市有机融合的同时，生态空间为城市居民提供了更多贴近自然的场所空间，并结合了农业观光、休闲游憩、生态旅游等生态产业的共融发展激活了郊区经济，也更进一步地提升了城乡风貌特色，将有利于推进城乡一体化的发展进程。

3.4.2 效能协同：高效型城市增长模式

（1）生态效能认知

城市生态绿地在维持城市生态平衡、改善城市环境质量方面作用关键，体现为降温、增湿、固碳放氧、降噪、抗污染以及生物多样性保护等多重功效[①]。当前城市建设过程中，关于生态绿地的植物造景、视觉观赏、形象展现、防护隔离等作用受到关注，而针对其所引发的环境效应、游憩娱乐价值等生态系统服务功能却认知薄弱，这种片面认知导致了偏重、缺失的价值观，带来了生态空间配置过程中的盲目与低效。因此，应基于生态效能的分析视角，系统、完整且正确认识生态的功能与效应，开展生态空间资源的科学分配，从城市和自然的整体协同、高效增长目标下，探寻“绿色”转型的发展思路和全新的建设模式，以迎合生态文明改革提出的“实现发展与保护的内在统一、相互促进”的基本方针。

（2）生态效能发挥

人工干预影响下的城市生态系统不同于原生态、纯自然的生态系统，

---

① 李成，任文华，于宝春，等. 城市绿地生态效能研究进展[J]. 安徽农业科学，2016，44（24）：173-175，180.

它同时具备生态系统功能以及生态系统服务两大功能。生态系统功能基于生态空间固有的自然属性，且不以人的意志为转移，而生态系统服务功能则面向人类和城市提供服务，包括了直接与间接、有形和无形的各类效益。

因此，生态空间效能的发挥不仅在于生态空间本身，且辐射于外部城市空间而呈现出“外溢”特性，因而在城市发展与生态保护问题上，简单的“就绿地而论绿地”模式存在较大的局限性。基于自然融入城市与生态系统平衡的目标追求，系统规划生态空间在城市中的数量分布、结构与形态等，促进综合效能的发挥与增长，对于生态系统平衡和综合效能发挥具有极其重要的作用。

（3）效能协同增长

普遍规律表明，经济社会发展到不同阶段，城市建设重点也会相应发生偏移。当一个国家或地区城市化水平达到50％左右时，城乡或区域的空间协调、经济发展与环境保护之间的矛盾就会愈发明显，城市发展理念与建设模式的转型就会愈加紧迫且必要。当前我国已经跨入生态文明建设时期，突出要求就是自然资源的统一管理与治理，城市发展模式亦将脱离传统的要素驱动模式，而向着创新驱动转变，依靠大量土地、自然资源和大量资金投入的方式将难以为继，唯有通过体制改革、科技进步及文化提升来推动城市发展，而这一模式的核心支撑要素就是高品质的生态环境。

空间作为重要载体，支撑着城市中各类非物质形式的存在与发展，而绿地生态空间的规模、尺度、格局、形态等空间特征，均会对城市土地利用产生积极影响。因此，在掌握自然规律与运行法则、探索空间格局特征与演进过程关系原理的前提之下，便可以运用此规律、法则及原理，依据自然生态平衡的要求以及各项生态效能的需求，将保护与利用相结合，合理建构与优化城市生态空间的结构与布局，形成“生态—城市”协同增效的可持续发展模式。

3.5 小结

如今，当我们不得不面对城市因过度发展带来的生态恶果之时，古人提倡“天人合一”的山水城市营建思想又一次指引着我们，重新审视生态与城市的哲学关系，重新回归自然生态与人类发展的和谐与共融。

“生长”与“演进”，讲述的是生态与城市二者之间的空间变迁关系，它上演于每一座城市发展演变的漫长互动过程之中，并以“图”与“底”的演绎方式，诠释着生态与城市二者双向进退、耦合映衬的空间演化过程。在这幅“图”“底”关系之中，生态内部犹如城市外部，反之，生态外部犹如城市内部，而在城市与生态相互之间由最激烈的“交锋”之地向着“融合”之地而转化的，就是城市的边缘地带。同样，在这幅“图”“底”关系中，空间协同是作为一种外在的呈现，而效能联动则是作为一种内在的驱动。

因而，本章强调以“效能”为目标，基于功能与效应的视角，研究“空间—效能”的关联机制，针对城市生态空间的效能结构进行分解，并对应于城市中各类效能的空间承载而提出了效能空间的构成。而生态与城市之间的关系，又分别体现于二者在空间上的协同与效能上的协同，进而引导着融合型的城乡共生系统，促进着高效型的城市增长模式。这种基于生态效能视角的分析，可以更好地诠释生态环境保护与城市建设发展之间的复杂关系，可以引导城市生态空间的科学性、系统性建构，可以为构建良好、健康的自然生态格局下的城市发展模式与发展路径提供方向指引，并最终引导整体城市的空间增效。

在人类所有成功的调试手段里，顺应原有文化并加以相应的规划是一种最有效、最直接的保持和增进人类健康和福祉的方式。[1]

——[英]伊恩·麦克哈格（Ian Lennox McHarg）

① Ndubisi F.Landscape Ecological Planning[M]//George Thompson and Frederick Steiner, ed. Ecological Design and Planning.NewYork: Hudson & Sons,1997：9-44.

4

CHAPTER 4

基于“生态—城市”协同的城市生态空间体系建构路径

Constructive Approach of Urban Ecological Space System Based on “Ecology-City” Coordination

党的十九大报告明确提出了“实施重要生态系统保护和修复重大工程，优化生态安全屏障体系，构建生态廊道和生物多样性保护网络，提升生态系统质量和稳定性”，这是中央首次在生态空间架构上提出的科学指示，并作为生态文明时期我国城市建设工作的重要部署。

前文基于生态效能视角的分析，从环境经济学的角度诠释了生态空间保护与城市建设发展之间的复杂关系，有助于我们正确解读生态与城市二者之间协同、联动的关系，也有助于进一步科学引导城市生态空间的系统建构，引导我们在“生态融城”理念的引领之下，着眼于区域，突破“就城市论城市”的局面，以一种“网络化”的城市生态空间组织形态统筹城内城外、顾及城乡之间，通过在各类空间之间建立起生态关联，于持续的城镇化、生态化发展过程中建构城乡范围内最为完整、连续、高效的生态空间体系。

4.1 城市生态空间体系概念内涵

4.1.1 基本概念

作为城市空间的有机组成，城市生态空间体系是以自然生态用地以及具有生态意义的人工绿地为载体，以保障城市生态安全、维护生物多样性、优化城市生态格局、提升生态环境品质、发展生态游憩活动等为整体性目的，具有高度连接与交叉结构特征的网络状、系统化的城市生态空间①。

在生态文明建设的背景下，在推进空间规划的过程中，城市生态空间体系借助于土地空间资源整合的契机，统筹社会经济发展、城乡发展的需求及生态保护的使命，引导结构合理、系统稳定、功能完善、空间融合的网络化的城市生态空间。其将城市

① 刘滨谊，吴敏. “网络效能”与城市绿地生态网络空间格局形态的关联分析[J]. 中国园林，2012（10）：66-70.

内、外部地区零散的、自然、半自然以及人工建设的生态空间进行连通连接，组织成“自然—人文”的二元复合空间体系，进而支持着整体城乡生态系统的健康运行，这对于促进城乡生态协调与提升人居环境品质，引导城市整体形态与生态环境大格局的优化均具有重要意义。

4.1.2 内涵本质

作为一种科学、合理、有效的城市生态化发展战略和一种追求平衡的空间发展模式，城市生态空间体系应于理念上承载生态城市的发展思想，在空间上落实人与自然的联系、城市与绿地的衔接，在目标上实现生态与经济的共同繁荣，从过程上融合城镇化与生态化的共同发展，且从内涵上协同生态与城市、平衡经济与生态（图4-1）。基于“生态融城”的理念，城市生态空间体系以生态为对象，建立以事实为依据、以评价为考量的基础、以效能为目标，通过系统整体、空间网络化的建构手段在各类空间中建立起生态关联，并通过科学的建构技术引导面向整体城市的健康、高效的生态空间布局。本质上看，它是一次针对城市土地空间资源的生态科学化配置（图4-2）。

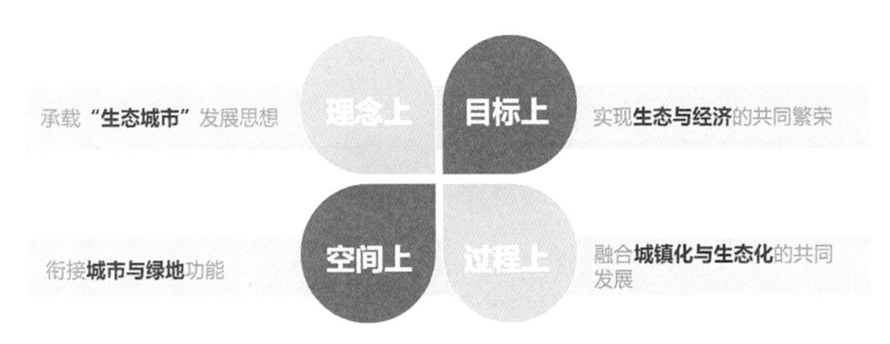

图4-1 基于“生态—城市”协同的城市生态空间体系

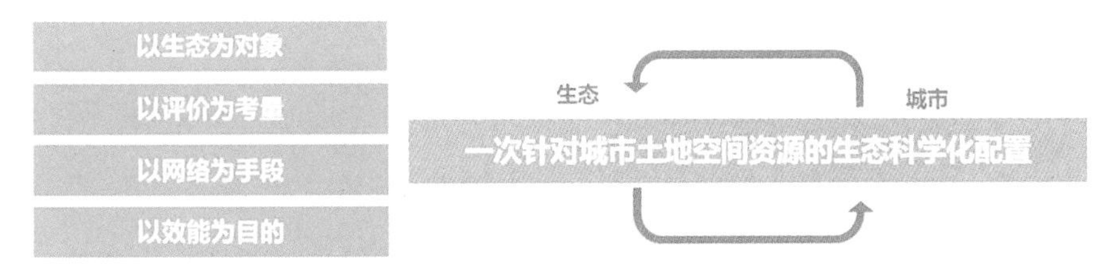

图4-2 城市生态空间体系本质

借助空间资源整合的契机，城市生态空间体系着眼于生态效能的整体建构视角，通过科学的建构技术与理性的建构手段在各类空间中建立起生态关联，引导面向整体城市健康、高效的生态空间布局。基于空间的生长与演进关系，以及效益的互促与联动机制，它提倡构建网络化的生态安全格局、促进融合型的城乡共生系统，并引导着高效型的城市增长模式，力求建立一种新的空间生态秩序（图4-3）。而城市生态空间体系规划，既是一种针对城市生态专项问题的研究，又是一种关系城市整体形态和生态环境大格局的规划，是作为空间规划的重要补充，同时也为城市总体发展格局优化奠定了良好基础和重要支撑。

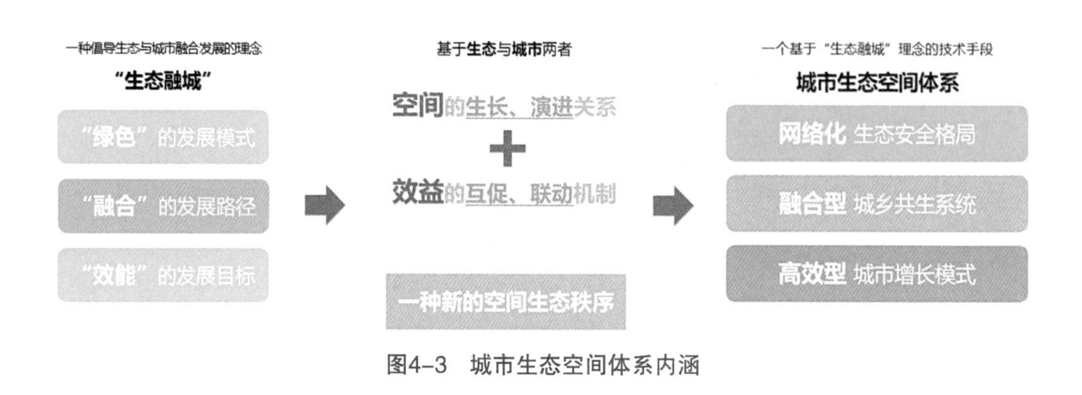

图4-3 城市生态空间体系内涵

4.2 城市生态空间体系功能、特性与构成

4.2.1 城市生态空间体系功能

城市生态空间体系功能包括保障城市生态安全、维护城市生境系统、优化城市空间格局、提升城市环境品质、促进城市休闲游憩五个方面（图4-4）。

图4-4 城市生态空间体系的五大功能

（1）保障城市生态安全

城市生态空间体系是维系城市生态环境和自然生命支撑系统的关键性格局，具有维护区域与城市生态安全、水土保持、防风固沙、调节气

候、防治内涝、降解废物、防灾避难等功能，是城市可持续发展以及生态安全的前提与保障。

（2）维护城市生境系统

城市生态空间体系通过建构网络化的生态空间系统，为城市提供有利于动植物生存、繁衍、迁移、传播的栖息地与连续、安全的自然迁徙通道，维持城市区域的生物多样性。

（3）优化城市空间格局

城市生态空间体系影响城市空间的发展与变迁，通过对各级各类生态要素的系统化架构与设置，动态引导城市空间的演进与结构形态的优化。

（4）提升城市环境品质

城市生态空间体系通过净化空气、清洁水源、改良土壤，有效改善城市小气候，调节温度、湿度；同时通过生态景观强化城市风貌特色，提升生活环境品质，营造出具有吸引力的人类生活环境。

（5）促进城市休闲游憩

城市生态空间体系通过开放空间体系，提供给城市居民充足的户外休闲游憩和交往空间，拉近人类与自然距离，促进社会交往，强化文化氛围，推动城市游憩以及旅游业，激发区域活力与吸引力。

4.2.2 城市生态空间体系特性

城市生态空间体系特性包括结构性、功能性、系统性。

（1）结构性

城市生态空间体系具备网络化的结构特性。体现于空间的高度联接与交叉上，其中，“联接”所形成的生态廊道为网络空间中的生态过程及生物运动提供了多种途径与通道，“交叉”所形成的生态斑块及节点为生态空间塑造了多样的生物栖息环境。

（2）功能性

城市生态空间体系具备多元复合的功能特性。既具有确保城市生态安全、维护生物多样性、保持生态过程完整等核心功能，又具有优化城市空间格局、提升景观品质、发展游憩活动等综合功能，体现于气候调节、环境净化、雨洪调节、灾害避难、休闲娱乐、遗产保护、文化展示以及经济消费等方面。

（3）系统性

城市生态空间体系具备“功能—结构”双重复合的系统特性。在结构上表现为生态空间体系自身空间的连通、连续，及其与外界空间的交融渗透，在功能上则表现为生态空间体系各要素在自然生态过程中的关联、影响及相互作用。

4.2.3 城市生态空间体系构成

城市生态空间体系构成包括用地组成、功能构成与空间构成。

（1）用地组成

城市生态空间体系由非建设用地与建设用地两大类用地组成。其中非建设用地包括水域、农林生态用地、风景名胜区及各类保护区、各类生态公园以及其他生态用地等，建设用地包括公园绿地、防护绿地、附属绿地以及其他用地等（图4-5）。

（2）功能构成

依据空间结构以及功能用途，将城市生态空间体系细分为生态安全体系、生境保育体系、缓冲防护体系、风景游憩体系以及农业生产体系共五种类型的功能性空间体系。各类型空间体系分别承担不同的生态功能，在空间布局上存在着交叉和重叠（图4-6）。

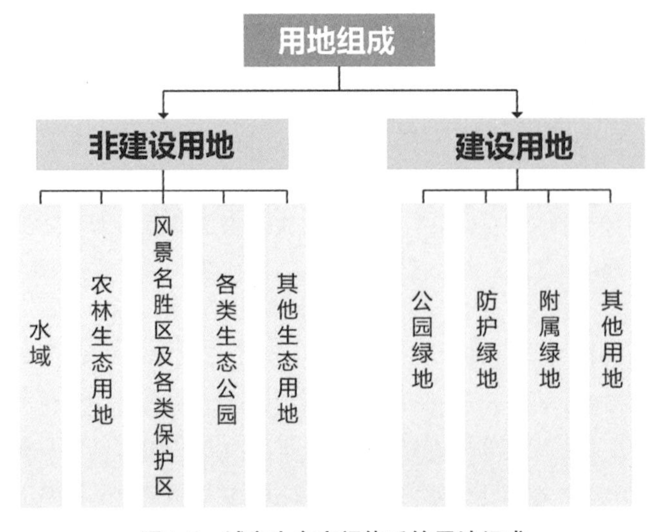

图4-5 城市生态空间体系的用地组成

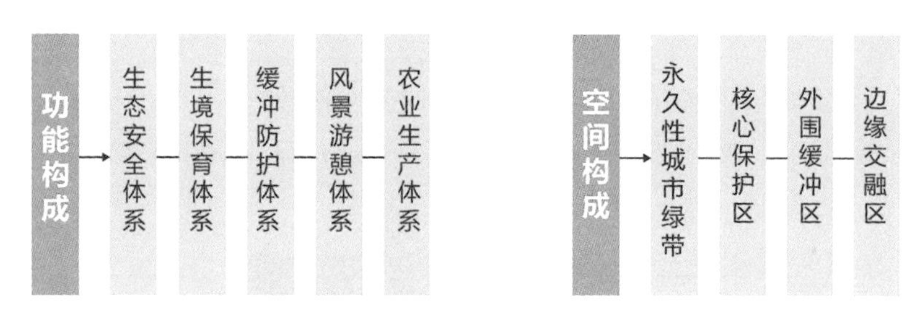

图4-6 城市生态空间体系的功能构成　　图4-7 城市生态空间体系的空间构成

（3）空间构成

依据生态安全格局，从生态与城市的空间关系角度将城市生态空间体系划分为永久性城市绿带、核心保护区、外围缓冲区、边缘交融区四个生态空间区域（图4-7）。

4.3 城市生态空间体系建构路径

城市生态空间体系建立于生态资源识别与安全评价的基础之上，应从市域、市区两个层面来开展整体建构工作。从工作内容上看，可将城市生态空间体系建构工作划分为“生态要素识别—生态安全评价—市域生态空间体系建构—市区生态空间体系建构”四个部分，其中作为重点关注对象的市区建构部分，可进一步划分为功能建构以及空间建构两部分工作内容（图4-8）。

4.3.1 生态要素识别

从区域角度开展城市生态区位分析，对市域现状各类生态空间资源进行分析识别，并按照干扰程度将空间资源划分为不同类型的生态要素（图4-9）。

（1）生态区位分析

参照生态功能区划以及生态环境保护规划等区域性生态空间战略，明确城市所处地域的生态区位，如生态区、生态亚区以及生态功能区，掌握地域生态功能特征，分析所存在的主要生态问题。

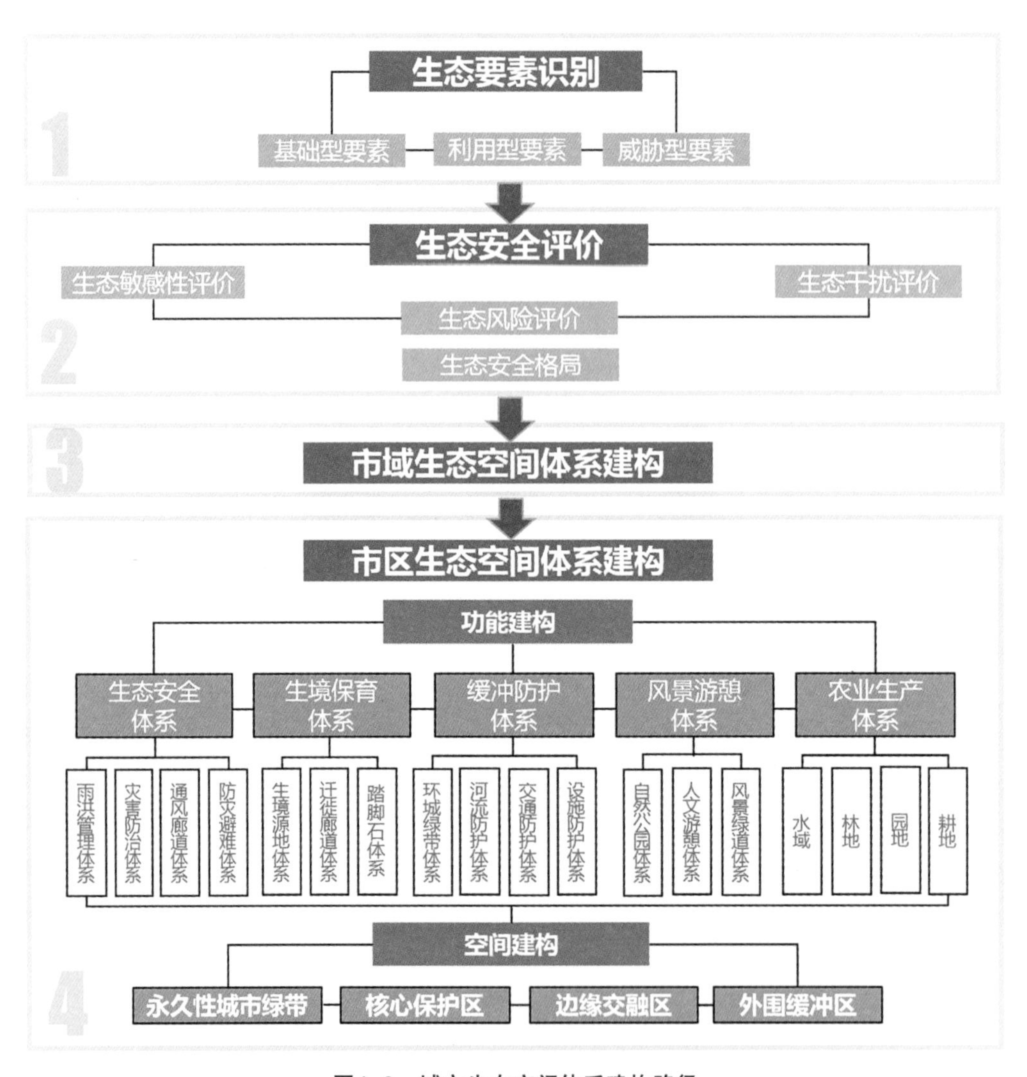

图4-8　城市生态空间体系建构路径

（2）生态空间资源识别

基于城市生态区位分析基础，通过GIS技术识别现状生态空间资源，分为非建设用地与建设用地两大类。其中，非建设用地含水域、农林生态用地、风景名胜及保护区、生态公园、其他生态用地等，建设用地含公园绿地、防护绿地、附属绿地、其他绿地等（表4-1）。

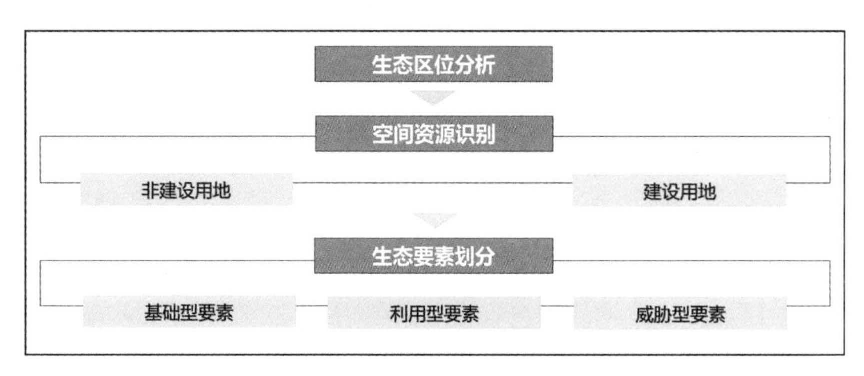

图4–9 城市生态空间要素识别

生态空间用地分类建议表 **表4–1**

类别代码			类别名称	内容
大类	中类	小类		
E			非建设用地	包括水域、农林生态用地、风景名胜区及各类保护区、各类生态公园、其他生态用地等在内的面积不小于 2000m^2 的非建设用地等
	E1		水域	河流、湖泊、水库、湿地、滩涂等
		E11	河流水面	指天然形成或人工开挖河流常水位岸线间的水面，不包括堤坝拦截后形成的水库水面
		E12	湖泊水面	指天然形成的集水区常水位岸线所围成的水面
		E13	水库水面	人工拦截汇集而成的总库容不小于 10 万 m^3 的水库正常蓄水位岸线所围成的水面
		E14	湿地滩涂	指河流、湖泊常水位至洪水位间的湿地、滩地；时令湖、河洪水位以下的滩地；水库、坑塘的正常蓄水位与最大洪水位间滩地；生长芦苇的土地
		E15	沼泽	指经常积水或渍水，一般生长沼生、湿生植物的土地
	E2		农林生态用地	指耕地、园地、林地、牧草地、设施农用地等用地
		E21	林地	包括有林地、灌木林地、其他林地等用地
		E22	园地	果园、茶园等用地
		E23	耕地	包括水田、旱地、水浇地等用地
		E24	坑塘水面	指水面面积不小于 2000m^2，人工开挖或天然形成的蓄水量小于 10 万 m^3 坑塘常水位岸线所围成的水面
		E25	沟渠	指渠道宽度不小于 2.0m，堤旁绿带宽度不小于 10m 的用于引、排、灌的人工修建渠道
		E26	其他农林用地	指空闲地、盐碱地、沙地、裸地、草地、设施农用地等用地
	E3		风景名胜及保护区	包括风景名胜区、自然保护区、水源保护区等用地
		E31	风景名胜区	指风景资源集中、环境优美、具有一定规模和游览条件，可供人们游览欣赏、休憩娱乐或进行科学文化活动的地域

续表

类别代码			类别名称	内容
大类	中类	小类		
E	E3	E32	自然保护区	指对有代表性的自然生态系统、珍稀濒危野生动植物物种的天然集中分布、有特殊意义的自然遗迹等保护对象所在的陆地、陆地水域或海域，依法划出一定面积予以特殊保护和管理的区域
		E33	水源保护区	指国家对某些特别重要的水体加以特殊保护而划定的区域
	E4		生态公园	指根据社会生态需求以及其他需求产生的一种新型的公园，包括森林公园、湿地公园、地质公园、野生动植物公园等公园
		E41	森林公园	指以大面积人工林或天然林为主体而建设的公园
		E42	湿地公园	指以水为主体的公园
		E43	地质公园	指以其地质科学意义、珍奇秀丽和独特地质景观为主，融合自然与人文景观的自然公园
		E44	野生动植物公园	指以珍稀野生动植物科普博览、保护繁殖、观光旅游功能为主的生态公园
		E45	其他公园	对生态环境质量、居民休闲生活、城市景观和生物多样性保护有直接影响的其他公园
	E5		其他生态用地	经过修复后具有潜在生态意义的用地，包括矿产开采区、垃圾填埋区、污染弃置区等
H			建设用地	包括公园绿地、防护绿地、附属绿地、其他绿地在内的面积不小于 2000m^2 的建设用地等
	G1		公园绿地	向公众开放，以游憩为主要功能，有一定游憩设施和服务设施，兼具生态、美化、防灾减灾等综合作用的绿化用地
		G11	综合公园	内容丰富，有相应设施，适合于公众开展各类户外活动的规模较大的绿地
		G12	社区公园	为一定居住用地范围内的居民服务，具有一定活动内容和设施的集中绿地
		G13	专类公园	具有特定内容或形式，有一定游憩设施的绿地。包括儿童公园、动物园、植物园、历史名园、风景名胜公园、游乐公园等
		G14	带状公园	沿城市道路、城墙、水滨等，有一定游憩设施的宽度不小于 15m 的狭长形绿地
		G15	街旁绿地	位于城市道路用地之外，相对独立成片的面积不小于 2000m^2 的沿街绿化用地等
	G2		防护绿地	城市中具有卫生、隔离和安全防护功能的绿地。包括卫生隔离带、道路防护绿地、城市高压走廊绿带、防风林、城市组团隔离带等
	G3		附属绿地	各类城市建设用地中的附属绿化用地。包括居住用地、公共设施用地、工业用地、仓储用地、对外交通用地、道路广场用地、市政设施用地和特殊用地中的绿地
	G4		其他生态绿地	对城市生态环境质量、居民休闲生活、城市景观和生物多样性保护有直接影响的其他生态绿地

（3）生态空间要素划分

依据受人类干扰程度，将生态空间资源可进一步划分为基础型要素、利用型要素、威胁型要素三种生态空间要素类型（表4-2、表4-3）。

1）基础型要素

基础型要素是指生态空间资源中受人类活动干扰与影响度最小的，对区域生态发展起最基础作用的自然生态区域。基础型要素是生态空间体系中的核心生态要素，包括自然保护区、风景名胜区、水源保护区、森林公园以及水库、河流、湖泊、湿地、滩涂等。

城市生态空间三类要素　　　　**表4-2**

要素类型	内容
基础型要素	   生态空间资源中受人类活动干扰与影响度最小的，对区域生态发展起最基础作用的自然生态区域；包括自然保护区、风景名胜区、水源保护区、森林公园以及水库、河流、湖泊、湿地、滩涂等
 利用型要素	  生态空间资源中因人类发展的需求而发生改变或被改造，具有潜在生态、景观、游憩功能的半自然生态区域；包括城市公园绿地、地质公园、旅游景区、文化遗产地、各种防护性生态廊道、遗产廊道、游憩通道等
威胁型要素	   生态空间资源中因人类在生产、生活过程中的不合理利用造成自然环境难以逆转的毁灭性破坏，或是因自然力的作用（如地质断层等），形成的不适宜动植物及人类生存的空间区域；包括水土流失区、地质灾害区、矿产开采区以及污染弃置地等

生态空间主要构成要素一览表　表4-3

序号	要素类型	生态空间构成要素	主要主管部门
1	基础型要素	自然保护区	自然保护区主管部门
		风景名胜区	建设行政主管部门
		水源保护区	水源保护区主管部门
		森林公园	林业行政主管部门
		水库、河流、湖泊	水、环境保护行政主管部门
		湿地、滩涂	水行政主管部门
		其他基础型生态用地	……
2	利用型要素	公园绿地	园林行政主管部门
		地质公园	国土资源行政主管部门
		旅游景区	旅游行政主管部门
		文化遗产地、遗产廊道	文化行政主管部门
		防护廊道	林业行政主管部门
		游憩通道	旅游、交通行政主管部门
		其他利用型生态用地	……
3	威胁型要素	水土流失区	水行政主管部门
		地质灾害区	国土资源行政主管部门
		矿产开采区	国土资源行政主管部门
		污染弃置地	环境保护行政主管部门
		其他威胁型生态用地	……

2）利用型要素

利用型要素是指生态空间资源中因人类发展的需求而发生改变或被改造，具有潜在生态、景观、游憩功能的半自然生态区域。利用型要素与人类生存与生活紧密相连，包括城市公园绿地、地质公园、旅游景区、文化遗产地、各种防护性生态廊道、遗产廊道、游憩通道等。

3）威胁型要素

威胁型要素是生态空间资源中因人类在生产、生活过程中的不合理利用造成自然环境难以逆转的毁灭性破坏，或是因自然力的作用（如地质断层等）形成的不适宜动植物及人类生存的空间区域。威胁型要素属于已破坏和待恢复要素，包括水土流失区、地质灾害区、矿产开采区以及污染弃置地等。

4.3.2 生态安全评价

在市域层面，通过对现状生态空间资源的生态敏感性评价与生态干扰评价展开关联叠合分析，得出生态风险的综合评价与空间分布。进而结合生态空间格局将市域空间划分为生态低安全区、较低安全区、中安全区、较高安全区以及高安全区，形成生态安全的宏观格局，为市域生态空间体系的空间建构提供基本框架（图4-10、表4-4）。

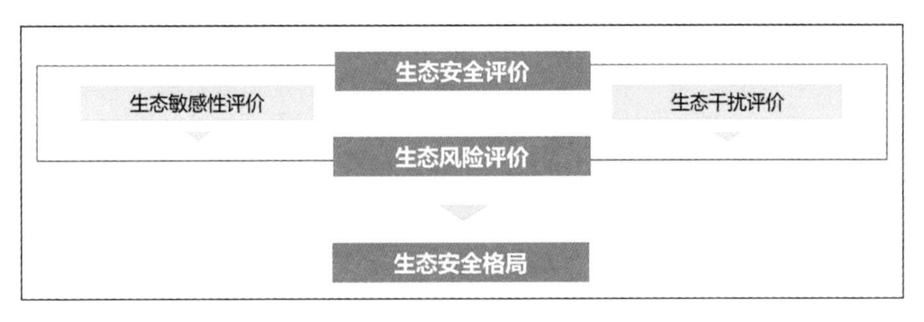

图4-10 城市生态安全评价

生态安全评价类型与方法 表4-4

类型	评价方法
生态敏感性评价	结合城市地域特征，选取地形地貌、水文资源、土地利用、生态资源、文化资源、自然灾害共6个生态敏感性主因素，细化为8项生态敏感因子，并确定因子权重，开展单因子专项评价和综合叠加评价，将评价区域划分为生态极敏感区、高敏感区、中敏感区、低敏感区以及不敏感区，形成生态敏感性的空间分布
生态干扰评价	通过对道路交通环境、基础设施环境、生态要素环境等以人类活动为主的生态干扰主因素的综合分析，将评价区域划分为高干扰区、较高干扰区、中干扰区、较低干扰区、低干扰区，形成生态干扰状况的空间分布
生态风险评价	对生态敏感性及生态干扰性进行叠合分析，得出生态风险综合评价，将评价区域划分为生态高风险区、较高风险区、中风险区、较低风险区以及低风险区，形成生态风险状况的空间分布

（1）生态敏感性评价

生态敏感性评价应首先建构评价指标体系并选取生态敏感性因子，明确评价模型及方法，确定评价标准并最终明确生态敏感性的空间分布。

1）评价体系与因子提取

选取地形地貌、水文资源、生态资源、自然灾害等生态敏感性主因素，结合各市生态与地域特征细化为生态敏感因子，如高程、坡度等地形地貌因子，河流水面、湖泊水面、水库水面、湿地滩涂、坑塘水面、沟渠等水文资源因子，资源类型、郁闭度等生态资源因子，洪水淹没、地质灾害等自然灾害因子等，构建由主因素与单因子所构成的生态敏感性评价体系。其中，城市生态敏感性具有其他特殊性的，可增加其他相关因子类型。

2）评价模型与方法

结合各生态敏感性因子开展单因子专项评价，并采用综合叠加分析法，结合因子权重进行加权叠合，得出综合生态敏感性评价。其中，因子权重（N）及敏感性评价值（M）应依据评价区的生态及地域特征具体确定。

3）评价标准及分区

依据生态及地域特征，对综合评价数值结果进行合理的区间划分，将评价区划分为生态极敏感区、高敏感区、中敏感区、低敏感区以及不敏感区，并形成生态敏感性的空间分布。

（2）生态干扰评价

生态干扰评价同样应首先建构评价指标体系并选取生态干扰因子，明确评价模型及方法，确定评价标准并最终明确生态干扰的空间分布。

1）评价体系与因子提取

选取道路交通、基础设施、土地利用、人工灾害等以人类活动为主的生态干扰主因素，结合各市生态与地域特征细化为生态干扰因子，如铁路、高速公路、国道、省道等道路交通因子，高压廊道、燃气管道等基础设施因子，用地类型等土地利用因子，矿产废置、污染弃置等人工灾害因子等，构建由主因素与单因子所构成的生态干扰评价体系。同样，城市生态干扰具有其他特殊性的，可增加其他相关因子类型。

2）评价模型与方法

结合各生态干扰因子开展单因子专项评价，并采用综合叠加分析法，结合因子权重进行加权叠合，得出综合生态干扰评价。其中，因子权重（X）及干扰评价值（Y）应依据评价区的生态及地域特征具体确定。城市生态干扰具有其他特殊性的，可增加其他因子类型。

3）评价标准及分区

依据生态及地域特征，对综合评价数值结果进行合理的区间划分，将评价区划分为生态高干扰区、较高干扰区、中干扰区、较低干扰区、低干扰区，并形成生态干扰状况的空间分布。

（3）生态风险评价

进行生态风险评价，应明确评价模型及方法，确定评价标准，并最终明确生态风险的空间分布。

1）评价模型与方法

采用矩阵分析法，针对生态敏感性评价及生态干扰评价展开关联叠合分析，得出生态风险综合评价。其中，生态敏感性评价值（A）及生态干扰评价值（B）应依据评价区具体状况合理确定。

2）评价标准及分区

依据生态及地域特征，对综合评价数值结果进行合理的区间划分，将评价区划分为生态高风险区、较高风险区、中风险区、较低风险区以及低风险区，形成生态风险状况的空间分布。

（4）生态安全格局

基于生态风险综合评价分析，结合生态空间格局与生态系统过程，将区域划分为生态低安全区、较低安全区、中安全区、较高安全区以及高安全区，形成生态安全宏观格局，为生态空间体系建构提供基本框架。

4.3.3 市域生态空间体系建构

（1）市域生态空间体系结构

基于生态要素识别与生态安全格局建构结果，提出市域生态空间结构，明确林地、水域、生物栖息地等核心生态区域；明确生态发展轴、划定生态走廊等核心生态廊带；选定具有重要生态意义的生态节点等。

（2）市域生态空间体系布局

依据市域生态空间体系结构，结合城市空间规划整合各类土地资源，以生态连接为核心手段，建立市域生态资源的空间联系，形成由生态斑块、生态廊道、生态基质等空间要素共同构建的网络化生态空间体系。

4.3.4 市区生态空间体系功能建构

基于生态分析与评价结果，依据基本生态空间架构，借助生态空间体系的建构技术与整体性目的，分别建构生态安全体系、生境保育体系、缓冲防护体系、风景游憩体系以及农业生产体系五种类型的功能性生态空间（图4-11）。各项功能性生态空间的叠加形成能够承载综合功能的基础性生态空间体系，并于整体生态空间体系的布局中加以落实，以确保生态空间的体系健全、功能完善，促进其面向城市的各项功能效益的发挥。

（1）生态安全体系

基于生态安全评价分别提出城市雨洪管理体系、灾害防治体系、通风廊道体系以及防灾避难体系等功能建构。

雨洪管理体系建构，应结合地形地貌开展水文分析，得出汇水区域及淹没风险区域，可结合海绵城市等相关建设目标，选取城市绿地、水域等区域构建城市海绵体布局。

灾害防治体系建构，应建立在现状地质灾害类型分布的基础上，包括水土流失区、地质灾害区、矿产开采区以及污染废弃地等在内的区域，以生态治理与修复为核心手段建构生态防治体系，避免地质灾害带来进一步的危害，并进一步结合上述地带考虑生态恢复之后的综合利用方式。

通风廊道体系建构，应通过市区热岛强度与城市用地关系分析，寻找城市热源与热岛链，结合风源、风频、风向，规划城市冷源基地与氧源绿地，结合城市道路、河流廊道、基础设施廊道

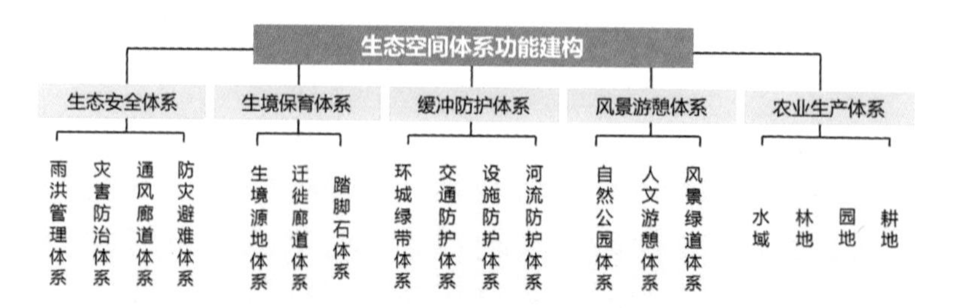

图4-11 市区生态空间体系功能建构

及其他带状生态空间设置缓解热岛效应的多级通风廊道，同时提出用地管控措施。

防灾避难体系建构，应通过有效整合城市中的开敞空间和建筑工程，依据场所的地形、地貌、水文地质等条件，结合其周边交通环境和各类市政基础设施情况，通过避难所、避难通道的设置规划城市防灾避难格局，形成系统化的公共安全空间，以确保灾害发生时以及灾后场所的安全与应急使用需求。

（2）生境保育体系

基于生境系统格局明确生境源地体系、迁徙廊道体系以及动植物的踏脚石体系等建构内容。

生境源地体系建构，应综合考虑现状及规划生态斑块的规模及其类型，由湿地生境源地、山地生境源地、水域生境源地、郊野公园生境源地以及城市绿地生境源地等所组成。

迁徙廊道体系建构，应依据生物迁徙与物种传播的习性，结合生境源地与其他生态空间的分布，寻找各级生态裂点，借助于景观阻力评价、最小费用路径的分析方法，或是借助生态廊道、垫脚石等生态连通措施并构建生物迁徙路径，进一步架构整体生境网络布局。

踏脚石体系建构，应针对在城市密集建设地区普遍存在的、无法保障绿地生态空间的连续情况，在该地区通过一定阈值范围内的绿地生态斑块优化，形成动植物迁移或传播的“踏脚石”，以促进生态功能与过程上的连续。

（3）缓冲防护体系

基于生态与城市的缓冲过渡、防护隔离等功能，明确环城绿带、道路交通防护带、基础设施防护带以及河流防护带等内容。

环城绿带的设置，应结合城市建成区外围的郊野公园、森林公园、湿地公园、自然保护区、风景名胜区以及林地、园地、耕地等农林生态用地共同组成，作为城市以外用于生态缓冲与限制建设的生态化区域，有效防止城市无序蔓延，并促进城乡空间合理过渡。

道路交通防护带的设置，应结合城市交通及道路设施，依据相关规范要求，分别划定铁路防护绿带、高速公路防护绿带、快速路防护绿带、公路连接线防护绿带、城市道路绿带等，以保障城市道路交通环境及交通安全。

基础设施防护带的设置，应结合城市特定的基础设施建设需求，依据相关规范要求，于设施周边划定一定范围的防护隔离绿带，包括高压走廊，变电站、燃气管道、污水厂、环卫设施等防护绿带，以保障城市环境及城市设施安全。

河流防护带的设置，应结合城市河流水系，依据相关规范要求，同时考虑防洪规划、绿线规划等其他要求，划定河流两侧生态绿地，以保障河流生态环境以及水利生态安全。

（4）风景游憩体系

基于风景游憩资源整合以及游憩需求构建由自然公园体系、人文游憩体系以及风景绿道体系等构成的风景游憩型体系。

自然公园体系的构建，应通过整合自然风景资源，构建包括自然保护区、风景名胜区、森林公园、湿地公园、郊野公园、地质公园等在内的自然型游憩空间体系。

人文游憩体系的构建，应通过整合人文游憩资源，构建包括历史村落、传统街区、遗迹景点、城市公共绿地等在内的人文型游憩空间体系。

风景绿道体系的构建，包括沿河滨、溪谷、山脊、风景道路等自然和人工廊道，以及可供行人和骑行者进入的风景游憩通道。

（5）农业生产体系

基于生态空间系统建构的需求明确的农业生产型空间体系，应整合市区农业空间中对于城市生态空间体系整体建构有必要纳入的农业生产型用地，依据国土空间规划确定的各类水域、各类林地、园地、耕地等，构建城郊农林复合生态系统。

4.3.5 市区生态空间体系空间建构

依据市区生态空间体系的功能建构，通过各类型功能性生态空间的叠加统合，同时考虑城市空间以及用地发展的现实状况，提出城市生态空间体系的空间结构，明确城市生态空间体系的空间布局，并基于生态与城市的空间关系，依据生态功能区划划分不同的生态空间管控分区。

（1）生态空间结构

明确市区范围内的核心生态区域、核心生态廊带以及具有重要生态意义的生态节点，将其作为市区的结构性生态空间，同时借助于非建设用地空间结构的优化，构建建设用地的良好形态与结构，奠定城市有机增长与生态自然演进的大格局。

（2）生态空间布局

基于市区结构性生态空间的确立，考虑各类型功能性生态空间的综合需求，结合城市空间及用地的实际发展状况，借助建构技术与方法策略，明确市区生态空间体系的空间布局。市区生态空间体系由“环—楔—轴—核—带”等构成主体生态骨架，依托城市河流、道路及生态防护绿带等多层级生态廊道，联合多层级生态斑块而构成“廊道—斑块”次级生态空间，并在空间布局中进一步落实生态空间体系功能建构的具体内容。

（3）生态空间区划

依据生态安全格局以及生态功能区划，从生态与城市的空间关系角度将城市生态空间体系划分为永久性城市绿带、核心保护区、外围缓冲区、边缘交融区四个生态空间区域（图4-12）。

1）永久性城市绿带

永久性城市绿带是指城市生态空间体系内，与城市开发边界相一致，具有防止城市蔓延扩展等作用的需实施永久性保护的环状连续的生态化区域。依据生态空间体系的空间结构与功能类型，将位于城市集中建设区外围的、宽度不小于200m的“环状连续”与“楔形嵌入”相结合的生态空间纳入城市永久性城市绿带；可包含风景名胜区、自然保护区、森林公园、湿地公园、地质公园以及农林生态空间等在内的，具有防止城市蔓延扩展和缓冲城市建设行为等作用的生态绿化区域。永久性城市绿带划定具有其他特殊性的，可增加其他相关区域。

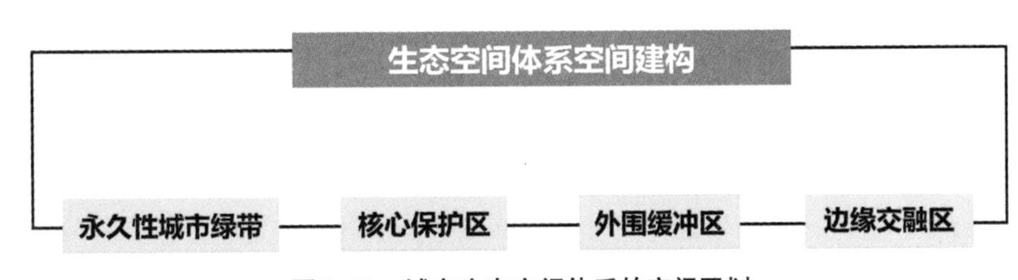

图4-12 城市生态空间体系的空间区划

2）核心保护区

核心保护区即是指城市生态空间体系内，对生态空间功能与结构均具有核心意义，需要实施最严格管控的生态化区域。包括生态保护红线范围内区域、城市绿线范围内区域，以及城市生态高安全区中对生态空间体系功能及结构均具有核心意义的生态化区域。

3）外围缓冲区

外围缓冲区是指城市生态空间体系内，位于核心保护区与边缘交融区之外的，对城市建设发展具有缓冲作用的生态化区域。包括位于核心保护区与边缘交融区之外，能够有效缓冲城市建设发展的生态化区域。

4）边缘交融区

边缘交融区是指城市生态空间体系内，位于规划建设用地与永久性城市绿带外围的，对整体生态格局与城市空间发展起渗透、融合作用的生态化区域。包括位于规划建设用地与永久性城市绿带外围，融合生态与城市发展的生态保护区域及其相兼容的生态建设区域。

4.4 淮北市城市生态空间体系规划

皖北矿产资源型城市淮北市，是国家第二批资源枯竭型城市与循环经济试点市，也是一座正处于煤炭资源型向着山水生态型转型过渡关键时期的城市。同时，作为安徽省首个生态空间规划试点城市，淮北市率先在全国范围内开展了生态空间体系规划的探索与实践。

4.4.1 目标与范围

淮北市生态空间体系建构按照新时代城市规划建设思想，落实城乡规划改革要求，按照“生态立市”的总体要求，践行绿色发展理念，以加强城市空间治理、提升生态环境质量为核心，建立城市生态安全屏障，增强城市生物多样性与生态系统稳定性，优化城市生态空间格局，实现《淮北市城市总体规划（2016-2035年）》中所明确的淮北市迈向“省际区域中心城市”以及“宜居、宜业、宜游、生态之城”的总体发展目标；同时作为安徽省城市生态空间规划的试点城市，为建设五大发展美好安徽提供生态文明样板。规划分别从淮北市域和淮北市区两个层次开展，其中，市域即淮北市行政辖区范围，包括淮北市区和濉溪县，国土总面积约2741.52hm^2。市区范围包括了市辖三区相山区、烈山区与杜集区，面积约759.78hm^2。考虑淮北市市区与所辖濉溪县在空间上集中连片发展的特殊性，故而将濉溪县规划区一并纳入市区规划范围，面积约197.45hm^2，总面积共约957.23hm^2。

4.4.2 生态要素识别

（1）生态区位分析

参照《安徽省生态功能区划》（2003年发布），从宏观生态区位上看，淮北市位于沿淮淮北平原生态区，其中，市域北部位处淮北平原北部农业生态亚区，而市域南部位处淮北河间平原农业生态亚区。从相对中观的生态功能区划分上看，市域北部中、西片区属于濉宿煤炭开采、沉陷恢复与生态保护生态功能区，而市域北部东片区属于皇藏峪及周边地区生物多样性保护生态功能区，市域南部属于涡淝河间平原旱作农业生态功能区（图4-13）。

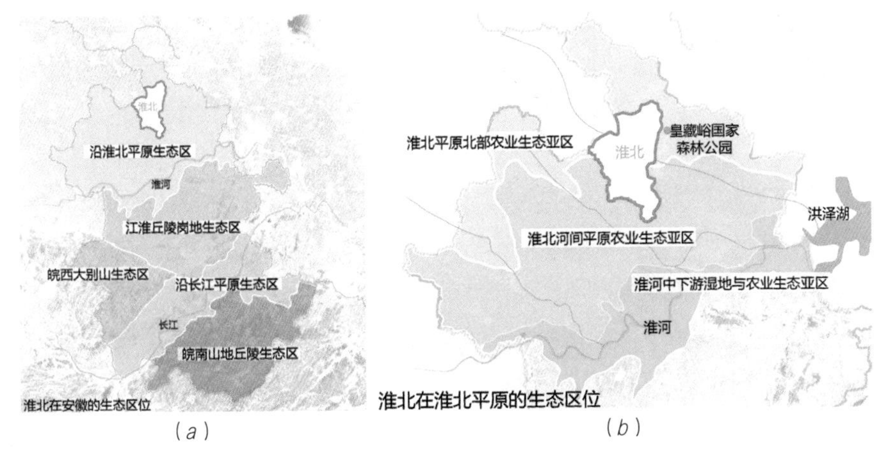

（a）（b）

图4-13 淮北市生态区位图

（2）生态空间资源识别

基于生态区位分析的前提，识别现状生态空间资源，其中非建设用地包括水域、农林生态用地、风景名胜及保护区、生态公园等，建设用地包括公园绿地与防护绿地等。经识别与统计，淮北市域现状生态空间用地规模31421.23hm²，包括非建设用地29747.57hm²与建设用地1673.66hm²，占市域总面积的12.71%，总体占比较低（图4-14，表4-5）。准北市域生态空间资源呈现出两点空间分布特征：

1）市域南部广大农业区域生态化程度不高；

2）市域北部的城市公园绿地、防护绿地欠缺，城市郊野生态空间匮乏。

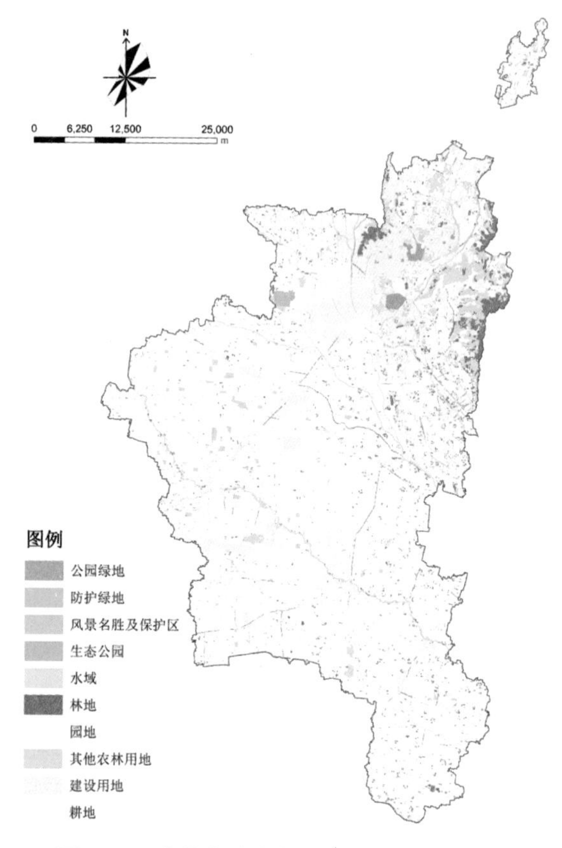

图4-14 淮北市域生态空间资源现状分布图

（3）生态空间要素划分

依据受人类干扰程度，将现状生态空间资源划分为基础型要素、利用型要素、威胁型要素三种生态空间要素类型（表4-6）。因煤炭资源的长期大量开采，市域内地质灾害区、矿产开采区及其沉陷而成的河湖水面等威胁型生态空间要素占据较大比重，呈现出“皖北煤城”的典型生态特征，构成了以生态治理与修复为主要对策的城市生态空间体系的潜力空间（图4-15）。经统计汇总，现状三类要素约占市域国土总面积的19.10%，主要特征和分布如下：

1）基础型要素。对区域生态发展起最基础作用，包括龙脊山风景名胜区、相山森林公园以及华家湖水库、凤栖湖湿地公园、萧濉新河、闸河、龙岱河等水库、河流、湿地等要素，总用地面积约16744.44hm²，约占市域生态空间要素总面积的32.79%。

2）利用型要素。具有潜在生态、景观、游憩功能，包括东湖公园、南湖公园、桓谭公园等公园绿地，以及石山孜古文化遗址、大运河保护区、临涣古城等文化遗产地以及各类防护性生态廊道等要素，总用地面积约8120.00hm²，约占市域生态空间要素总面

淮北市域现状生态空间用地构成表 **表4-5**

类别代码			类别名称	内容	
大类	中类	小类		面积（hm^2）	比例（%）
E			**非建设用地**	**29747.57**	**94.67**
	E1		水域	9934.36	31.62
	E2		农林生态用地	18991.91	60.44
		E21	林地	7881.86	25.08
		E22	园地	2878.80	9.16
		E23	耕地	—	—
		E24	其他农林用地	8231.25	26.20
	E3		风景名胜及保护区	326.99	1.04
	E4		生态公园	494.31	1.57
H			**建设用地**	**1673.66**	**5.33**
	G1		公园绿地	1090.11	3.47
	G2		防护绿地	583.55	1.86
总计				**31421.23**	**100**

淮北市域现状生态空间要素构成表 **表4-6**

要素类型	要素名称	面积（hm^2）	比例（%）
基础型要素	风景名胜区	1786.05	3.50
	森林公园	1130.43	2.21
	水库、河流	5933.98	11.62
	湿地、滩涂、沼泽	757.42	1.48
	其他基础型生态用地	7136.56	13.98
	小计	16744.44	32.79
利用型要素	公园绿地	2337.06	4.58
	文化遗产	28 处	—
	坑塘、沟渠	3250.90	6.37
	其他利用型生态用地	2532.04	4.96
	小计	8120.00	15.91
威胁型要素	地质灾害区	19667.84	38.53
	矿产开采区	2678.19	5.25
	其他威胁型生态用地	3841.36	7.52
	小计	26187.39	51.30
总计		51051.83	100.00

积的15.91%。

3）威胁型要素。形成了不适宜动植物及人类生存居住的要素空间，包括淮北市域北部城市湖链区、南部临涣煤矿开采区等地质灾害区及其他矿产资源开采区等，总用地面积约26187.39hm²，约占市域生态空间要素总面积的51.30%。

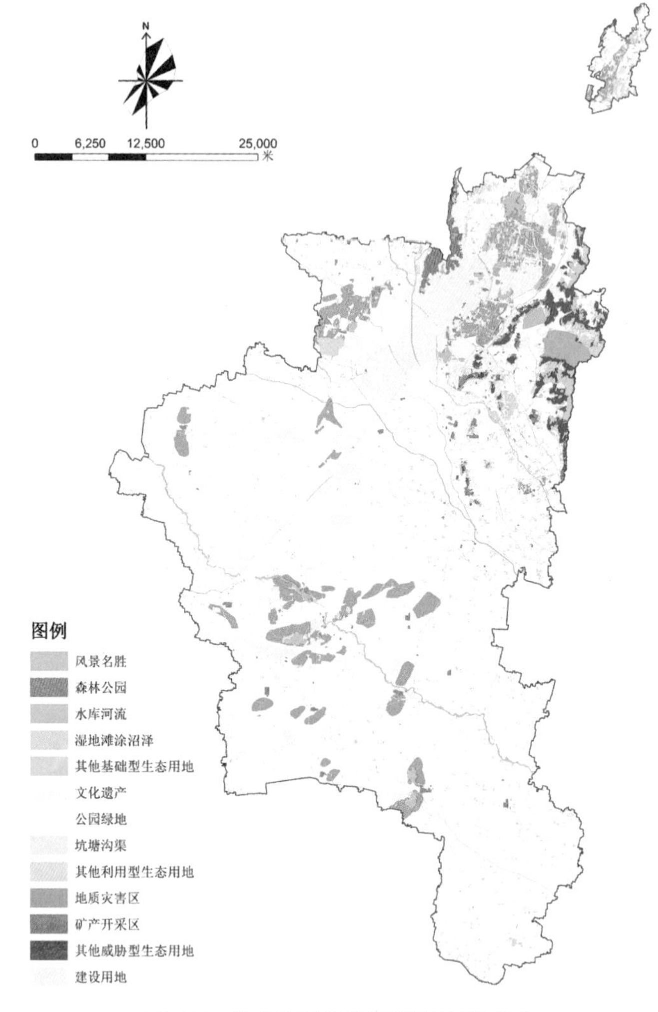

图4-15 淮北市域生态空间要素构成图

4.4.3 生态安全评价

通过对市域现状生态空间资源的生态敏感性评价与生态干扰评价的叠合分析，得出市域生态风险综合评价，进而形成市域生态安全格局的空间分布。

（1）生态敏感性评价

1）评价体系与因子提取

结合淮北市地域特征，选取地形地貌、水文资源、土地利用、生态资源、文化资源、自然灾害共5个生态敏感性主因素，再细化为8项生态敏感因子（表4-7）。

2）评价模型与方法

结合各生态敏感性因子开展单因子专项评价（图4-16），并采用综合叠加分析法，结合因子权重进行加权叠合，得出生态敏感性综合评价结果。

3）评价标准及分区

针对综合评价数值结果进行合理的区间划分，将评价区划分为生态极敏感区、高敏感区、中敏感区、低敏感区以及不敏感区，并形成生态敏感性的空间分布

淮北市域生态敏感性综合评价表 **表4–7**

评价因素	权重		评价因子	9	7	5	3	1
				高敏感区	较高敏感区	中敏感区	较低敏感区	低敏感区
地形地貌	0.0845	0.0513	高程	≥ 200m	100 ~ 200m	50 ~ 100m	20 ~ 50m	< 20
		0.0332	坡度	≥ 25%	15% ~ 25%	8% ~ 15%	2% ~ 8%	< 2%
水文资源	0.1762	0.0689	河流	≤ 30m 缓冲区	30 ~ 50m 缓冲区	50 ~ 100m 缓冲区	100 ~ 200m 缓冲区	> 200m 缓冲区
		0.0464	水库	≤ 20m 缓冲区	20 ~ 50m 缓冲区	50 ~ 100m 缓冲区	100 ~ 150m 缓冲区	> 150m 缓冲区
		0.0353	滩涂	≤ 30m 缓冲区	30 ~ 50m 缓冲区	50 ~ 100m 缓冲区	100 ~ 200m 缓冲区	> 200 ~ m 缓冲区
		0.0256	沟渠、坑塘	—	本体	≤ 10m 缓冲区	10 ~ 30m 缓冲区	> 30m 缓冲区
土地利用	0.1841	0.1841	土地利用	河流水面、内陆滩涂、风景名胜区、有林地	水库水面、坑塘水面、沼泽地	水田、果园、沟渠、其他林地、园地	旱地、水浇地、裸地、其他草地、自然保留地、采矿用地	城市、建制镇、乡村、铁路用地、公路用地、港口码头用地、管道运输用地、水工建筑用地、机场、农村道路、设施农用地、特殊用地、其他独立建设用地
生态资源	0.2152	0.0621	生态林地	郁闭度 ≥ 0.7	0.40 ~ 0.69	0.20 ~ 0.39	< 0.20	非林地
		0.0577	湿地公园	生态保育区	生态恢复重建区	展示体验区	管理服务区	其他
		0.0743	森林公园	生态保育区	核心景观区	一般游憩区	管理服务区	其他
		0.0211	城市公园	—	$25hm^2$ 以上公园	$25hm^2$ 以下公园	—	其他
文化资源	0.0926	0.0926	文化遗产	≤ 10m	外围 10 ~ 100m	外围 100 ~ 200m	外围 200 ~ 500m	外围≥ 500m
自然灾害	0.2474	0.0937	洪水淹没	最小降水量 5.48m	5.48 ~ 8.44m	平均降水量 8.44~10.2m	10.2 ~ 13.8m	最大降水量 13.8m
		0.1537	地质沉陷	沉陷区 ≤ 10m	外围 10 ~ 50m	外围 50 ~ 100m	外围 100 ~ 200m	外围≥ 200m

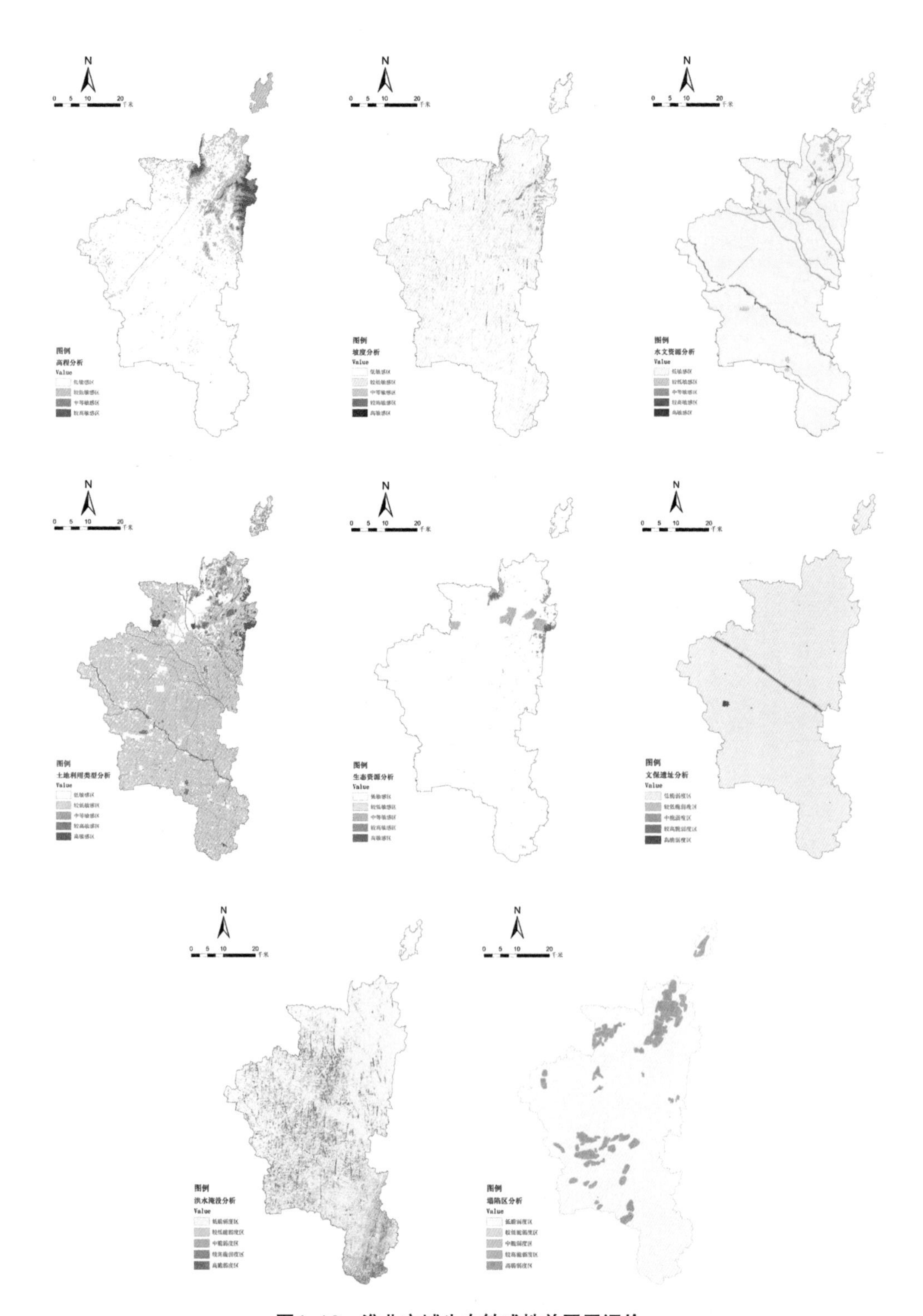

图4-16　淮北市域生态敏感性单因子评价

（图4-17，表4-8）。其中，淮北市域生态极敏感区以及高敏感区相对集中分布于三个地区：

①市域北部的中部地带，以采煤沉陷区为主要地质类型；

②市域北部的相山、龙脊山两大生态资源核心地带；

③市域中、南部以西北向东南方向的河流区域以及部分采煤沉陷地带。

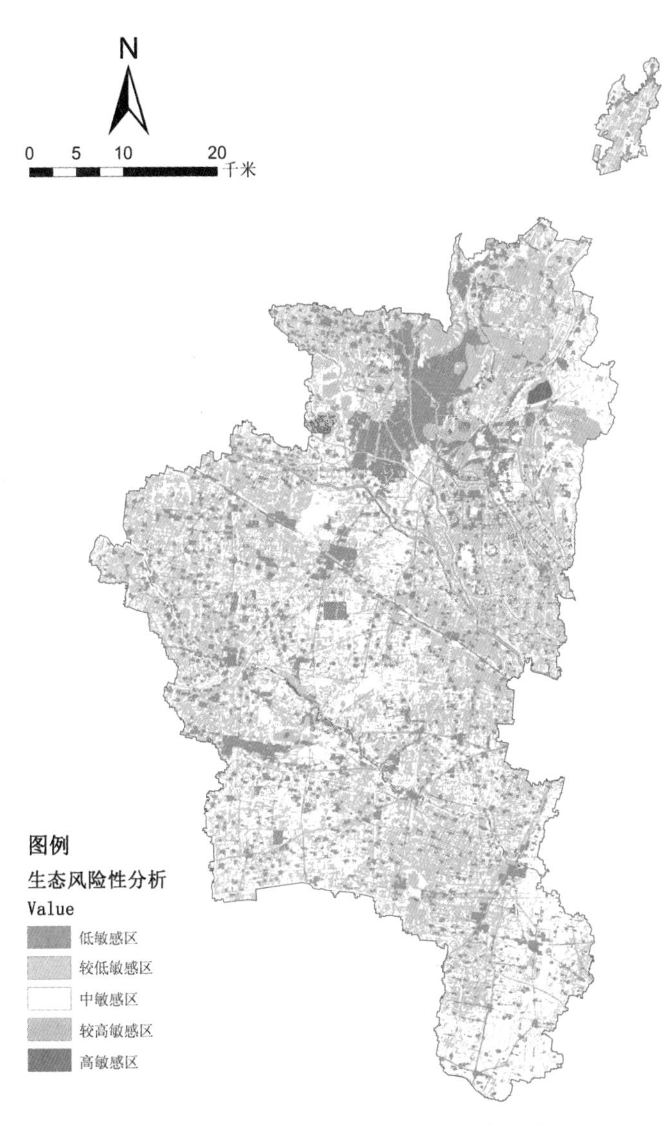

图4-17 淮北市域生态敏感性综合评价

淮北市域生态敏感性评价统计表 表4-8

类别	极敏感区	高敏感区	中敏感区	低敏感区	不敏感区	总面积
面积（hm^2）	19.79	194.78	973.31	1096.94	456.70	2741.52
比例（%）	0.72	7.10	35.50	40.01	16.66	100.00

（2）生态干扰评价

1）评价体系与因子提取

结合淮北市现实情况，针对道路交通环境、基础设施环境、生态要素环境三类以人类活动为主的生态干扰主因素与8个干扰评价因子进行综合分析（表4-9）。

淮北市域生态干扰综合评价表 表4-9

评价因素	权重		评价因子	高干扰区	较高干扰区	中干扰区	较低干扰区	低干扰区
			9	9	7	5	3	1
道路交通	0.33	0.07	铁路、高速公路	50m缓冲区	50～100m缓冲区	100～200m缓冲区	200～500m缓冲区	—
		0.10	国道、省道、县道	30m缓冲区	30～50m缓冲区	50～100m缓冲区	100～200m缓冲区	—
		0.16	城市主干道	20m缓冲区	20～30m缓冲区	30～50m缓冲区	50～100m缓冲区	—
基础设施	0.26	0.04	110kV高压廊道	25m缓冲区	25～40m缓冲区	40～75m缓冲区	75～150m缓冲区	≥150m
		0.09	220kV高压廊道	40m缓冲区	40～80m缓冲区	80～150m缓冲区	150～200m缓冲区	≥200m
		0.13	500kV高压廊道	75m缓冲区	75～150m缓冲区	150～220m缓冲区	220～300m缓冲区	≥300m
土地利用	0.41	0.41	用地类型	城市、建制镇、村庄、铁路用地、公路用地、港口码头用地、管道运输用地、水工建筑用地、采矿用地、机场、特殊用地、其他独立建设用地	水田、旱地、水浇地、设施农用地	果园、园地、农村道路	坑塘水面、沟渠、风景名胜及特殊用地	河流水面、水库水面、内陆滩涂、有林地、沼泽、其他草地、其他林地、裸地、自然保留地

2）评价模型与方法

根据淮北市域生态与地域特征，结合各生态干扰因子开展单因子专项评价（图4-18），采用综合叠加分析法，结合因子权重进行加权叠合，得出综合生态干扰评价。

3）评价标准及分区

根据淮北市域生态与地域特征，对综合评价数值结果进行合理的区间划分，将评价区划分为生态高干扰区、较高干扰区、中干扰区、较低干扰区、低干扰区，形成生态干扰状况的空间分布（图4-19，表4-10）。其中淮北市域生态高干扰区相对集中分布于以下两个地区：

①市域北部城市建成区，因城市建设集中、人口集聚而呈现为较大干扰；

②市域中、南部地区，以交通廊道及其他重大基础设施廊道为主要干扰因素所形成的线性空间。

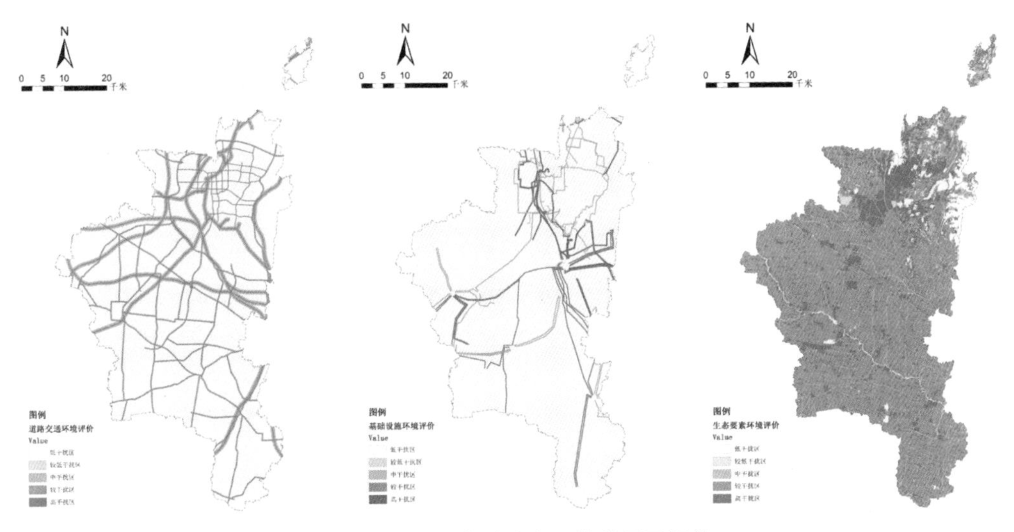

图4-18 淮北市域生态干扰单因子评价

淮北市域生态干扰评价统计表 表4-10

分区	高干扰区	较高干扰区	中干扰区	较低干扰区	低干扰区	总面积
面积（hm^2）	573.85	171	1644.36	0.55	351.76	2741.52
比例（%）	20.93	6.24	59.98	0.02	12.83	100.00

（3）生态风险评价

1）评价模型与方法

采用矩阵分析法，针对生态敏感性评价及生态干扰评价展开关联叠合分析，得出生态风险综合评价结果。其中，生态敏感性与生态干扰评价值应依据评价区的具体状况合理确定。

2）评价标准及分区

根据淮北市域生态与地域特征，对综合评价数值结果进行合理的区间划分，将评价区划分为生态高风险区、较高风险区、中风险区、较低风险区以及低风险区，形成生态风险状况的空间分布（图4-20，表4-11、表4-12）。其中，淮北市域生态高风险区、较高风险区基本集中分布于三个区域：

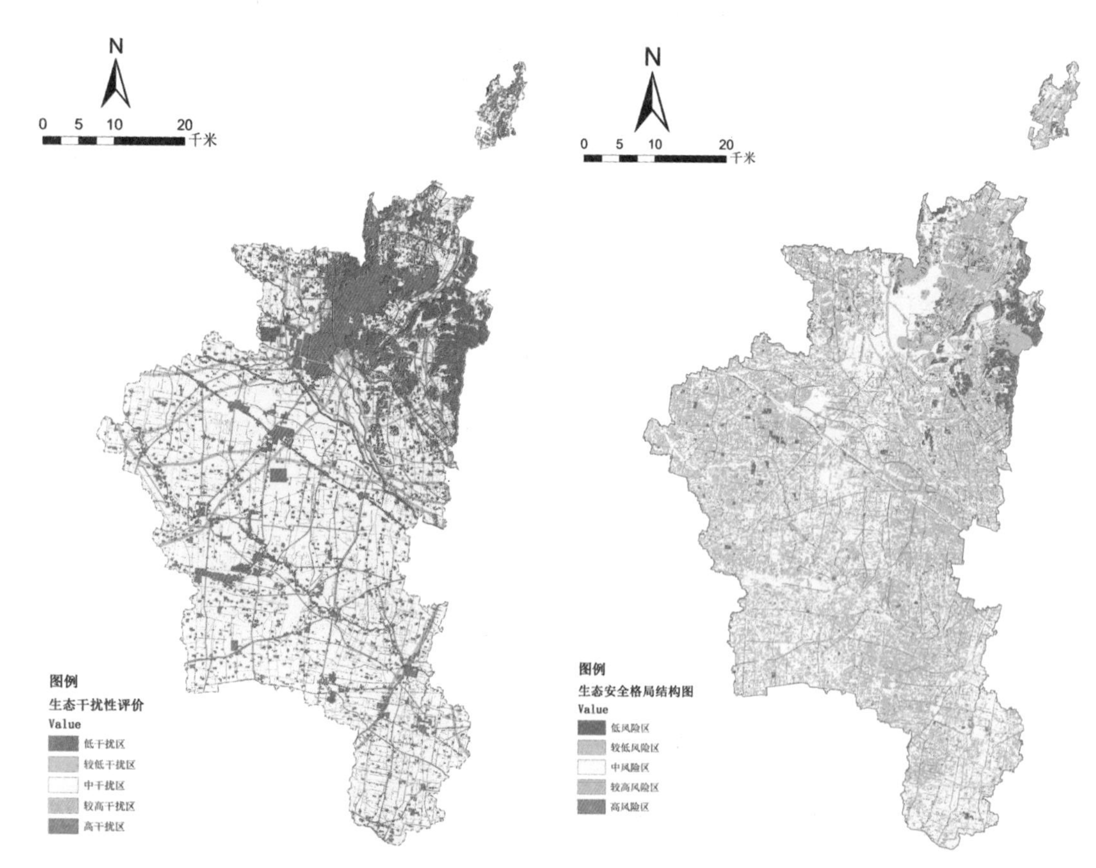

图4-19　淮北市域生态干扰综合评价图

图4-20　淮北市域生态风险评价

淮北市域生态风险综合评价表　表4-11

评价叠加赋值表		生态干扰度				
		1	3	5	7	9
生态敏感性	1	1	3	5	7	9
	3	3	9	15	21	27
	5	5	15	25	35	45
	7	7	21	35	49	63
	9	9	27	45	63	81

淮北市域生态风险评价统计表　表4-12

类别	高风险区	较高风险区	中风险区	较低风险区	低风险区	总面积
面积（hm^2）	25.75	276.31	1317.66	874.85	246.95	2741.52
比例（%）	0.94	10.08	48.06	31.91	9.01	100.00

①市域北部的城市建成区中部地带，因地下采煤造成的沉陷带；

②市域北部的相山与城市建成区相交界的区域；

③市域中、南部的采煤沉陷带。

（4）生态安全格局

依据生态风险评价及生态潜在资源，结合生态空间格局与生态系统过程，在淮北市域范围内奠定生态安全的宏观格局，划分为高安全区、较高安全区、中安全区、较低安全区、低安全区，并为生态空间体系的空间建构提供基本框架（图4-21，表4-13）。

淮北市域生态安全格局统计表　表4-13

类别	低安全区	较低安全区	中安全区	较高安全区	高安全区	总面积
面积（hm^2）	31.79	371.02	1190.52	939.48	208.71	2741.52
比例（%）	1.20	13.50	43.40	34.30	7.60	100.00

生态低安全区，面积31.79hm^2，占总体面积的1.20%；生态较低安全区，面积371.02hm^2，占国土总面积的13.50%；生态中安全区，面积1190.52hm^2，占国土总面积的43.40%；生态较高安全区，面积939.48hm^2，占国土总面积的34.30%；生态高安全区，面积208.71hm^2，占国土总面积的7.60%。

其中生态低安全区与较低安全区主要分布于市域北部的采煤沉陷区、相山与城市交界区域以及市域中、南部的采煤沉陷区域，生态较高安全区与中安全区主要分布于市域北部的市区集中建设区域以及市域中、南部的农业区域，生态高安全区主要分布于市域东北部的龙脊山风景区以及河流防护林等地带。

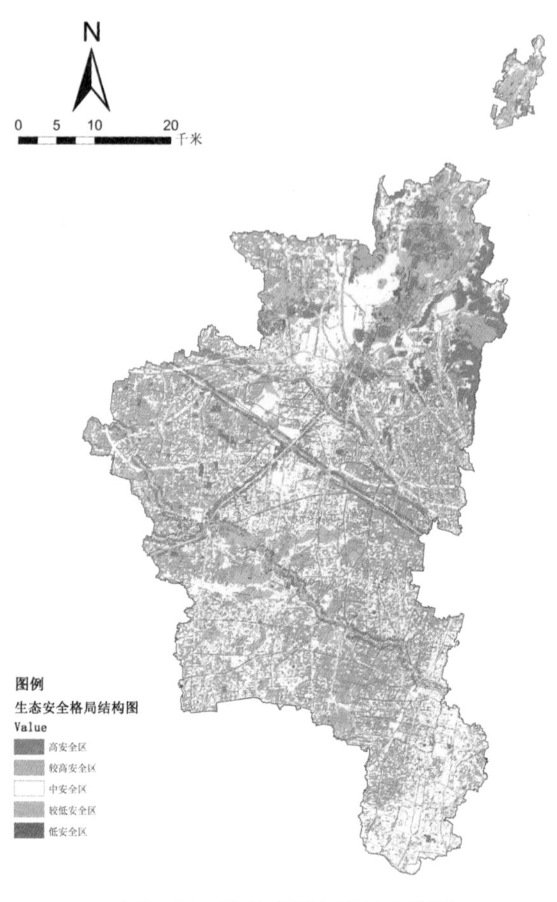

图4-21 淮北市域生态安全格局

4.4.4 市域生态空间体系建构

（1）市域生态空间体系结构

依据淮北市域生态安全格局分析，综合城市生态空间资源分布及潜在资源要素分布，建立市域生态空间的主体架构，规划形成“一轴三带贯四区，九点多廊融相城”的市域生态空间体系结构，提出生态修复与保育的重点区域和范围，梳理生态发展轴、生态走廊等核心生态廊道，并明确重要生态修复节点（图4-22）。其中：

“一轴”即沿市域北部采煤沉陷区以及南部202省道、濉阜线的南北生态发展轴；“三带”为南沱河生态走廊、浍河生态走廊与萧濉新河生态走廊；“四区”指城市生态修复区、文化生态发展区、工业生态治理区与农业生态保育区；“九点”分别为凤栖湖生态保育区、中湖生态景观区、南湖生态景观区、“北湖—朔西湖”生态保育区、百善煤矿生态修复区、临涣古城生态文化景观区、临涣煤矿生态修复区、孙疃煤矿生态修复区、任楼煤矿生态修复区；“多廊”则是贯穿市域的多条河流、道路以及基础设施生态廊道。

（2）市域生态空间体系布局

依据市域生态空间体系结构，结合空间规划整合各类土地资源，以生态连接为核心手段，建立市域生态资源要素的空间联系，形成由生态斑块、生态廊道、生态基质等

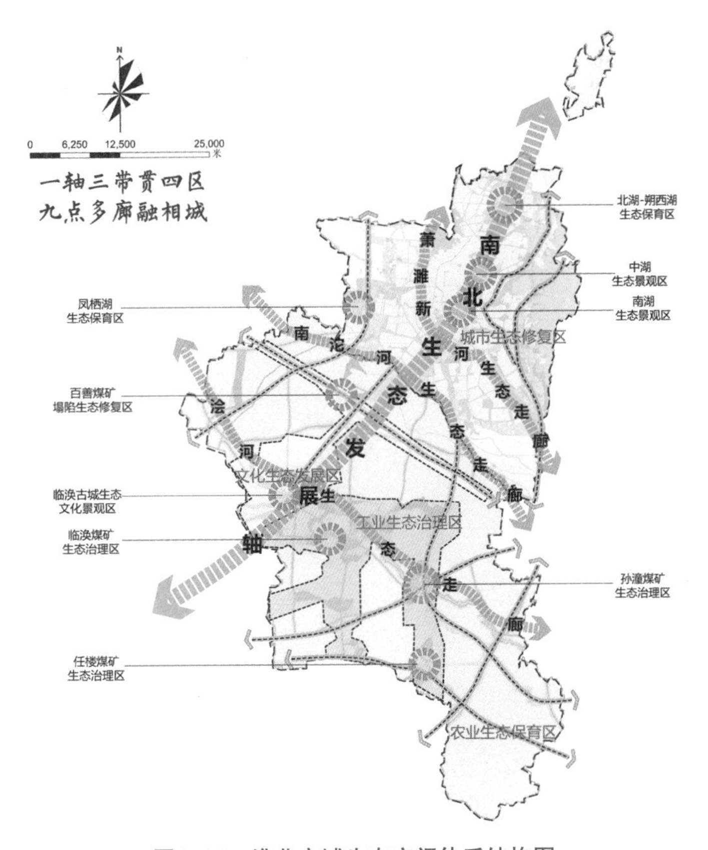

图4-22 淮北市域生态空间体系结构图

空间要素共同构建的网络化生态空间体系。市域生态空间体系总用地规模111899.91hm²，占市域国土总面积的45.27%（图4-23，表4-14）。其中：

公园绿地6908.20hm²，主要分布在城市水体、自然山体周边，包括东湖公园、南湖公园、乾隆湖公园等综合公园，儿童公园等专类公园，世纪广场、龙湖公园等社区公园，萧濉新河、老濉河、龙河等带状公园。

防护绿地7101.57hm²，主要分布在道路、河流、高压线两侧，市政设施用地周围以及城市外围，包括道路防护绿地、河流防护绿地、基础设施防护绿地、外围环城绿带。

风景名胜及保护区7492.98hm²，主要是龙脊山风景名胜区。

生态公园11618.30hm²，主要是相山森林公园、凤栖湖湿地公园、中湖湿地公园、王引河湿地公园以及北湖生态公园、朔西湖郊野公园等其他公园。

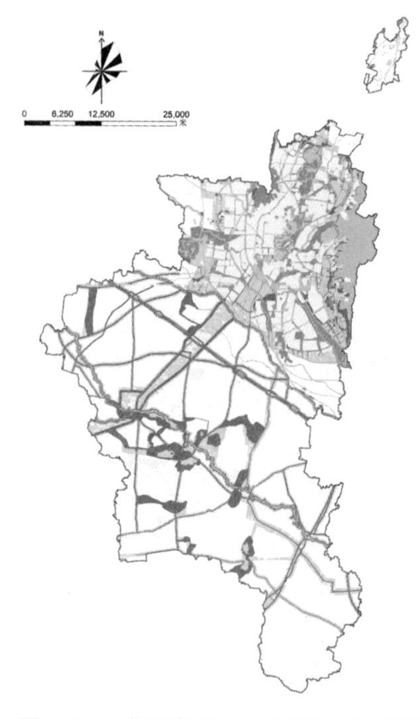

图4-23 淮北市域生态空间体系布局图

淮北市域规划生态空间用地构成表 表4-14

类别代码			类别名称	内容	
大类	中类	小类		面积(hm²)	比例(%)
			非建设用地	**97890.14**	**87.48**
	E1		水域	7593.80	6.79
			农林生态用地	71185.06	63.61
		E21	林地	30558.16	27.31
E	E2	E22	园地	866.80	0.77
		E23	耕地	39760.10	35.53
		E24	其他农林用地	—	—
	E3		风景名胜及保护区	7492.98	6.70
	E4		生态公园	11618.30	10.38
			建设用地	**14009.77**	**12.52**
H	G1		公园绿地	6908.20	6.17
	G2		防护绿地	7101.57	6.35
			总计	111899.91	100

农林生态用地71185.06hm²，主要是林地、园地和耕地等。

水域7593.80hm²，主要是中湖、南湖、东湖、北湖、朔西湖、华家山水库、老濉河、萧濉新河、闸河、龙河、岱河、龙岱河、王引河、南沱河、浍河等。

4.4.5 市区生态空间体系功能建构

建构五种类型的功能性生态空间体系，分别是生态安全体系、生境保育体系、缓冲防护体系、风景游憩体系以及农业生产体系。

（1）生态安全体系

基于生态安全评价分别提出雨洪管理体系、灾害防治体系、通风廊道体系以及防灾避难体系，经叠加统合而形成能够确保城市生态健康、安全的生态安全体系。

1）雨洪管理体系

结合淮北市区地形地貌开展流向分析、洼地分析、水网分析与盆域分析，得出汇水区域及淹没风险区域，并进行模拟径流分析。再结合洪水安全格局与暴雨安全格局分析，形成的雨洪管理体系由三级城市雨洪安全区域构成，包括雨洪安全调蓄点与雨洪安全廊道（图4-24、图4-25）。

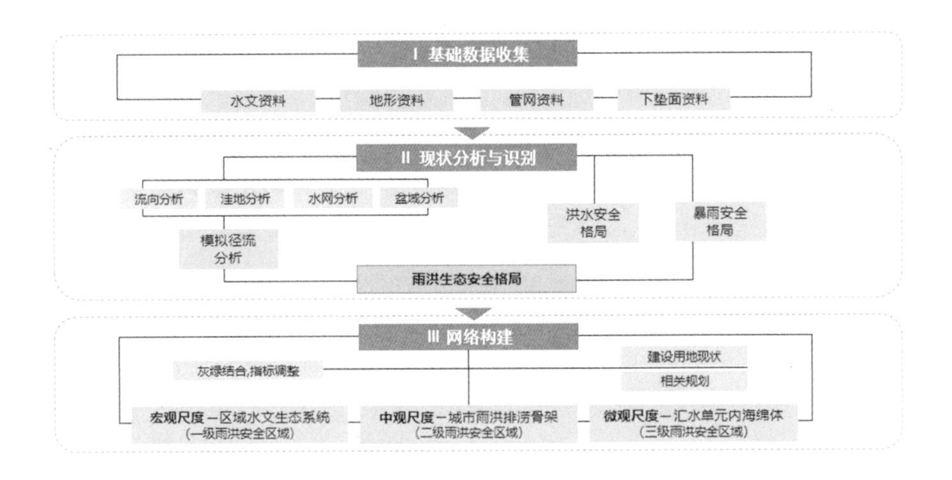

营造 **多尺度、多级别** 的城市 **绿色雨水基础设施**

图4-24　淮北市区雨洪安全体系分析路径

一级雨洪安全区域含城市行洪河道、大型水库及重要湿地蓄水区。包括萧睢新河、岱河、龙河、龙岱河、闸河、王引河、南沱河、洪碱河、湘西河共9条城市行洪河道，两侧水工建筑外生态用地宽度30～80m不等，以及华家湖水库湿地、南湖公园、中湖湿地公园、东湖公园、北湖郊野湿地公园、朔西湖郊野湿地公园、乾隆湖公园以及凤栖湖湿地公园等及其周边的生态化区域（表4-15）。

二级城市雨洪安全区域含城市排涝河流、主要沟渠、10hm^{2}以上公园及宽

淮北市区一级雨洪安全廊道生态用地控制表　　表4-15

河流名称	境内主干河道长度（km）	境内集水面积（km^2）	两侧控制线位置
萧睢新河（黄桥闸上）	40.9	148.3	水工建筑用地线外 30m
岱河	18.15	105	水工建筑用地线外 30m
龙河	19.89	258	水工建筑用地线外 15m
龙岱河	14.7	174.5	水工建筑用地线外 30 ～ 60m
闸河	41	196.7	水工建筑用地线外 60 ～ 80m
王引河	30.4	161	水工建筑用地线外 30m
南沱河	46.2	344.6	水工建筑用地线外 30m
洪碱河	6.86	—	水工建筑用地线外 30 ～ 80m
湘西河	2	—	水工建筑用地线外 30m

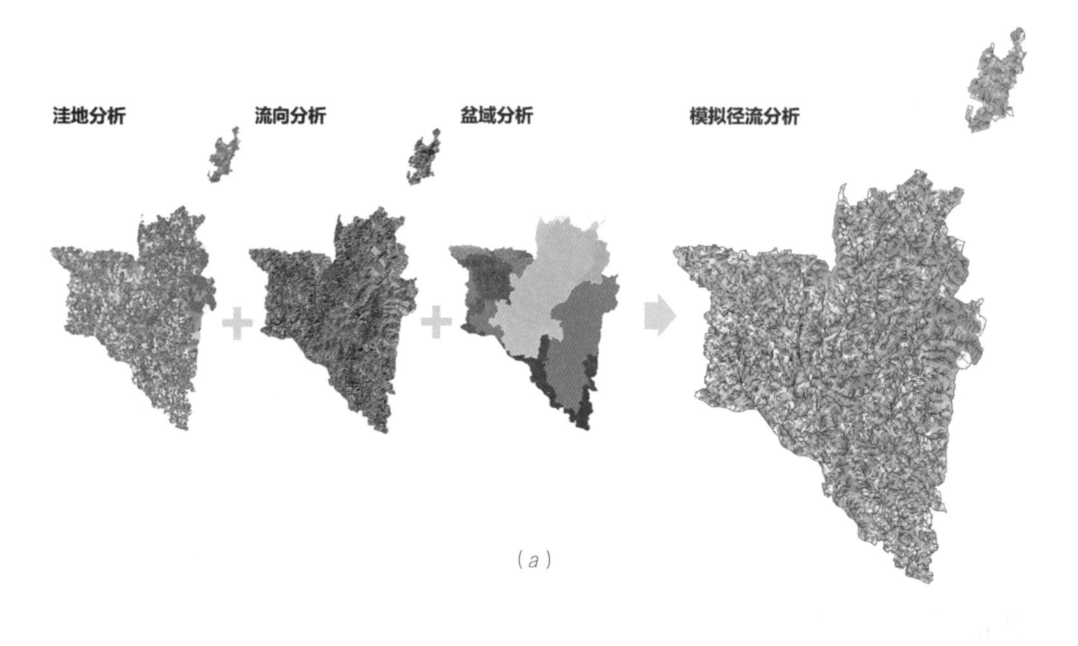

（a）

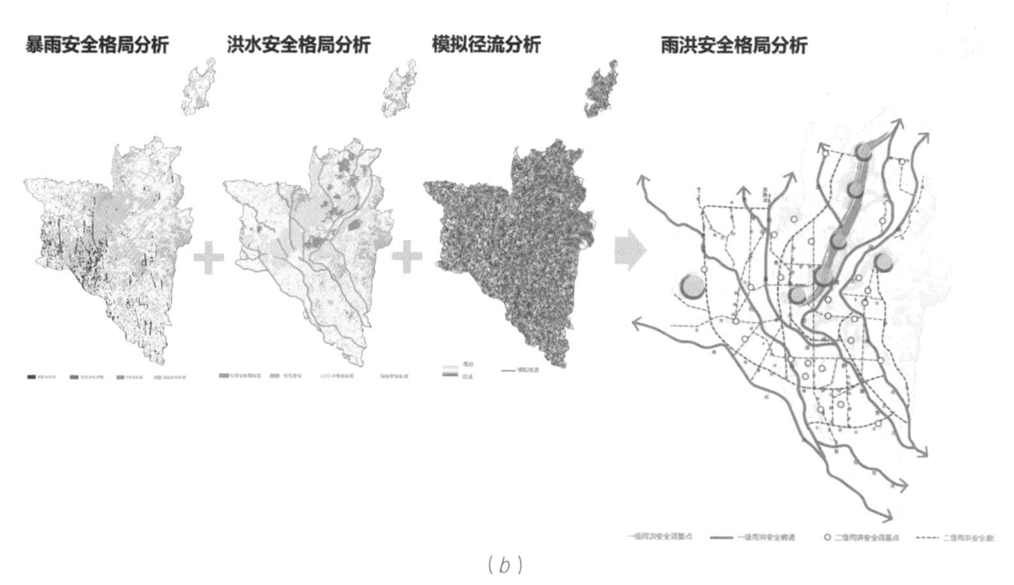

（b）

图4-25　淮北市区雨洪安全格局分析

度50m以上绿廊在内的地区。包括老濉河、西流河、跃进河、新北沱河、老巴河5条城市排涝河流，以及濉符沟、吴林沟、相阳沟、姬沟、长符运河等城市主要沟渠（两侧沟口外生态用地宽度大于10m），时代公园、桓谭公园、龙湖公园等面积大于10hm²的城市绿地，以及城市主要高压走廊、京沪铁路、符离铁路、符夹铁路等宽度大于50m的铁路防护绿廊区域（表4-16）。

淮北市区二级雨洪安全廊道生态用地控制表 **表4-16**

名称	起止点	长度（km）	两侧控制线位置
老濉河	相阳沟—渠沟闸	3.9	水工建筑用地线外30m
西流河	老濉河口—张寨沟	5.11	水工建筑用地线外15m
跃进河	相阳路沟—南湖路	2.55	水工建筑用地线外15m
新北沱河	引河口—市界	12.5	水工建筑用地线外15m
老巴河	市界—引河口	12.1	水工建筑用地线外15m
濉符沟	前马厂—闸河	14	沟口外11m
吴林沟	拖山闸—濉符沟	6.5	沟口外11m
相阳沟	符夹铁路—人民路 人民路—老濉河	10.67	沟口外6m（暗涵） 沟口外10m
高黄沟	特凿公司—岱河	11.73	沟口外10m
龙支河	开渠路边沟—龙河	1.24	沟口外10m
解放河	郝台—太保庙	5.4	沟口外11m
跃进沟	桥口—豆庄	2.8	沟口外10m
两姜河	路庄—大庄	7.3	沟口外11m
山河沟	永堌—下圩	10	沟口外10m
王庄沟	刘楼—五庄	3.9	沟口外10m
泄洪沟	渔场—闸河	6.9	沟口外10m
姬沟	华家湖—闸河	10	沟口外10m
新大庙沟	马庄—王引河	5.7	沟口外11m
申家沟	东申洼—王引河	5.7	沟口外11m
大庙沟	农中—王引河	6.4	沟口外11m
郝邱大沟	万邱路—平山沟	3.8	沟口外10m
邱家沟	万邱沟—新北沱河	3.27	沟口外10m
万邱沟	濉河路—邱家沟	2.74	沟口外10m
任赵沟	郝邱大沟—雷河路	2.57	沟口外10m
平山沟	石山路边沟—郝邱大沟	3.69	沟口外10m
牛圩东沟	郝邱大沟—新北沱河	3.99	沟口外10m
长符运河	牛圩东沟—萧睢新河	7.60	沟口外10m

三级城市雨洪安全区域含其他中小型沟渠、10hm²以下绿地，以及宽度50m以下的城市绿廊、生态海绵型道路等。包括中小型城市沟渠（两侧沟口外生态用地宽度小于10m）、面积小于10hm²的中小型城市绿地，以及50m以下宽度的其他城市绿廊、海绵型道路、附属绿地等小型海绵城市设施。

2）灾害防治体系

识别地质灾害区。淮北市地质灾害以采煤沉陷区为典型类型，由沉陷区生态用地治理区、沉陷区建设用地改造区、禁止采矿重点保护区与岩溶沉陷重点预防区等四类灾害区域组成（图4-26）。

其中，沉陷区生态用地治理区为重点规划区域，包括中湖湿地公园、朔西湖郊野湿地公园等生态修复性区域，面积约4941hm²。

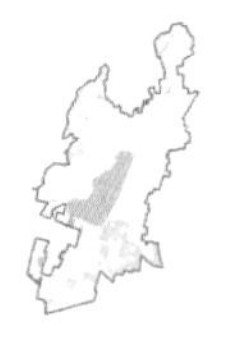

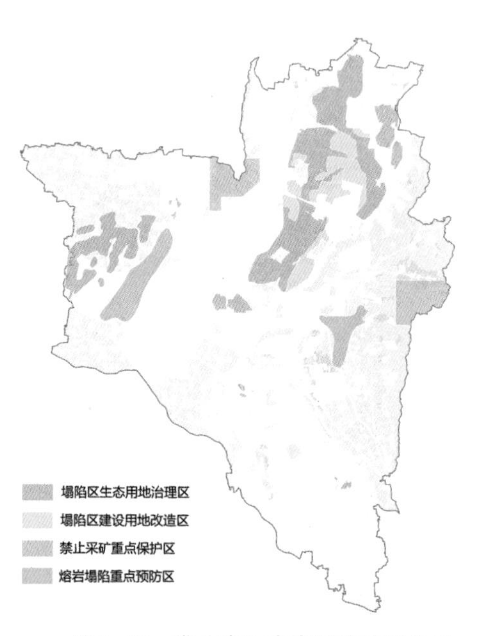

图4-26　淮北市区灾害防治体系分析

3）通风廊道体系

淮北市夏季主导风向多为东南风，冬季主导风向为东北风，全年平均风速为2.2m/s，最大风速为19.0m/s（图4-27）。

基于地形条件、土地利用类型、市区温度及风环境状况等基础数据，以城市风道设计相关理论为指导，采用ArcGIS、CFD技术方法进行分析评价，综合分析后建构通风廊道体系，由氧源基地与通风廊道两个部分组成，淮北市区共形成了六个氧源基地与三级通风廊道（图4-28、图4-29）。

①氧源基地：对于城市集中建设区来说，其碳氧平衡主要依赖于内部以及外围的大型绿地生态斑块。六个氧源基地分别为相山森林公园、龙脊山风景区、北湖—朔西湖公园、中湖—南湖—东湖公园、凤栖湖湿地公园及萧濉新河郊野公园。

②通风廊道：即“城市风道”，具有提升城市空间流动性、缓解热岛、改善局地气候与人体舒适度等功能。一级通风廊道为“朔西湖—北湖—东湖—中湖—南湖—乾隆湖—生态田园”区域通风廊道，通风廊道宽度控制下限为400m；二级通风廊道有3条，

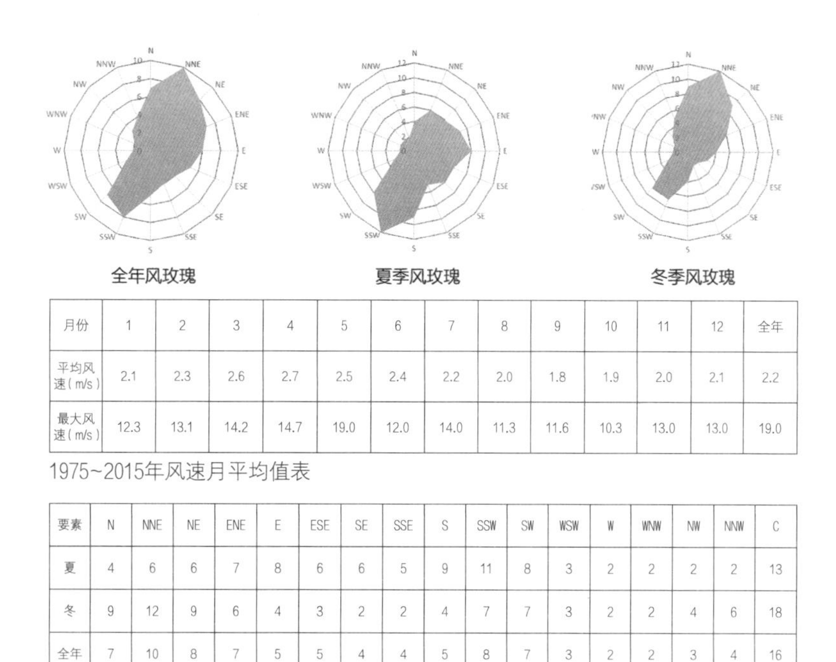

月份	1	2	3	4	5	6	7	8	9	10	11	12	全年
平均风速（m/s）	2.1	2.3	2.6	2.7	2.5	2.4	2.2	2.0	1.8	1.9	2.0	2.1	2.2
最大风速（m/s）	12.3	13.1	14.2	14.7	19.0	12.0	14.0	11.3	11.6	10.3	13.0	13.0	19.0

1975~2015年风速月平均值表

要素	N	NNE	NE	ENE	E	ESE	SE	SSE	S	SSW	SW	WSW	W	WNW	NW	NNW	C
夏	4	6	6	7	8	6	6	5	9	11	8	3	2	2	2	2	13
冬	9	12	9	6	4	3	2	2	4	7	7	3	2	2	4	6	18
全年	7	10	8	7	5	5	4	4	5	8	7	3	2	2	3	4	16

1975~2015年风频年平均值表

图4-27　淮北市区风频、风速、风向分析

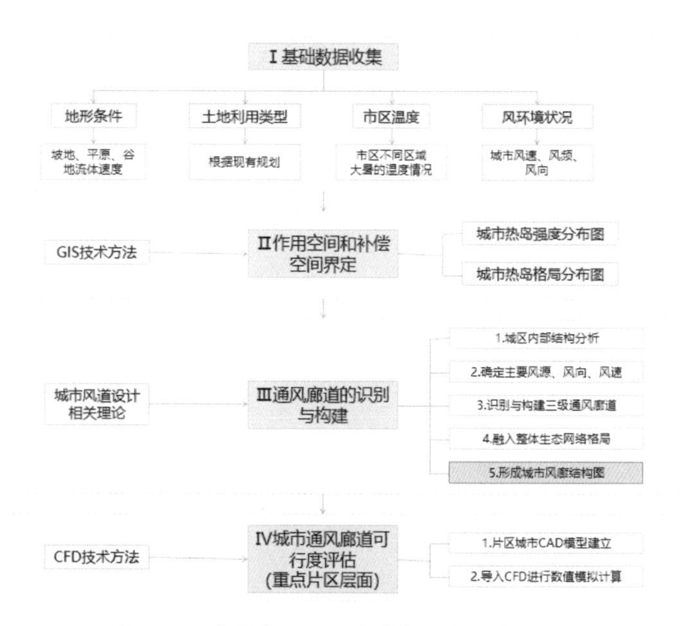

图4-28　淮北市区通风廊道体系分析路径

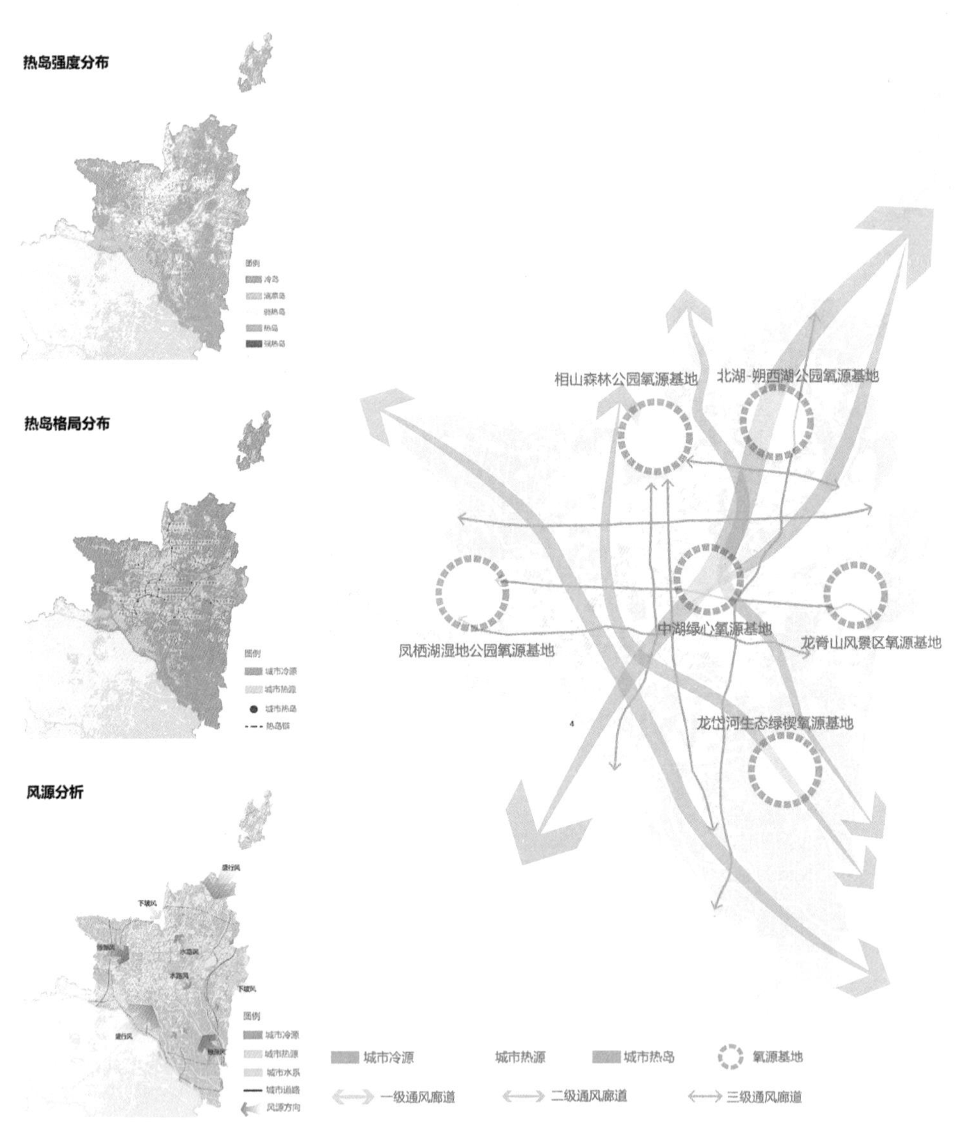

图4-29　淮北市区通风廊道体系分析

分别为“岱河—闸河”城市通风廊道、萧濉新河通风廊道、“王引河—南沱河”通风廊道，通风廊道宽度控制下限为200m；三级通风廊道有6条，分别为长山路通风廊道、孟山路通风廊道、梧桐路通风廊道、人民路通风廊道、沱河路通风廊道以及烈山大道通风廊道，通风廊道宽度控制下限为80m。

4）防灾避难体系

由避难点及避难通道组成，各分为两级（图4-30）。

①避难点：即躲避灾害、免受侵袭的安全场所。一级固定避难点包括相山森林公园、中湖湿地公园、东湖公园、朔西湖公园、南湖公园、乾隆湖公园等有大面积开敞空间的城市公共绿地，须设置综合防灾避难设施，保证人均有效避难面积不小于2m²；二级固定避难点包括面积10hm²以上且地势平坦、开敞空间为主的其他城市绿地，应设置基本防灾避难设施，保证人均有效避难面积不小于2m²。其他面积0.2hm²以上的公共绿地、学校操场、体育场及广场等开敞空间，可作为紧急避难场所共同构成防灾避难体系。

图4-30　淮北市区防灾避难体系分析

②避难通道：即通达避难点的连接性通道。一级救灾疏散通道主要依托城市主干道包括人民路、沱河路、东山路、濉溪路、烈山大道、梧桐路、龙山路、北外环路、滨河路等，部分结合铁路防护廊道，联系城市片区及一级固定避难点；二级救灾疏散通道主要依托城市次干道，联系二级固定避难点，点线结合，主次分明。

5）生态安全体系空间综合

由雨洪管理体系、灾害防治体系、通风廊道体系、防灾避难体系共同叠加统合，形成了能够确保城市生态健康、安全的生态安全体系，总面积29617.62hm²，可划分为三级生态安全区域（图4-31）。

①一级安全区域：包括华家湖水库、南湖公园、中湖湿地公园、东湖公园、北湖郊野湿地公园、朔西湖郊野湿地公园、乾隆湖公园以及凤栖湖湿地公园，闸河、龙河、龙岱河、岱河、萧濉新河、王引河、南沱河等对于城市防洪排涝、灾害防治、通风及防灾避难等生态功能起决定性作用的复合型城市大型水绿空间，总面积13623.43hm²。

②二级安全区域：包括老濉河、西流河、跃进河、新北沱河、老巴河等以排涝功能为主的二级河流，濉符沟、吴林沟、相阳沟、姬沟、长符运河等两侧生态用地宽度大于10m的沟渠水系，一级安全区域以外、面积大于10hm²的城市绿地，以及主要高压走廊及铁路防护绿廊等对城市生态安全起重要辅助作用的生态空间，总面积7029.38hm²。

③三级安全区域：包括朱庄矿社区公园、烈山区社区公园、朱庄路游园等面积介于0.2~10hm²之间的小型社区公园及街头绿地，丁任沟、黄任沟、南湖路沟等两侧生态用地宽度小于10m的明沟水系等对城市生态安全起一般辅助作用的生态空间，总面积8964.81hm²。

（2）生境保育体系

基于生境系统格局分析，由生境源地体系、迁徙廊道体系、生物踏脚石体系三部分所组成。综合建构路径如图4-32~图4-34所示。

图4-31 淮北市区生态安全体系布局

图4-32 淮北市区生境保育体系分析路径

1）生境源地体系

生境源地布局综合考虑现状及规划生态斑块的规模及其类型，由湿地生境源地、山地生境源地、水域生境源地、郊野公园生境源地以及城市绿地生境源地五个类型所组成。淮北市生境源地集中地带主要由北湖—朔西湖绿核、中湖湖链绿核、相山绿核、龙脊山绿核、凤栖湖绿核、高铁南站组团绿核组成。

其中，湿地生境源地包括凤栖湖湿地公园、中湖湿地公园等；山地生境源地包括相山、龙脊山、老虎洞、蔡山等；水域生境源地包括朔西湖生态公园、北湖生态公园、华家湖水库等。

郊野公园生境源地包括华家山、朱山郊野公园、花山郊野公园、烈山、卧牛山、青龙山、三五山、四山郊野公园、王引河滨水湿地公园、刀山郊野公园、平山郊野公园、孤山郊野公园等；城市绿地生境源地：包括刘庄公园、东湖公园、东湖风景区、乾隆湖公园、烈山公园、南湖公园、虎山公园等。

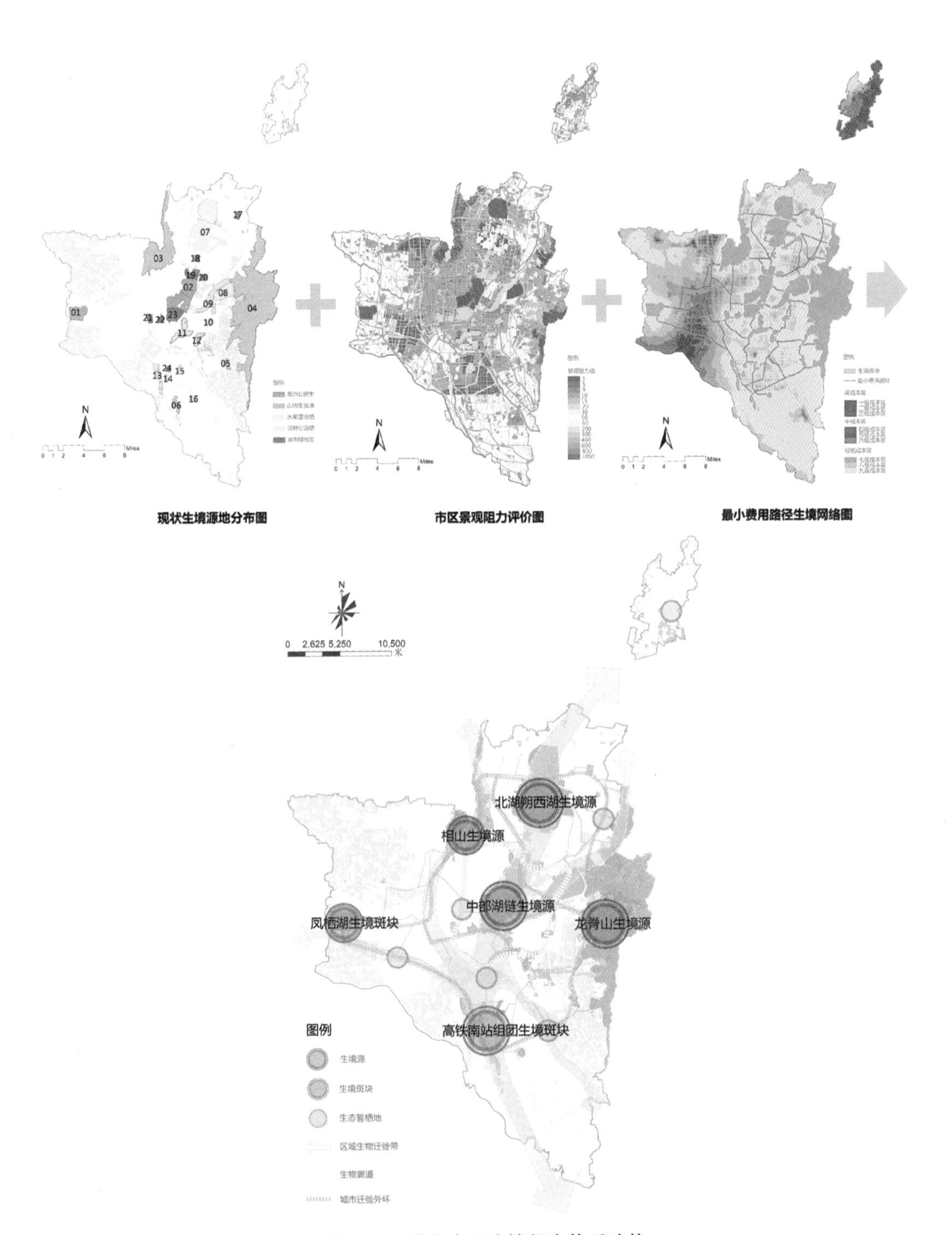

图4-33 淮北市区生境保育体系建构

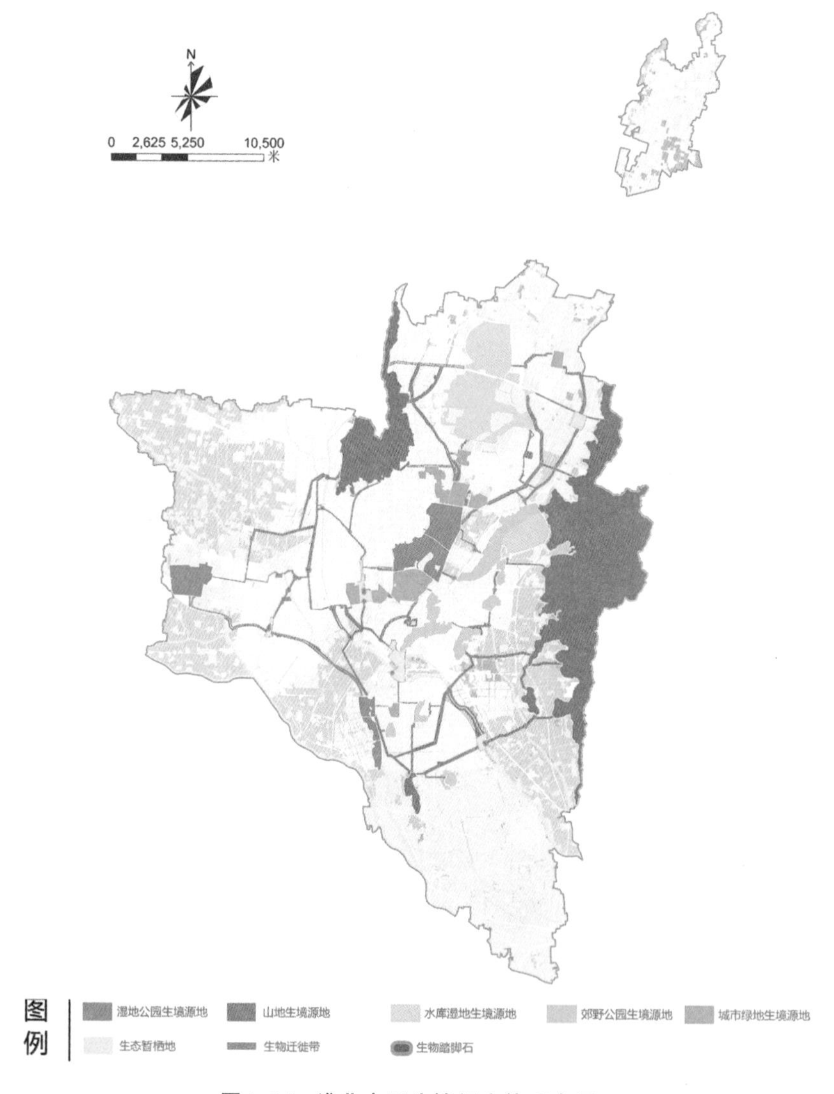

图4-34 淮北市区生境保育体系布局

2）迁徙廊道体系

迁徙廊道主要由生态环境较好的生态廊道构成。结合生境源地与其他生态空间的分布，寻找各级生态裂点，借助景观阻力评价（表4-17）、最小费用路径的分析方法，明确生态廊道的连通措施以构建生物迁徙路径，进一步架构整体生境空间体系布局。淮北市迁徙廊道包括萧濉新河生境廊道、老濉河生境廊道、龙河生境廊道、龙岱河生境廊道、岱河生境廊道、闸河生境廊道、王引河生境廊道、南沱河生境廊道、西流河、跃进河等河流生境廊道以及重要的道路生境廊道等。

不同土地类型的景观生态阻力值 **表4-17**

土地利用类型	亚类	景观生态阻力	土地利用类型	亚类	景观生态阻力
自然保护区、湿地公园	国家级	1	水域	其他水域	400
	省级	3	建设用地	居住用地	600
	市级及其他	5		公共管理与公共服务用地	800
森林公园、地质公园	国家级	3		商业服务业设施用地	800
	省级	5		工业用地	1000
	市级及其他	7		物流仓储用地	1000
湿地、林地	面积 > $100hm^2$	3		公用设施用地	1000
	面积 > $50hm^2$	5		农村居民点	600
	面积 < $50hm^2$	9	城市绿地	公园绿地	20
风景名胜区	—	15		防护绿地	30
山地	面积 > $100hm^2$	10		道路绿地	60
	面积 < $100hm^2$	15		其他绿地	20
农田或耕地	—	50	道路与交通设施用地	高速公路或铁路	600
园地	—	30		快速路、主干道	400
草地	—	30		次干道及其他	300
水域	河流水面、水库水面	600	其他	—	200

备注：景观阻力取值范围为 1 ~ 1000。

3）生物踏脚石体系

踏脚石体系主要是生物迁徙带与道路等干扰性较强的要素交汇点形成的生境斑块，当生境迁徙廊道在城市中遇到了不可逾越的阻碍，而采取的断续的生态连接方式。淮北市生态踏脚石包括萧濉新河与梧桐路交叉处绿地斑块、闸河与烈山大道交叉处绿地斑块等迁徙廊道断裂处的生境斑块。

（3）缓冲防护体系

基于生态与城市的缓冲过渡、防护隔离等功能，缓冲防护体系由环城绿带体系、河流防护体系、交通防护体系以及设施防护体系四个部分所构成，且在绿带宽度上按照表4-18进行控制（图4-35、图4-36）。

淮北市区缓冲防护体系宽度控制表　　表4-18

缓冲防护体系	子类型	两侧绿带宽度（m）	面积（hm^2）	比例（%）
环城绿带体系	—	200 ~ 11000	18849.45	53.42
交通防护体系	铁路	60	8408.22	23.83
	高速公路	60		
	快速路	40		
	城市道路	20 ~ 25		
设施防护体系	—	15 ~ 800	930.20	2.64
河流防护体系	—	15 ~ 80	7099.57	20.12
总计	**—**	**—**	**35287.44**	**100**

1）环城绿带体系

结合城市建成区外围的郊野公园、森林公园、湿地公园、自然保护区、风景名胜区以及林地、园地、耕地等农林生态用地共同组成，作为城市外围用于生态缓冲与限制建设的生态化区域。环城绿带能够有效防治城市无序蔓延，并促进城乡空间合理过渡，绿带最小宽度不小于200m，最大宽度8～10km，总面积约18849.45hm^2，包括相山森林公园、凤栖湖湿地公园、蔡山公园、孤山郊野公园、四山郊野公园、华家山水库、华家山、朱山郊野公园、刘庄公园、龙湖公园、朔西湖郊野湿地公园以及部分南沱河防护绿带、新濉河防护绿带和部分外环防护林带、农业生态园等。

2）交通防护体系

结合城市交通及道路设施，依据相关规范要求，以道路交通环境及交通安全的保障为目标，道路交通防护体系由铁路防护绿带、高速公路防护绿带、快速路防护绿带、城市主干路绿带等组成，其宽度按表4-19控制。

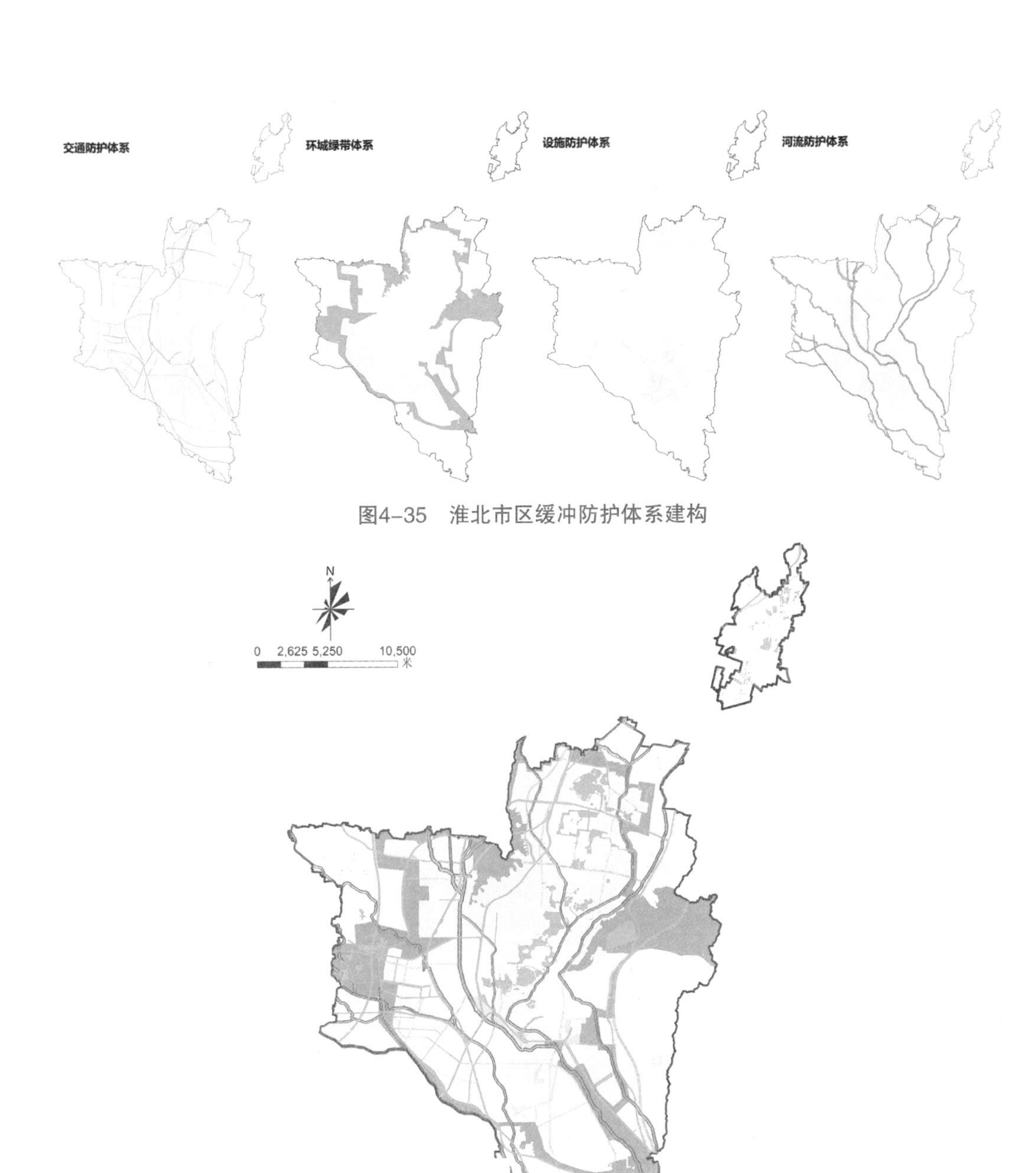

图4-35　淮北市区缓冲防护体系建构

图4-36　淮北市区缓冲防护体系布局

淮北市区道路防护体系宽度控制表　　表4-19

道路类型	道路名称		两侧防护绿带宽度（m）
铁路	符夹线、濉阜线、青阜铁路以及煤矿铁路专用线等		60
高速公路	合徐高速、连霍高速		60
快速路	市区内省道、外环路		40
城市道路	龙山路	东湖路—人民路段	25
	梧桐路	北外环—沱河东路段	20
	其他规划道路	开渠路、沱河路、孟山路等	30

3）设施防护体系

为保护城市环境及城市安全，结合城市特定基础设施，依据相关规范要求，于设施周边划定一定范围的防护隔离绿带，包括高压走廊，变电站、燃气管道、污水厂、环卫设施等防护绿带，以保障城市环境及城市安全，其宽度按下表4-20控制。

淮北市区设施防护体系宽度控制表　　表4-20

基础设施类型		两侧防护绿带宽度（m）
高压走廊	110kV	30
	220kV	60
	500kV	80
变电站	—	15～800
其他基础设施	污水厂、供水厂、环卫设施等	15～60

4）河流防护体系

结合城市河流水系，依据相关规范要求，同时考虑防洪规划、绿线规划等其他要求，划定河流两侧生态绿地，以保障河流生态环境以及水利生态安全。包括萧濉新河、洪碱河、湘西河、闸河、龙河、岱河、王引河、南沱河等城市重要河流水系，河流两侧生态廊道宽度分别为15～80m不等，其宽度按表4-21控制。

淮北市区河流防护体系宽度控制表 **表4-21**

河流名称	河段	防护绿带宽度（m）（水工建筑物用地线外）
萧濉新河	闸河口—龙岱河口	左岸不小于30，右岸不小于濉河路红线
洪碱河	会楼闸—市界	常水位线外80
闸河	河口—拖山闸	60
	拖山闸—山河沟口	80
	山河沟口—许岗子闸下	60
龙河	跃进沟—市界	15
岱河	202省道—市界	30
王引河	引河口—汴河路	30
	濉河西路—省界	30
南沱河	戚岭孜—市届	30
新北沱河	引河口—市届	30
湘西河	萧濉新河—市届	30

（4）风景游憩体系

基于风景游憩资源整合以及游憩需求，构建由自然公园体系、人文游憩体系、风景绿道等构成的风景游憩体系（图4-37、图4-38，表4-22）。

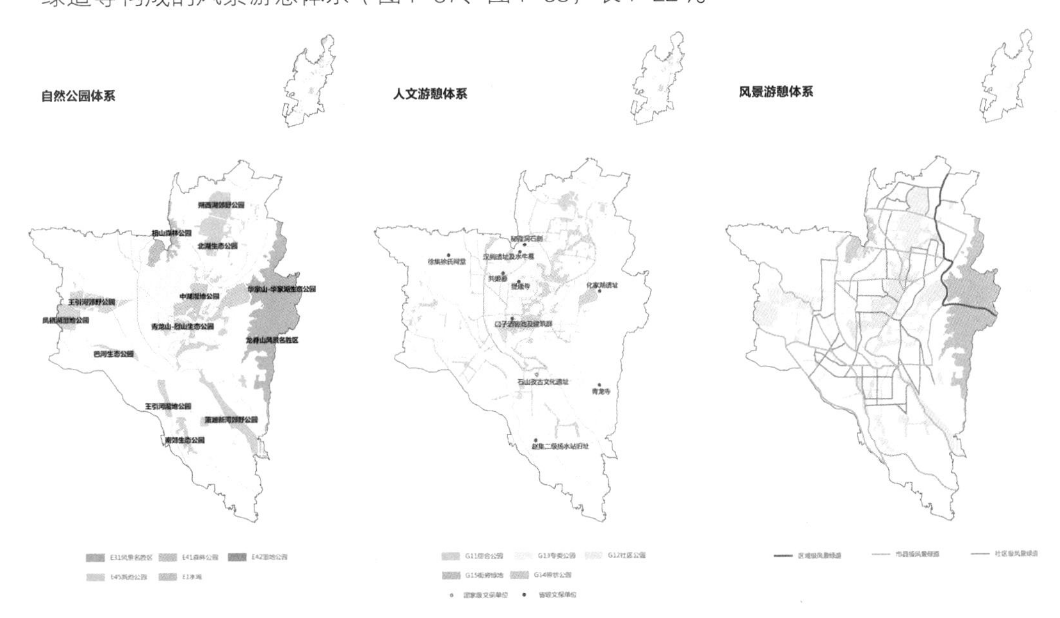

图4-37 淮北市区风景游憩体系建构

图4–38 淮北市区风景游憩体系布局

淮北市区风景游憩资源汇总表 **表4-22**

风景游憩体系		面积（hm^2）	比例（%）
自然公园体系	E31 风景名胜区	7492.98	28.79
	E41 森林公园	1079.62	4.15
	E42 湿地公园	2597.85	9.98
	E45 其他公园	7940.83	30.51
	小计	**19111.28**	**73.43**
人文游憩体系	G11 综合公园	2122.57	8.16
	G13 专类公园	36.52	0.14
	G12 社区公园	477.03	1.83
	G15 街旁绿地	121.33	0.47
	G14 带状公园	4156.81	15.97
	文化遗产	10 处	—
	小计	**6914.26**	**26.57**
风景绿道体系	区域级风景绿道	·步行道：生态郊野型 1m；都市型 2m ·自行车道：单车道 1.5m；双车道 2.5m ·综合慢行道：生态型 2m；郊野型 3m；都市型 6m	
	市区级风景绿道		
	社区级风景绿道		
总计		**26025.54hm^2**	

1）自然公园体系

整合自然风景资源，构建以自然保护区、风景名胜区、森林公园、湿地公园、郊野公园、地质公园等在内的自然型游憩空间体系。淮北市的自然公园体系主要包括龙脊山风景名胜区、相山森林公园、凤栖湖湿地公园、中湖湿地公园、王引河湿地公园以及北湖生态公园、朔西湖郊野公园等其他公园。用地面积为19111.28hm^2，其中风景名胜区面积约7492.98hm^2，森林公园面积为1079.62hm^2，湿地公园面积为2597.85hm^2，其他公园为7940.83hm^2。

2）人文游憩体系

整合人文游憩资源，构建以历史村落、传统街区、遗迹景点、城市公共绿地等在内的具备文化、游憩功能的人文型游憩空间体系。淮北市人文游憩体系包括东湖公园、南湖公园、乾隆湖公园等综合公园，儿童公园等专类公园，世纪广场、龙湖公园等社区公园，萧濉新河、老濉河、龙河等带状公园，石山孜古文化遗址、显通寺等十处文化遗产以及各类街旁绿地。用地面积为6914.26hm^2，其中综合公园面积为2122.57hm^2，专类公园面积为36.52hm^2，社区公园面积为477.03hm^2，街旁绿地面积为121.33hm^2，带状公园面积为4156.81hm^2。

3）风景绿道体系

包括河滨、溪谷、山脊、风景道路等自然和人工建立的，可供行人和骑行者进入的景观游憩线路及其游憩配套设施组成的生态廊道。分为区域级风景绿道、市区级风景绿道、社区级风景绿道三级；其中，步行道宽度控制方面，生态郊野型应达1m以上，都市型应达2m以上；自行车道宽度控制方面，单车道应达1.5m以上，双车道应达2.5m以上；综合慢行道宽度控制要求上，生态型应达2m以上，郊野型应达3m以上，都市型应达6m以上。

（5）农业生产体系

整合市区对于城市生态空间体系整体建构有必要纳入的农业生产型用地，依据土地利用总体规划确定的各类水域、林地、园地、耕地等，构建城郊农林复合生态系统，用地总面积为37728.88hm^2（图4-39，表4-23）。

淮北市区农业生产体系汇总表　　　表4-23

农业生产型体系	面积（hm^2）	比例（%）
E23 耕地	11230.15	29.77
E21 林地	4145.08	10.99
E22 园地	866.80	2.30
E1 水域	4973.42	13.18
重要生态林地保护区	16513.43	43.77
总计	37728.88	100%

其中耕地面积为11230.15hm^2，占农业生产型用地的比例为29.77%；林地面积为4145.08hm^2，比例为10.99%；园地面积为866.80hm^2，比例为2.30%；水域面积为4973.42hm^2，比例为13.18%；重要生态林地保护区面积为16513.43hm^2，比例为43.77%。

这些农业生产性质的土地空间，按照生态化建设的要求，在不改变土地属性的前提下，增强了生态系统功能，对于整体城市生态空间体系的系统与完整的建构具有关键的补充价值。

图4-39 淮北市区农业生产体系布局

4.4.6 市区生态空间体系空间建构

（1）生态空间结构

基于淮北市区空间形态特征与生态格局的分析，规划形成“一轴、一带、四楔”的市区生态空间体系结构（图4-40）。其中：

“一轴”：即朔西湖—中湖—南湖等多个生态湖泊及南部生态田园等构成的中部湖链生态轴，形成南北生态通廊，占据城市核心生态地位；

“一带”：即永久性城市绿带，依托主要河流闸河、王引河等，连通建成区外围的防护绿带、林地及部分农林生态用地，形

图4-40 淮北市区生态空间体系结构

成与城市契合的串联“四楔”的环状城市绿带；

“四楔”：即相山生态绿楔、龙脊山—华家湖—华家山生态绿楔、萧濉新河生态绿楔、凤栖湖—王引河生态绿楔，从不同方向将城郊生态资源连通并导入城市，构成城市生态骨架。

（2）生态空间布局

依据市区生态空间体系结构，结合空间规划整合各类土地资源，以生态连接为核心手段，建立市区生态资源要素的空间联系，形成由生态斑块、生态廊道、生态基质等空间要素共同构建的网络化生态空间体系。市区生态空间体系总用地规模54178.54hm^2，占市区国土总面积的56.60%（图4-41，表4-24）。其中：

淮北市区生态空间用地构成表　　表4-24

类别代码			类别名称	现状		规划	
大类	中类	小类		面积（hm^2）	比例（%）	面积（hm^2）	比例（%）
			非建设用地	**21463.88**	**92.77**	**40168.77**	**74.14**
E	E1		水域	6432.76	27.80	4973.42	9.18
	E2		农林生态用地	14209.82	61.41	16084.07	29.69
		E21	林地	5420.65	23.43	4145.08	7.65
		E22	园地	2851.06	12.32	866.80	1.60
		E23	耕地	—	—	11072.19	20.44
		E24	其他农林用地	5938.11	25.66	—	—
	E3		风景名胜及保护区	326.99	1.41	7492.98	13.83
	E4		生态公园	494.31	2.14	11618.30	21.44
			建设用地	**1673.66**	**7.23**	**14009.77**	**25.86**
H	G1		公园绿地	1090.11	4.71	6908.20	12.75
	G2		防护绿地	583.55	2.52	7101.57	13.11
			总计	**23137.54**	**100.00**	**54178.54**	**100.00**

公园绿地6908.20hm^2，主要分布在城市水体、自然山体周边，包括东湖公园、南湖公园、乾隆湖公园等综合公园，儿童公园等专类公园，世纪广

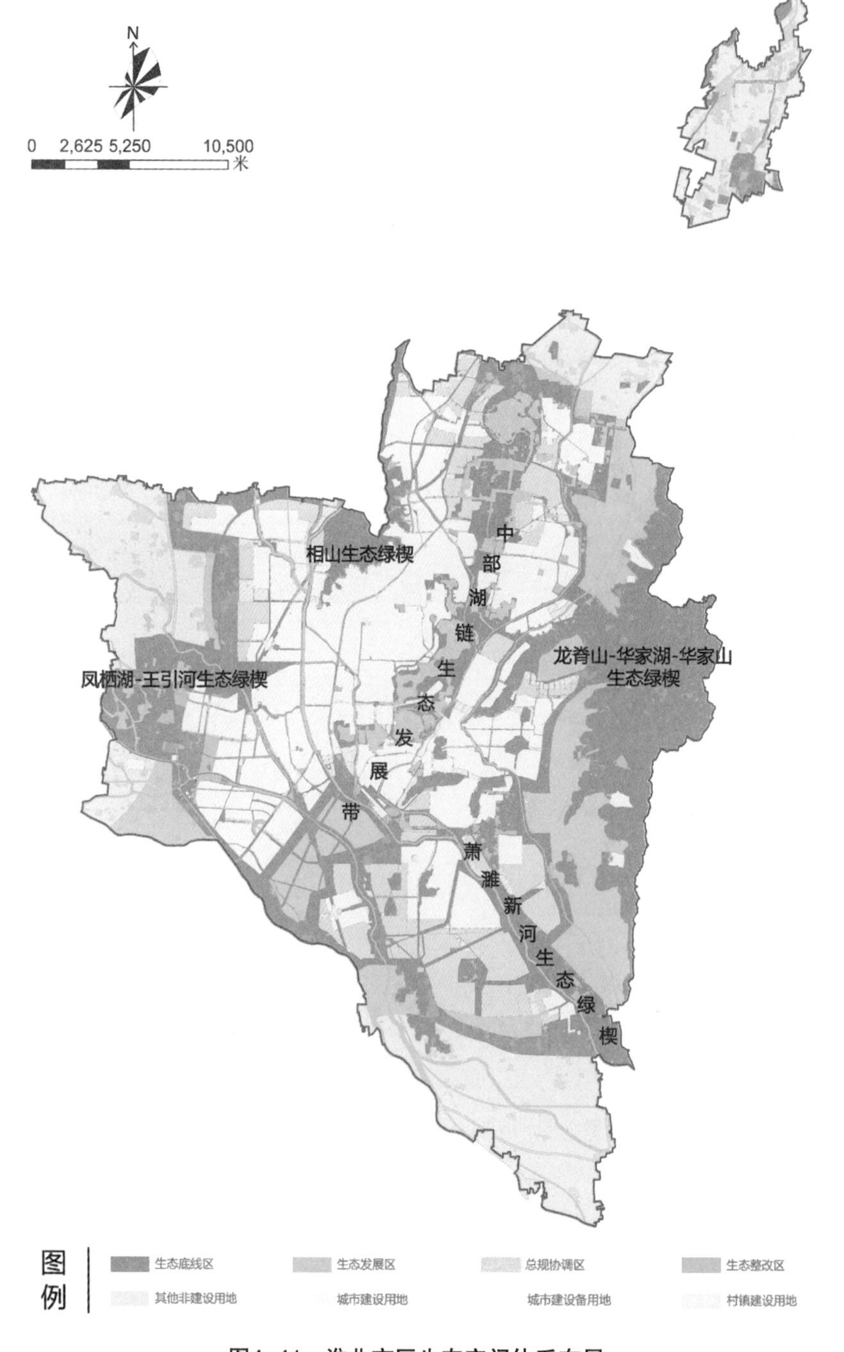

图4-41 淮北市区生态空间体系布局

场、龙湖公园等社区公园，萧濉新河、老濉河、龙河等带状公园；

防护绿地7101.57hm^2，主要分布在道路、河流、高压线两侧，基础设施用地周围以及城市外围，包括道路防护绿地、河流防护绿地、基础设施防护绿地、外围环城绿带等；

风景名胜及保护区7492.98hm^2，主要是龙脊山风景名胜区；

生态公园11618.30hm^2，主要是相山森林公园、凤栖湖湿地公园、中湖湿地公园、王引河湿地公园以及北湖生态公园、朔西湖郊野公园等其他公园；

农林生态用地16084.07hm^2，主要是林地、园地、耕地；

水域4973.42hm^2，主要是中湖、南湖、东湖、北湖、朔西湖、华家山水库、老濉河、萧濉新河、闸河、龙河、岱河、龙岱河、王引河、南沱河等。

（3）生态空间区划

依据生态安全评价以及生态功能区划，结合生态空间与城市建设空间之间的关系建立市区生态空间体系的“一带三区”，分别是永久性城市绿带、核心保护区、边缘交融区、外围缓冲区四类生态空间类型，并为下一步的生态空间的建设与管控提供条件（图4-42、图4-43，表4-25）。

淮北市区生态空间体系区划 **表4-25**

建构分区	面积（hm^2）	百分比（%）
永久性城市绿带	18849.45	35.51
核心保护区	19341.00	36.44
边缘交融区	2424.68	4.57
外围缓冲区	12465.35	23.48
总计	**53080.48**	**100%**

1）永久性城市绿带

结合城市开发边界划定，以及开发边界周边河流水系、公园、林地、耕地等生态资源部分，划定环状连续的生态化区域作为淮北市的永久性城市绿带；总用地面积为18849.45hm^2，由以下生态空间构成：

①绿楔：龙脊山—华家湖—华家山生态绿楔、相山生态绿楔、凤栖湖—王引河生态绿楔、萧濉新河生态绿楔；

②河流生态绿带：城市集中建设区外围主要河流闸河、王引河等滨河生

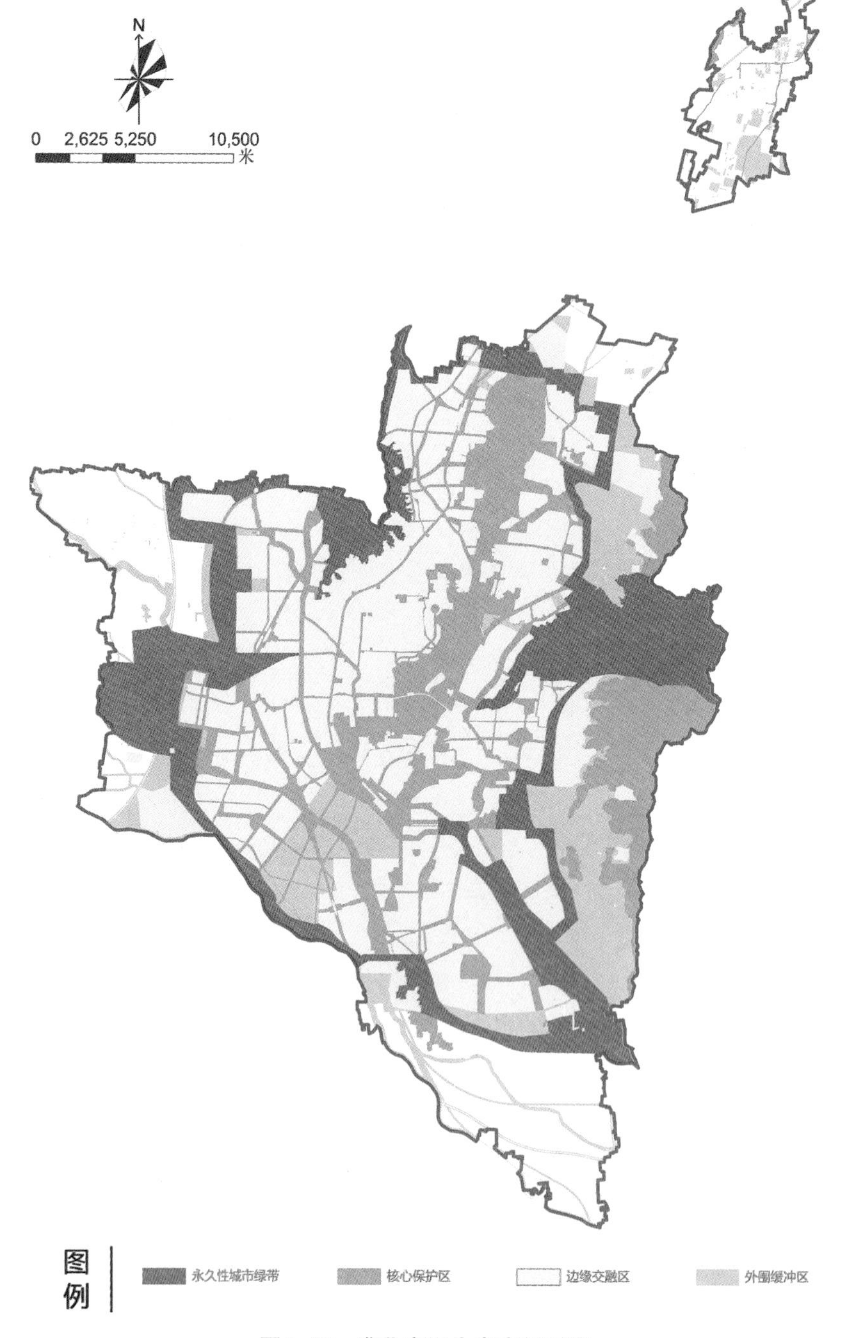

图4-42 淮北市区生态空间区划

图4-43 淮北市区生态空间体系区划（“一带三区”）

态绿带；

③其他连通性环状绿地：建成区外围的防护绿带、林地及部分农业用地等宽度不小于200m的环状绿带。

2）核心保护区

核心保护区是对体系功能与结构均具有核心意义，需要实施最严格管控的生态化区域。淮北市核心保护区总用地面积19341.00hm^2，主要其由以下生态空间构成：

①龙脊山风景名胜区（非永久性城市绿带部分）、朔西湖生态公园、北湖生态公园、中湖湿地公园等生态保护红线范围内区域；

②南湖公园、东湖公园、萧濉新河带状公园、防护绿地等城市绿线范围内区域；

③城市生态低安全区中对生态空间体系功能及结构均具有核心意义的生态化区域。

3）边缘交融区

边缘交融区是位于规划建设用地与永久性城市绿带外围的，对整体生态格局与城市空间发展起渗透、融合作用的生态化区域。淮北市边缘交融区总用地面积2424.68hm^2，分别为处于规划建设用地、永久性城市绿带及核心保护区外围的5处管控单元，具体位置在朔西湖北、龙脊山北、龙脊山风景区主入口附近、规划区西南部以及凤栖湖南部，融合生态与城市发展的生态保护区域及与其相兼容的生态建设区域。

4）外围缓冲区

外围缓冲区是在城市生态空间体系内，位于核心保护区与边缘交融区之外的，对城市建设发展具有缓冲作用的生态化区域；淮北市外围缓冲区总用地面积达12465.35hm^2。

4.5 小结

城乡空间是包括城镇生活、农业生产以及自然生态在内的各类空间相互融合、作用的组合体，国土空间规划层面则将其统称为城镇空间、农业空间和生态空间，并将与之相对应的三条控制线，即生态保护红线、永久基本农田、城镇开发边界施行最严格的刚性管控。空间主体功能类型的明确与刚性控制线的划定为土地资源的整合优化、高效利用、发展的稳定持续以及生态的安全运行提供了保障，亦一定程度割裂了生态功能及生态过程的完整性与系统性，忽略了各类空间实质的依赖与关联。

贯彻新时代战略部署、践行绿色发展理念，以加强城市空间治理、改善生态环境质量、提升城市综合效能为核心，借助土地空间资源整合的契机，放眼于区域并以一种高度联结的空间组织形态在三类主体功能空间之间建立起生态关联，于持续的城镇化、生态化发展过程中建构起覆盖城乡地域范围的完整、连续、高效的生态空间体系，是寻求城市生态空间最为科学、合理、有效的发展战略及布局方法。因此，本章所探索的城市生态空间体系规划，它既是一种针对城市生态专项问题的研究，又是一种关系城市整体形态和生态环境大格局的系统部署，它统筹了经济社会发展、城乡发展的需求及生态保护的使命，是作为国土空间规划的重要前提，同时也为城市发展和空间优化奠定了良好基础和重要支撑。

城市生态空间体系追求平衡的发展模式为城市的绿色发展指明了方向，也协调了保护与利用的关系，引导了一条持续、共生、友好的和谐之路。本章结合皖北城市淮北市，提出了完整的城市生态空间体系的建构路径，建立于要素识别、安全评价的基础，分别开展了市域生态空间体系建构、市区生态空间体系功能建构、市区生态空间体系空间建构，建立了一整套结构合理、系统稳定、功能完善、空间融合的网络化城市生态空间结构与布局的技术与方法，并期冀以此来引导城市整体形态与生态环境大格局的优化。

环境与生态问题，从根本意义上来说不只是简单的科学问题，它更是一种思想问题。[1]

——[法]皮埃尔·卡兰姆（Pierre Calame）

---

① 皮埃尔·卡兰姆．跨文化对话[M]．上海：上海文化出版社，2002．

城市生态空间体系建构技术及城市空间优化

5

CHAPTER 5

Construction Technology of Urban Ecological Space System and Urban Space Optimization

不仅仅立足于以人为单一的核心，同时也立足于生态本位，以协同发展意识看待城市系统，实质上是一种“生态—经济—社会”的复合生态系统。因而，将生态放置于整体城市，基于生态空间与城市空间的关联角度，打破“就绿地论绿地”的思维定式，探索将生态过程融入城市空间的运行机制，寻求城市生态空间“效能”得以激发的原理与方法，进而作为“空间”载体合理配置的理性支撑。而基于空间“效能”的视角，针对城市空间系统重新界定并加以划分，则是试图推翻陈旧、教条的思维，以一种全新思路与广阔视野指引科学、理性的城市生态空间体系建构技术，进而引导城市空间结构与空间形态的优化。

5.1 生态空间效能视角下的城市空间系统

依据第3章中开展的效能空间的解构，将城市生态空间的效能空间划分为生态主体区、生态边缘区、生态影响区与生态辐射区四个空间要素；反之，基于生态本位论以及生态空间效能视角，针对城市空间进行重新定义，从生态空间本体、生态空间周边接受直接影响的区域，以及生态空间在整体城市中的影响拓展区域三个空间尺度，分别提出城市空间的“本体—本体”系统、“本体—影响区”系统、“本体—辐射区”系统三大空间系统（图5-1）。

5.1.1 “本体—本体”——连接系统

“本体—本体”系统即指城市生态空间本体的自身连接系统，是由生态空间中的斑块、廊道等空间要素自身相互连通而形成完整的空间体系结构。生态空间自身系统的建构强调其构成要素之间在形态、结构及功能上的相互连接程度，依赖于廊道的联系串接起城市中破碎的绿地斑块为一个整体，从而保持生态过程在空间及功能上的完整与连续。故而，“本体—本体”系统又可称作为城市生态空间的连接系统。

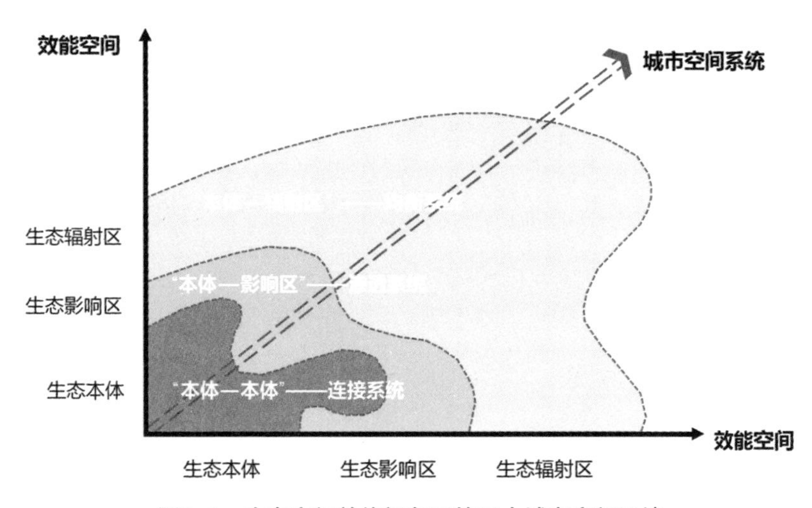

图5-1 生态空间效能视角下的三大城市空间系统

5.1.2 “本体—影响区”——渗透系统

“本体—影响区”系统即指生态空间与相邻地块系统，是由生态空间本体与受其直接影响的区域所共同构建。因生态空间的外部增强特性以及生态功能的外溢特征，其对于生态空间周边的直接影响区域在生态、社会、经济、环境等多方面均产生深层影响与渗透，导致其在诸多方面呈现出有别于城市其他地段的差异化。故而，“本体—影响区”系统又可称为城市生态空间的渗透系统。

5.1.3 “本体—辐射区”——均衡系统

“本体—辐射区”系统即指生态空间与整体城市系统，是本体面向于整体城市的间接辐射与影响覆盖。生态空间在城市中维持了自然的连续与作用，从而带来城市各空间单元之间的物种、能量的沟通、交流与交换。在生态空间与整体城市系统的建构研究中强调通过何种布局使得这一辐射影响区域最大化，即城市影响覆盖面增加，这与生态空间的整体格局、分布模式以及布局密度等直接关联。故而，“本体—辐射区”系统又可称作为城市生态空间的均衡系统。

5.2 效能引导的城市生态空间体系评价

城市生态空间体系的评价，实质上是对于城市生态空间体系建构成效的校验，也是对于生态空间体系的生态效能及其在城市之中所引导的其他综合效能的一种科学评判。评价不仅起到分析鉴定的作用，评价结论同样也是作为生态空间体系建构之时的一种效能验证与方向引导。

5.2.1 指标提取原则

在高度融合、科学提炼的基础上，源于图论的原理与方法对于城市生态空间开展结构、功能的表达，于大量空间测度指标中提炼出具有高度信息特性的生态空间指标，并符合以下原则：

（1）指标综合反映信息能力强，具有高度浓缩信息，既保障评价体系的完备，又确保评价技术的科学合理；

（2）指标具备前瞻导向性，评价结果对于指导空间结构及布局具有时代特征及意义；

（3）指标数据易于获取，可查、可量化、可对比，便于建立评价模式并开展数理分析。

5.2.2 三大评价指标

针对生态空间开展评价与调查，应筛选影响生态空间生存及运行的关键因子。依据指标提取原则，基于系统维度对应于城市三大空间系统，从三个空间尺度与层次分别提出以连接度、渗透度、均衡度三个指标为构架的“效能—空间”关联评价体系，即城市生态空间系统评价三指标（图5-2）。

城市生态空间系统评价三指标分别从不同层面高度浓缩了生态空间的规模、格局、形态等空间信息，同时反映了生态空间内部生态流过程以及面向城市发挥各项效益的能力，兼具功能性、结构性的双重属性。指标通过对于空间结构和生态过程之间关系的探索，在城市生态空间研究的基础上综合了效能运行影响，为生态环境保护、绿地生态格局优化提供了科学依据，为科学评定

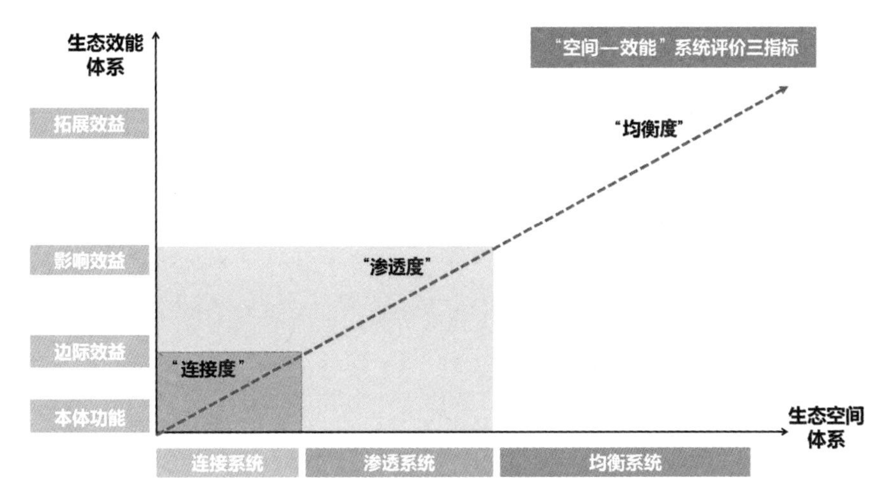

图5-2　效能引导的城市生态空间体系评价三指标

城市生态空间并运用空间手段实现增效目标提供了方法与路径。

（1）连接度

无论是传统绿地系统所强调的"点—线—面"的绿地格局，还是景观生态学的"斑—廊—基"提倡的生态连通，在绿地生态本体空间方面，一直的关注重点在其空间的完善以及体系化上，也即生态连接。

生态空间体系的连接度是表达生态过程在不同生态空间要素之间运行的顺利程度，是对生态空间要素连续性的度量，是衡量城市生态空间自身连接程度的指标。对应于生态空间"本体—本体"系统，通过维护和发展生态空间自身的连接关系，对于生态本体效能意义关键，有助于推动有限城市空间内的生态过程，完善生态机能，促进城市或区域生态功能的发挥。

连接度在空间上呈现为生态空间的布局连接或邻接关系，在功能上则反映物种、能量、信息等生态流在生态空间本体内部流通、扩散和生存的能力，兼具功能性及结构性二重属性。生态连接基于空间连通对于城市生态空间的生态效益，如生物多样性保护、生态流运移、生态环境的改善以及人类休闲游憩的可达等效益的发挥至关重要。因而在城市生态保护、重建以及修复工作中，生态连接日渐被作为一种极为关键的空间措施。

（2）渗透度

生态周边地区是生态空间体系面向城市发挥影响效应的前沿阵地，生态空间与这一地区之间无论在结构或是功能上均更为紧密关联，并较为集中地体现于空间镶嵌以及功能耦合的程度方面，也即生态渗透。

生态渗透除在一定程度上决定了城市生态空间生态效益的发挥，其同时对于城市生态环境的改善、景观形象的提升、社会游憩的促进以及经济消费的拉动等方面影响重大。因此，在强调城市与绿地、人与自然相互融合的城市空间之中，生态渗透被作为一种极为关键的空间措施。

城市生态空间的渗透度主要表达绿地生态空间与接受直接影响的相邻区域之间的空间嵌合关系，并衡量其结构及功能之间的融合程度。在城市生态空间的空间系统中，“本体—影响区”系统是生态空间面向城市发挥生态效能的前沿阵地，且这一空间系统决定了绿地生态空间于城市之中所带来的直接影响效应。渗透度在空间上表现为绿地生态空间与影响区之间的相互耦合、嵌入的关系，功能上则反映生态流在生态本体与其相邻近的影响区之间渗透交流、作用影响的能力，也是同时具有功能、结构二重属性的指标。

(3) 均衡度

对于有限的城市生态空间资源，如何面向广大城市基质发挥强大的辐射效应，取决于其空间结构的科学程度以及空间分布的集散、疏密程度，也即生态均衡。

城市生态空间的均衡度是空间分布均匀程度的重要衡量，同时也是生态空间于城市中结构分布合理与否的重要反映。均衡度是衡量城市生态空间与整体城市之间分布疏密程度的指标，其对于城市生态空间在整体城市以及区域中所带来的间接影响效应具有重要的决定性。对应于生态空间“本体—辐射区”系统，均衡度主要表达绿地与整体城市或区域的关系，在空间上呈现为生态空间在城市中的布局密度，在功能上则反映了不同城市空间区域对于生态空间的可达程度及其享受生态系统服务的能力，因而同是兼具功能、结构二重属性的指标。

5.3 城市生态空间体系三大建构技术

三大指标的评价结论，一方面作为生态空间体系建构成效的分析鉴定，与此同时也为城市生态空间体系建构提供了一种验证与指引。建立于生态空间本体、生态空间周边接受直接影响的区域，以及生态空间在整体城市中的影响拓展区域三个不同的空间尺度与层次，分别通过连接性建构、渗透性建构、均衡性建构三种技术方法，整合城市各类土地资源，统筹社会经济发展、土地、资源、生态保护以及城乡发展需要，建构结构合理、功能完善、系统稳定的城市生态空间格局，进而引导健康、高效的城市生态空间体系（图5-3）。

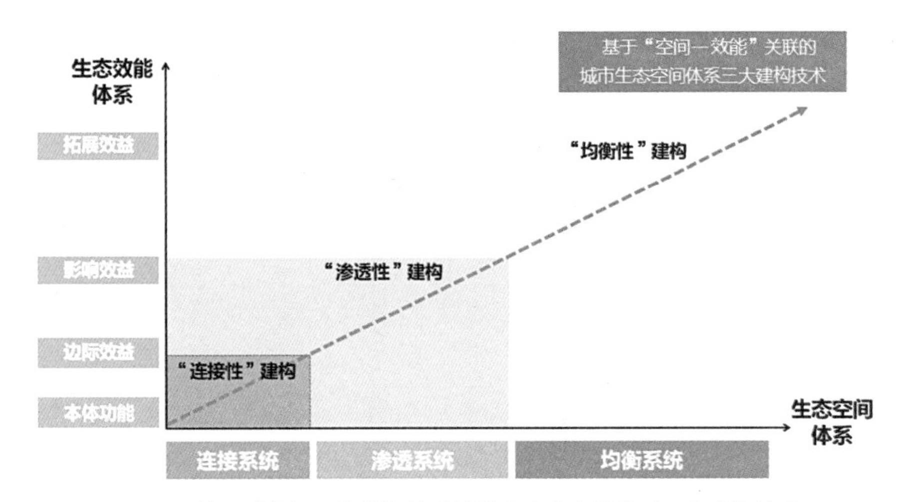

图5-3 基于“空间—效能”关联的城市生态空间体系三大建构技术

5.3.1 连接性建构

（1）连接性建构思路

生态空间连通对于生物多样性保护、物种生态流运移、生态环境改善以及休闲游憩可达等多项效益的发挥意义重大，且在当前城市生态保护、重建与修复工作中被作为一种极为关键的空间措施。系统层面上看，连接性为城市生态空间体系的重要特性，作为“效能—空间”关联指数，其研究的是生态空间自身系统（即“本体—本体”系统）功能与结构的关联，同时涵盖了结构连通性、功能连接性两个层面的含义。然而在城市生态空间塑造过程中，关于空间结构的连接，往往比功能过程上的联通要备受关注得多，这里提出从空间连接性、空间邻近性、功能连续性三个方面加强城市生态空间体系的连接性建构与优化（图5-4）。

连接性建构建立了生态空间自身的连接关系，是通过空间联接、邻近等空间布局手段，形成连续的城市生态空间体系，确保生态过程顺利进行的一种生态空间体系建构方式。连接性建构目标反映在评价指标上，则是生态空间体系连接度的提升。其以生态连接为核心手段，或是通过生态廊道的直接联接，或是暂栖地、生态溪沟等间接联接，进而建立生态功能的有机联系，形成生态空间的自身连接系统，增强物种、能量、信息等生态流在生态本体内部的流通、扩散和生存的能力，确保生态过程于不同要素间的延续，以提升生态空间的本体功能效益。

（2）连接性建构技术路径

通过找寻连接薄弱环节、分析扩散阻力方向、建构适宜连接路径三个环节分别作为连接性建构的位置引导、方向引导以及路径引导（图5-5）。

1）找寻连接薄弱环节

在城市生态空间破碎化过程中，人工基质对于发生在不连续的生态空间中的生态过程带来干扰及风险，若物种有能力穿透城市中的人工基质实现在不连续斑块间的扩散，则生态空间仍然存在着功能延续，这是除空间连接之外的一种潜在功能

空间连接性

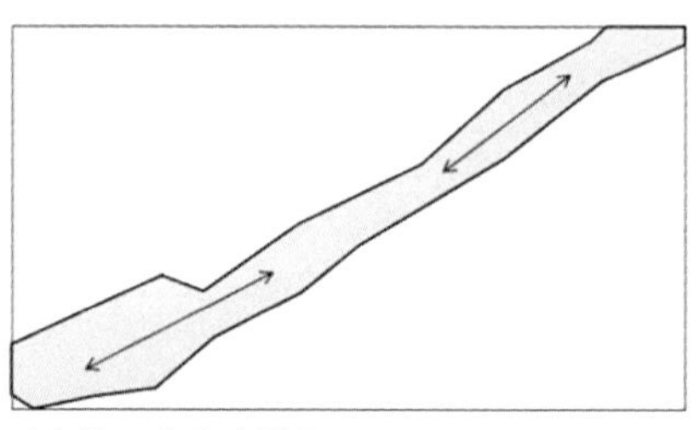

（本体：生态廊道）
直接联接

空间邻近性

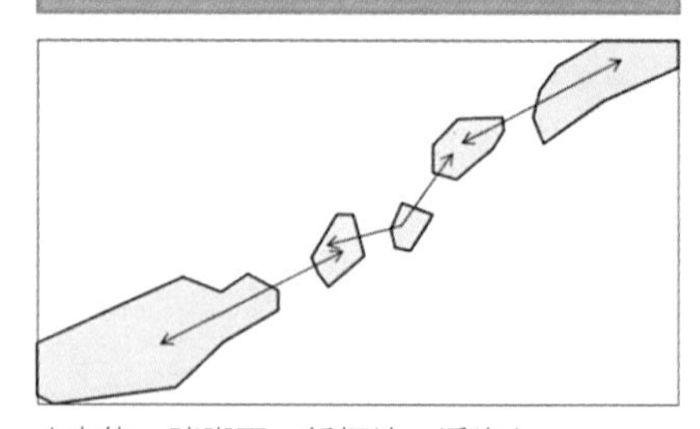

（本体：踏脚石、暂栖地、溪沟）
直接联接

功能延续性

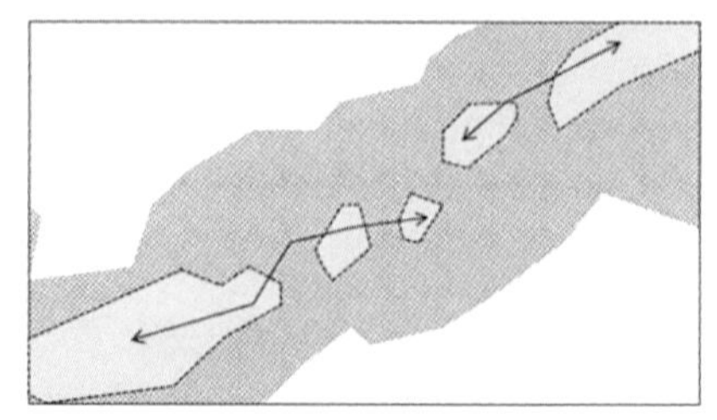

（本体：基质）
基质联接

图5-4 连接性建构思路

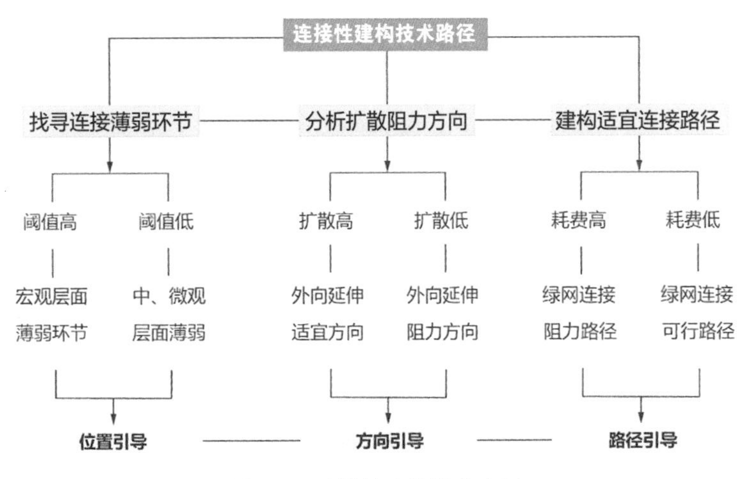

图5-5 连接性建构技术路径

连续的重要表现，距离阈值即是针对这一潜在连接性的研究方法。当仅仅针对城市生态空间要素进行研究时，可通过选取适宜的距离阈值，并以该阈值计算图谱为依据寻求城市生态空间连接的最为薄弱环节，进而直接引导生态空间的自身连接系统。

距离阈值的分析中，如何科学确定各片区适宜阈值的工作十分关键。如在生态基础薄弱地区，生态斑块间距较大，若是采用过小阈值则难以发现薄弱环节，需适当提高；而在生态覆盖率较高、生态绿化建设水平较好的区域，为进一步加强连接性则适宜选择较小阈值。由此可见，适宜阈值可作为城市生态空间体系连接度的评价指标之一。其值越小，表明连接水平越高，反之则越低。大的阈值分析可从宏观层面上寻求整体生态空间体系架构中的薄弱环节，有助于找到当前格局中的连接薄弱区域，即生态破碎地区，从而引导并识别、建构该区域中的关键生态斑块，为有效提升城市生态空间体系连接度提供思路；而小的阈值分析有助于在中观、微观层面上，即小范围内寻找提升连接度的有效办法，进一步改善局部地区绿地生态空间的连接，为完善整体生态空间格局奠定基础。

2）分析扩散阻力方向

结合城市土地利用的复杂状况，由于物种在不同介质中的适宜能力不同，故而不同人工基质对于生态空间体系连接性的影响有别。实际上，即便互为邻近，但若斑块间生态阻力系数偏大，功能连续性也会较低。距离阈值方法通过距离衡量连接度的高低，却并未考虑不同人工基质扩散阻力的差异性。因此，城市生态空间体系的连接度水平还取决于城市人工基质的组成及其空间配置，取决于物种在基质中的适宜性与渗透性，综合考虑生态斑块的临界扩散距离以及基质的扩散阻力问题，采用阻力加权法计算以生态斑块为核心的最大扩散面积，并绘制最大扩散范围图，是作为引导城市生态空间体系连接的依据之一。

依据扩散阻力的方向分析，可将扩散距离的最大方位作为城市生态空间连接的适宜性方向，因具备较大的连接潜力与前提条件，可较好地引导城市生态空间体系的连接性建构。反之，则将扩散距离最小方位作为生态空间连接的阻力方向，分析其在用地布局、空间配置等方面所存在的生态不友好、不合理之处，进而提出改造建议。同时，还应依据实际情况对于生态斑块扩散率进行合理调整，通过规划或管控手段有效拓展城市生态空间的最大扩散面积与范围，以系统、全面地提升城市生态空间连接度水平。

3）建构适宜连接路径

不同生态斑块之间的生态流需克服一定阻力方可实现其生态过程的运行连续，且在这一运行过程中，能量将随着距离的增大而衰减。不同人工基质带来的空间阻力即功能耗费的成本也是不同的，因而，对处于城市的生态空间体系来说，最小耗费距离模型考虑了不同人工基质及阻力层对于物种运动适宜性的程度差别，基于图论原理计算并分析生态斑块之间的潜在连接路径，度量物种于不同斑块间的功能连接性，以此作为引导城市生态空间体系连接的依据。

基于最小耗费距离模型，计算并绘制出独立生态斑块之间的最小可行的连接性路径，即物种、能量等生态流在扩散过程中能量损失最小的路径，并以此引导生态空间的连接。其中，生态流费用消耗最大的路径方向是城市生态空间体系连接阻力方向，其在土地用途以及空间配置等方面必然存在着影响生态效益发挥的不合理之处，故而应提出具有针对性的优化、改造建议以及措施。

（3）连接性空间建构方法

连接性建构的空间表现形式即为生态绿地的空间延续或是相互邻近。城市生态空间体系无论在规模、格局、形态等方面均存在着提升及优化空间，基于生态连接度评价的引导，以及多层面、多途径的技术与方法的运用，指引一种整体城市空间结构与布局的连接模式（图5-6）。

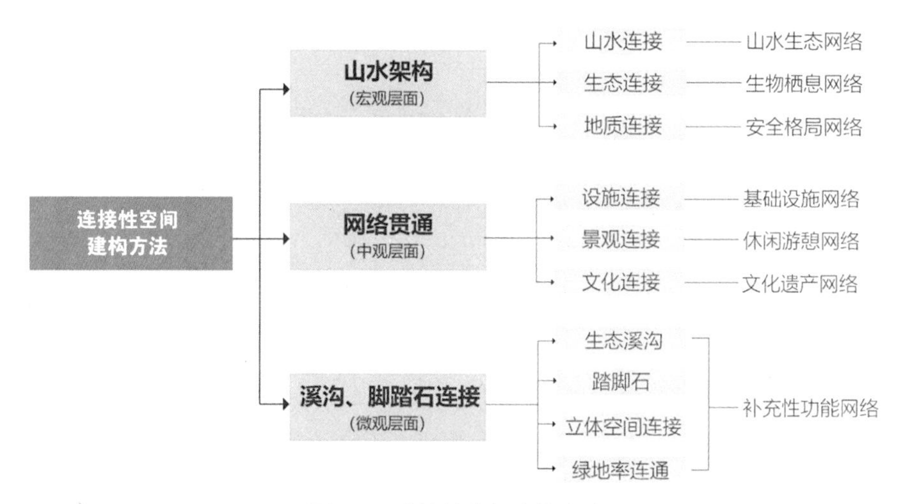

图5-6 连接性空间建构方法

1）山水架构（宏观层面）

从宏观层面上，以城市乃至区域山水生态空间为基本格局构架，将山川、湖泊、湿地、森林以及自然保护区、水源涵养区、地质灾害区等自然性生态区域，通过自然河流、林带等生态廊道等进行贯通连接，形成城市的山水生态骨架，这种生态构架对于城市的生态安全格局、生态稳定程度以及生态可持续性具有决定性作用与保障，为城市的基础性、结构性生态空间。在城市生态空间体系的建构以及管控中，山水生态格局应作为前提以及首要的空间连接要素，其连接手段如下：

①山水连接：保障山脊走廊、谷地廊道、江河湖岸滨水廊道的连通，作为城市中最基本的生态绿地格局，建构山水生态空间体系。

②生态连接：严格保护并保障大型生物栖息地廊道、动植物迁徙廊道的连通，建构生物栖息体系。

③地质连接：将地质断裂带、塌陷区、滑坡崩塌带等不适宜建设地带融入生态廊道体系中，建构与山水生态体系、生物栖息体系相融合的安全格局空间体系。

2）网络贯通（中观层面）

网络为一种具有优良连通性的结构组织，在城市空间生态系统的网络化建构之中，因广受多种干扰与侵袭，仅仅依靠生态的自组织是难以全面建构的，因此，应辅以必要的人工手段有效引导空间交叉与连接的方式。具体空间手段如下：

①设施连接：构筑公路或铁路防护廊道、输电线路廊道、城市道路廊道等。城市干道及景观性道路在红线划定时应同时明确道路绿地率，如：园林景观路绿地率不得小于40%；红线宽度大于50m的道路绿地率不得小于30%；红线宽度40～50m的道路绿地率不得小于25%；红线宽度小于40m的道路绿地率不得小于20%；对外交通干道两侧控制20～50m绿化带，以打造城市出入口景观道路；同时，结合慢行交通设置需求建立生态连接绿道，共同建构基础设施生态防护体系。

②景观连接：在城市内、外部的自然景观以及人工绿地、旅游景点景区间建立生态游赏型廊道，将保护自然生态、文化遗产资源与建构城市生态游憩网络相融合，建构休闲游憩体系。

③文化连接：将城市中的文化遗产资源以及大型文化设施，如博物馆、文化馆、文化广场、规划展示馆等，纳入休闲游憩体系当中，建构城市的文化遗产体系。

3）溪沟、踏脚石连接（微观层面）

城市生态空间体系位处于复杂的城市，因面临城市建设的限制以及现实困境的阻碍，故而生态连接不应仅依赖于空间的直接相连，还应体现于距离阈值之内的踏脚石连接、立体连接以及绿地率总体提升等多种生态连接方式，通过这些方式建构基于以上各类型生态空间的补充性功能体系。具体连接手段如下：

①生态溪沟：在因城市建设而阻隔生态连接途径时，可采取多样化的空间手法以解决小动物通行路径的畅通，如掩埋于道路之下的溪沟、桥梁两侧水陆栖岸的连接通道等。

②踏脚石：在空间受限的城市地段，尤以老城内部难以实现生态空间直接连接的区段，可采取以小型绿地生态斑块构成踏脚石廊道的方式，利用生态扩散功能并基于合理距离阈值的设置，以此来实现生态过程的延续。

③立体空间连接：在空间受限或是高度生态阻隔地段，也可采取空间的立体架设方式以实现生态连接，如以屋顶绿地、地下通道或竖向的垂直绿地等方式实现立体的"踏脚石"式生态连接。

④绿地率连通：在城市生态空间连接阻力值较大的建设区段，可在充分发挥土地集约效益的前提下，通过适当增加其用地的生态绿化比例以加强生态连通，实现该区域生态效益的增量，这种城市空间中的绿地率的广泛改善将对于整体城市生态效益的提升具有重要意义。

（4）淮北市生态空间体系连接性建构

结合淮北市的生态空间体系建构过程，强调以生态连接为核心技术手段，通过生态廊道的直接联接方式加强各要素的空间连续，或是通过暂栖地、生态溪沟等间接联接方式提升空间邻近程度，建立城市生态功能的有机联系，确保生态过程在不同生态要素间的顺利进行。

1）现状连接度评价

基于景观生态学界研究成果，兼顾人类日常需求，规划分别结合视觉阈值50m、物种扩散阈值100m、步行阈值400m以及骑行阈值800m四个阈值，并在此基础上进行科学筛选（图5-7，表5-1）。

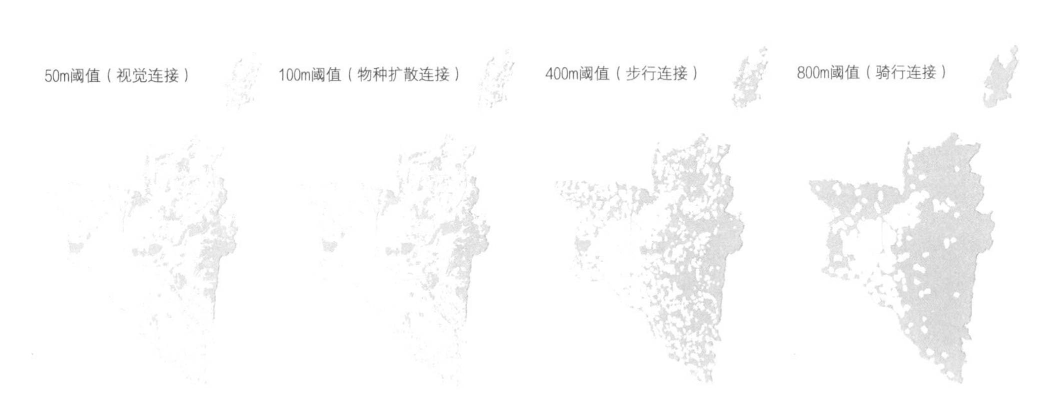

图5-7　淮北市区生态连接度现状评价（50m/100m/400m/800m阈值）

不同阈值下淮北市区现状生态连接度指数值　　表5-1

距离阈值（m）	链接面数（个）	占图斑总量（%）	链接斑块面积（hm^2）	占斑块总面积（%）
50	2718	49.54	12276.94	55.96
100	3532	64.40	15919.94	72.57
400	5028	91.63	20749.39	94.59
800	5487	100.00	21935.84	100.00

①基于人类视觉的50m阈值分析结果表明：链接斑块数量占总斑块数的49.54%，占斑块总面积的55.96%；市区范围内依然存在着较多独立斑块，生态连通性有限，呈现出较高的破碎化程度。

②基于物种扩散的100m阈值分析结果表明：链接斑块数量占总斑块数的64.40%；市区范围内依然存在较多独立斑块，生态空间呈现一定的破碎化程度。

③基于人类步行的400m阈值分析结果表明：链接斑块数量占总斑块数的91.63%；市区范围内生态斑块多数被连通，局部斑块呈碎片化分布。

④基于人类骑行的800m阈值分析结果表明：链接斑块数量占总斑块数的100%；市区范围内生态斑块全部连通，但集中于市区东部、中部与北部，总生态斑块面积为21935.84hm^2，西南区域并非阈值覆盖区。

2）连接性建构空间优化引导

从具体阈值分布情况来看，淮北市区西部的凤凰山工业园区域，连接性较为薄弱，尤以近主城区地带，连接迹象稀少，绿地生态空间破碎；市区南部的青龙山火车站区域，生态连接度相对薄弱；市区西南部地区连接度持续降低，生态绿地呈破碎格局；市区中心以及北部区域人为影响集中，除滨水带状绿地连通性高，其余地区绿地斑块数目多、规模小且分布破碎；市区东部依托龙脊山风景区，生态绿地分布较为集中，绿地斑块较多，连通性最好。

根据以上情况，为确保生态过程在不同生态要素间的顺利进行，按照连接性建构技术指引，深入分析淮北市区现状生态空间的薄弱环节、阻力方向以及适宜的连通路径，通过生态廊道的直接连接方式加强各生态要素的空间连续，或是通过暂栖地、生态溪沟等间接连接方式提升空间邻近程度，以建立起城市生态空间功能的有机联系（图5-8）。

3）连接性建构空间优化成果

基于以上空间优化引导及策略，针对淮北市生态空间进行连接度引导下的规划提升与完善，并针对规划提升结果开展50m、100m、400m、800m四个阈值的连接度评价分析，以验证生态空间优化成果（图5-9，表5-2）。

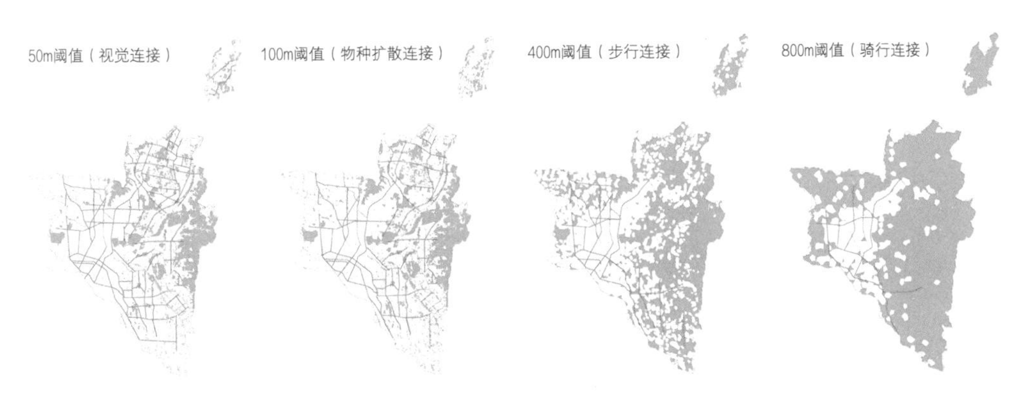

图5-8 淮北市区生态连接度优化引导（50m/100m/400m/800m阈值）

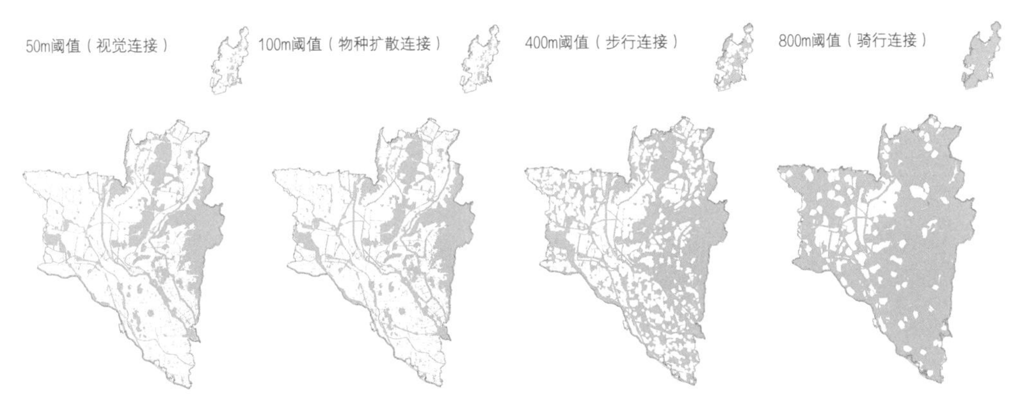

图5-9 淮北市区生态连接度规划评价（50m/100m/400m/800m阈值）

不同阈值下淮北市区规划生态连接度指数值　　表5-2

距离阈值（m）	链接面数（个）	占图斑总量（%）	链接斑块面积（hm^2）	占斑块总面积（%）
50	2557	55.27	23307.79	76.35
100	3572	77.22	25249.34	82.71
400	4606	99.57	30451.24	99.75
800	4626	100.00	30527.56	100.00

不同阈值下链接斑块的面积和数量：

①基于人类视觉的50m阈值建构评价结果显示：链接斑块数量占比由原先的49.54%提升为55.27%，链接斑块面积由原先的12276.94hm^2上升为23307.79hm^2；通过连接性建构链接了较多破碎斑块，市区生态连通性明显提升，市区南部以及西部片区依然呈现一定的破碎格局。

②基于物种扩散的100m阈值建构评价结果显示：链接斑块面积由64.40%提升为77.22%，链接斑块面积由原先的15919.94hm^2上升为25249.34hm^2；生态连通得以较大提升，南部和西部依然呈现一定的破碎格局。

③基于人类步行的400m阈值建构评价结果显示：链接斑块数量占比由91.63%提升为99.57%；除少数斑块外基本全部连通，链接斑块面积由原先的20749.39hm^2上升为30451.24hm^2，西南片区连通度明显增强。

④基于人类骑行的800m阈值建构评价结果显示：市区范围内生态斑块全部连通；原本为阈值盲区的西南片区阈值覆盖度也大大提升，总体链接斑块面积由原先21935.84hm^2上升为30527.56hm^2。

5.3.2 渗透性建构

（1）渗透性建构思路

生态渗透是生态空间体系于其周边地区效能“外溢”的关键，对于城市绿化环境的改善、景观形象的提升、社会游憩的促进以及经济消费的拉动等产生直接影响。渗透性表达了在不侵害生态稳定的前提下，生态空间内、外部之间的价值流相互渗透、交流、通过的能力，其内涵体现于结构性渗透以及功能性渗透两个方面，对于城市生态空间及其周边城市地带之间（即“本体—影响区”系统）生态过程的延续以及生态机能的发挥意义重大。生态渗透对于城市生态空间体系的流通效应、影响效应等边缘效应的发挥也极为重要，因而，在当前强调人与自然融合发展的过程中，被作为一种极为重要的空间措施。

渗透性建构建立了生态空间与周边相邻地块间的镶嵌关系，是通过空间蔓延、渗透等空间手段，形成融合的城市生态空间体系，增强生态系统与城市系统交融耦合的一种生态空间体系建构方式（图5-10）。渗透性建构反映在评价指标上，则是生态空间体系渗透度的提升。其以生态空间镶嵌为核心手段，通过格局蔓延与形态镶嵌等方式，加强生态向着其他空间类型的融合与渗入，形成生态与周边地区的渗透系统，促进生态与城市系统的交融耦合，增强生态流在空间体系本体与其相邻近的影响区之间的交流、作用的能力，以提升生态空间在城市中的边际效益与影响效益。渗透性的空间建构应结合效能与空间的双重维度，可从城市生态空间体系的空间格局、空间形态以及空间交流等方面开展。

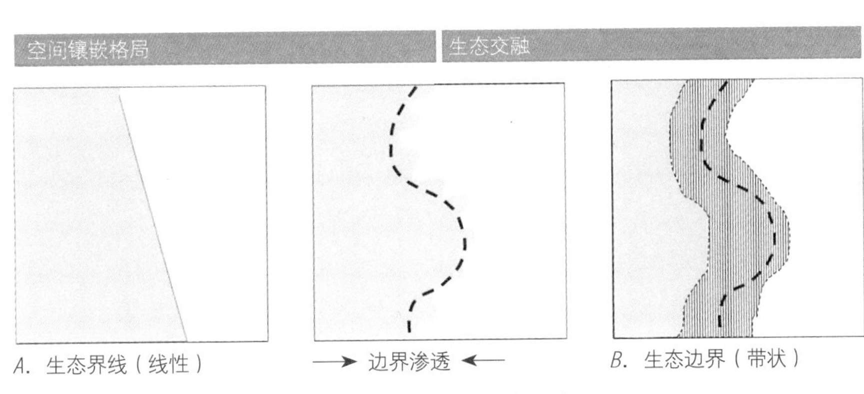

图5-10　渗透性建构思路

（2）渗透性建构技术路径

将加强空间格局镶嵌、优化空间形态边界、调节空间交流功能三个环节分别作为渗透性建构的格局引导、形态引导以及动能引导（图5-11）。

1）加强空间格局镶嵌

蔓延度表述城市生态空间集聚程度，及其与基底之间的景观镶嵌程度。

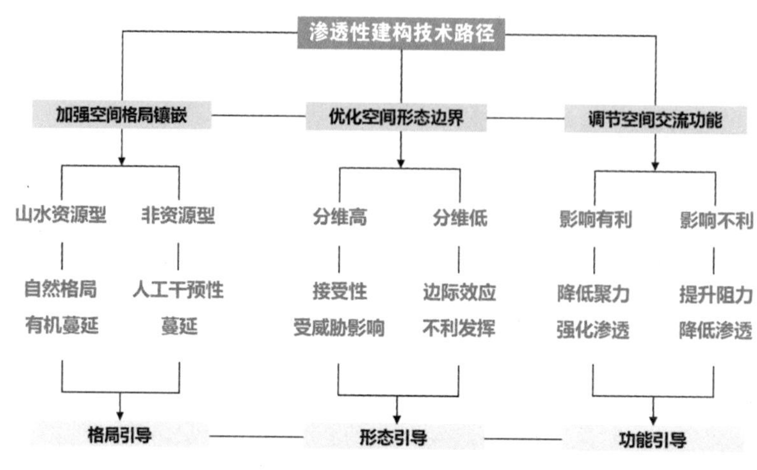

图5-11 渗透性建构技术路径

宏观格局层面上，蔓延度反映了城市生态空间体系与城市建设用地二者间的空间渗透情况。

①对于山水资源型城市及地区，应体现生态空间于城市中的自然生长特性，形成生态蔓延与生态镶嵌，塑造有机疏散的城市空间格局。

②对于非资源型城市或是资源相对匮乏型城市及地区，应结合城市需求，以人工辅助手段加强绿地生态空间于整体城市格局中的生长、融合与渗透，避免城市建设空间的整体集中、板结、低效且无序的蔓延与扩张。

2）优化空间形态边界

分维数是对于绿地生态斑块的形态与边界复杂程度的分析指数，其以几何学手法量化了绿地生态斑块类比于正方形的空间不规则程度，以形态语言表述了绿地的空间渗透能力。在生态空间的中观、微观层面的空间构建之中，应注意适宜分维数的选取。

①分维数过小表明绿地生态斑块的形态趋近于几何的正方形，因而边缘长度以及影响区域受限，边界过于机械、规整且不利于边际效应的发挥，则建议可模仿自然形态边界适当增强分维数，以提升绿地与城市的空间渗透。

②分维数也并非越高越好，过高的分维数则表明了极其不规

整的绿地斑块形态，生态空间过于延展，带来较高的边缘面积比，虽说边际效应得以增强，但因形态的破碎势必会造成核心生态区域受干扰程度的提升，生态稳定性亦遭受威胁，最终将导致生态机能的整体下降。

3）调节空间交流功能

作为功能指数，城市建设空间的渗透阻力反映了实际生态渗流在生态空间与非生态空间之间的交流情况，渗透阻力指数以一种边界介质阻力的量化语言表述了生态空间边界的实际渗透能力。同时，通过对渗透阻力的掌握，可将其作为一种调控生态影响以及生态系统服务功能的重要手段。

①当生态空间紧临的影响区功能布局合理，互为适宜且相互兼容，则提倡尽可能降低渗透阻力，以推动并加强城市与生态的交互渗透，有助于促进生态面向城市综合效能的发挥。

②当影响区出现与生态不相适宜、环境不兼容的情况，则表明其相互之间的干扰较大，此时，一方面应从规划层面对于土地空间配置进行优化，另一方面则从防护角度出发，通过人工手段提升生态空间边界的渗透阻力，以避免绿地生态系统遭受过多的外界侵害，并保障系统的安全与稳定。

（3）渗透性空间建构方法

渗透性建构的关键目标在于加强绿地与城市系统的耦合交融，强化互动关联从而带动绿地生态效益在城市中的全面发挥。基于生态渗透度的评价引导，城市生态空间无论是从宏观格局到微观形态均存在着较大的提升及优化的空间，如宏观层面的生态蔓延、中观层面的镶嵌耦合以及微观层面的边界交融等具体技术与方法（图5-12）。

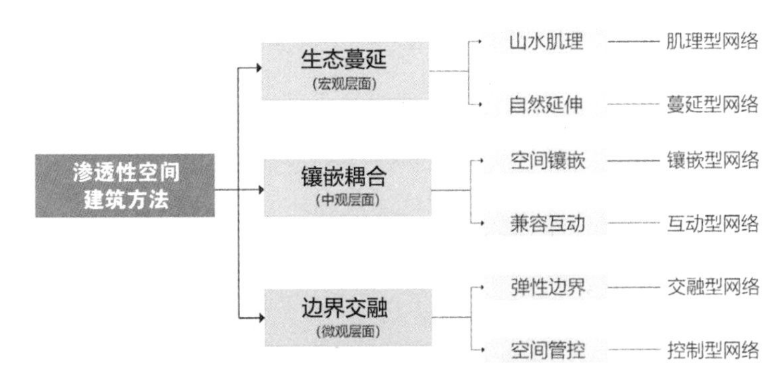

图5-12 渗透性空间建构方法

1）生态蔓延（宏观层面）

宏观格局层面上，渗透性表现在整体的自然山水生态肌理，及其在城市整体空间中的蔓延与伸展。这种生态蔓延形成了宏观的空间耦合以及功能渗透，为渗透性空间优化的整体架构，具体空间渗透手段如下：

①山水肌理：以自然山水资源为本底形成山水格局与生态肌理，并作为城市中的基本生态控制区域，从宏观层面上构建体现城市天然格局的自然肌理型网络。

②自然延伸：依托于山水生态资源，体现自然渗透特性及其在城市内部的生长蔓延与有机伸展，考虑城市基本生态安全格局的保障，塑造基于山水肌理与生态安全的自然蔓延型网络，自然的延伸同时孕育出大量自然生态边缘，为城市与自然的融合提供良好条件[①]。

2）镶嵌耦合（中观层面）

中观形态层面上，渗透性关键在于自然生态要素与城市建设用地在空间形态上的镶嵌关系，及其在用地功能上的兼容互动。具体空间渗透手段如下：

①空间镶嵌：在生态空间与城市建设空间之间，在绿地生态斑块或是廊道等要素的边界形态上采取自然、不规则的且呈耦合状的镶嵌性边缘，从中观空间层面塑造生态与整体城市空间的镶嵌型网络。

②兼容互动：在生态与城市相交接的边界区域，其空间规划中无论是用地性质、项目类型、建设强度以及景观风貌等方面均应体现城市与生态两种类型空间功能的兼容与协同，打造融入整体城市空间系统的兼容互动型网络。

3）边界交融（微观层面）

微观边界层面上，渗透性主要体现于生态边界这一重要空间要素之上，强调弹性边界及其具有的空间管控要求。具体的空间渗透手段如下：

---

① 李金旺，邢忠．论城市中的绿色边缘区[J]．重庆大学学报（社会科学版），2008，06（12）：28-32.

①弹性边界：以具有一定宽度的弹性带状生态边界代替单一的、刚性线型边界，强调交界处功能与空间的融合、渗透，从微观层面上提倡“城—绿”交融耦合型空间。

②空间管控：针对弹性边界区域的土地使用性质、开发强度、活动类型等方面，提出明确的控制要求。一般来说，良性发展的城市区域应尽量提高生态空间渗透性，以促进生态空间效应的外部化发挥，提升生态空间的综合影响力；但当环境不相容或相互间有恶性干扰的地段，如污染性工业项目或有安全威胁的市政配套建设（电力开闭所等），建议降低渗透性，以此塑造适应于城市建设实际的且具自我保护能力的控制型生态空间体系。

（4）淮北市生态空间体系渗透性建构

结合淮北市区生态空间体系建构过程，强调以生态空间镶嵌为核心技术手段，通过蔓延格局与镶嵌形态等方式，加强生态向着其他空间类型的融合与渗入，促进生态系统与城市系统的耦合渗透，推进生态空间体系综合功能效益的提升。

1）现状渗透度评价

选取淮北市区范围内现状面积大于2000m^{2}的绿地生态斑块共计5487个，计算其渗透度相关指数。针对城市各区的平均斑块分维数MPFD及边缘指数ED两个指标分别进行分析与评价，得出现状MPFD的得分值为1.43，ED得分值为0.12（图5-13）。

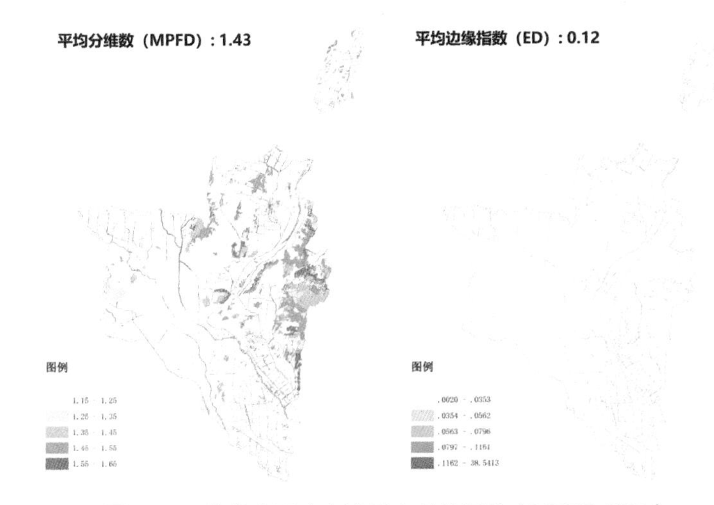

图5-13 淮北市区生态渗透度现状评价（MPFD / ED）

分析得出，相山、龙脊山等自然山体区域呈现出较自然但破碎度较高的边界形态；中部湖链区域以及建成区中部地区绿地呈现出人工几何化程度较高的边界形态，与周边建设用地的分割较为规整、机械，渗透性较低；而南部、西部及北部农业用地区域的生态斑块除河流沟渠外普遍呈现出破碎化散布的状态。分析表明，市区多数绿地生态斑块在形状上呈现出规则且较为离散的状态，绿地生态分布的整体性较差，不能够较好地激发生态边际效应，极大地影响了整体生态空间体系外部效能的发挥。

2）渗透性建构空间优化引导

渗透性建构主要从宏观层面上加强空间耦合以及功能渗透，为渗透性空间优化的整体架构，具体渗透手段有山水肌理延伸与自然蔓延。中观层面上强化自然生态要素与城市建设用地二者在空间形态上的镶嵌关系以及用地功能上的兼容互动，如在绿地生态斑块以及廊道等边界形态上采取自然渗透性的、耦合不规则的镶嵌性边缘等。微观层面上突出强调建立弹性的生态边界及其空间管控要求等。

依托朔西湖、中湖、龙脊山、相山、闸河、龙河、萧濉新河、王引河等自然生态资源，以空间镶嵌为手段，通过蔓延格局与镶嵌形态等方式加强生态向着其他类型空间的融合与渗入，促进生态系统与城市系统的耦合，从而推进生态空间体系功能效益的提升（图5-14）。

3）渗透性建构空间优化成果

基于以上空间优化及引导策略，针对淮北市生态空间进行渗透度引导下的规划提升与完善，并针对规划提升结果开展MPFD值及ED值的渗透度评价分析，以验证空间优化成果（图5-15）。

依托自然山水等生态资源，加强生态绿地与建设空间的耦合交融，使得平均分维数MPFD由原先的1.27提升到1.82，平均边缘指数ED由原先的0.12提升到0.29，绿地生态分布的整体性较好，生态空间边界蔓延多样、自然延伸且向着城市建设空间的渗透，能够较好地激发生态边际效应，进而带动整体生态空间体系外部功效的发挥，促进综合效能的提升。

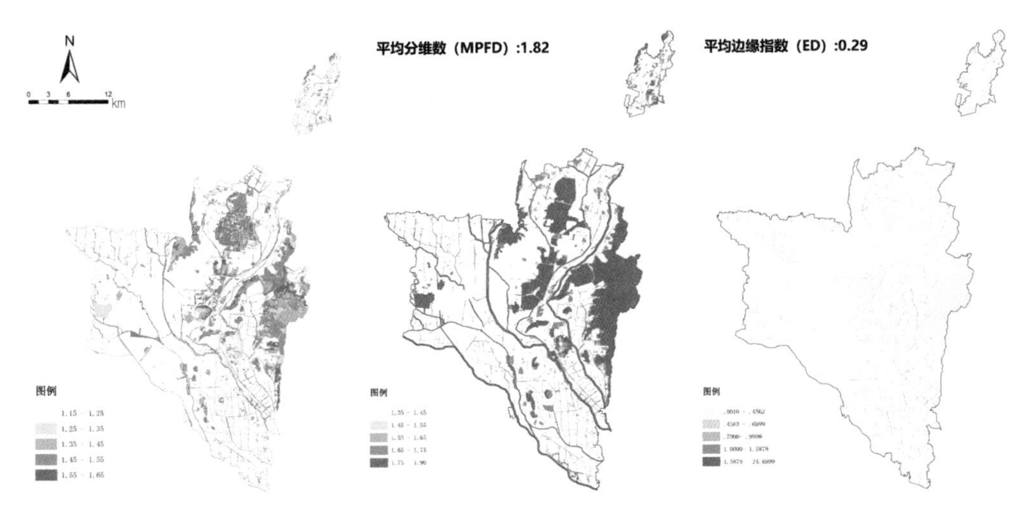

图5-14 淮北市区生态渗透度优化引导

图5-15 淮北市区生态渗透度规划评价（MPFD / ED）

5.3.3 均衡性建构

（1）均衡性建构思路

生态空间的均衡度主要表达绿地生态各要素在空间上的分布疏密关系，是生态空间均匀程度的重要衡量，也是生态空间结构合理与否的反映。生态空间的均衡程度决定着生态空间效益“外溢”的幅度，即能否在更大的城市乃至区域范围内发挥效应，并由此影响到经济消费、社会游憩、景观形象等一系列“外溢”效应。针对生态空间“本体—辐射区”系统运行机制的研究目标体现于强化效应与拓展效应两个方面：一是何种密度促使生态空间自身生态稳定性的增强，即内部效应的强化；二是受本体辐射影响的区域面积以及效益均达到最大值，即外部效应的拓展。

均衡性建构建立了生态空间与整体城市或区域的关系，是通过疏密合宜、集散科学等空间布局手段，优化空间集散与疏密关系，形成密度均衡的生态空间的一种城市生态空间体系建构方式。均衡性建构目标反映在评价指标上，则是生态空间体系均衡度的合理设置，其以提升生态空间的可达性，优化生态系统服务能力，增强生态空间于城市或区域中的影响效益与拓展效益为目标（图5-16）。均衡性通常以单位面积城市用地内的生态空间规模来测度，是综合了空间与效能的叠合性指数，可基于生态过程与城市需求的角度对于生态空间分布进行合理引导。

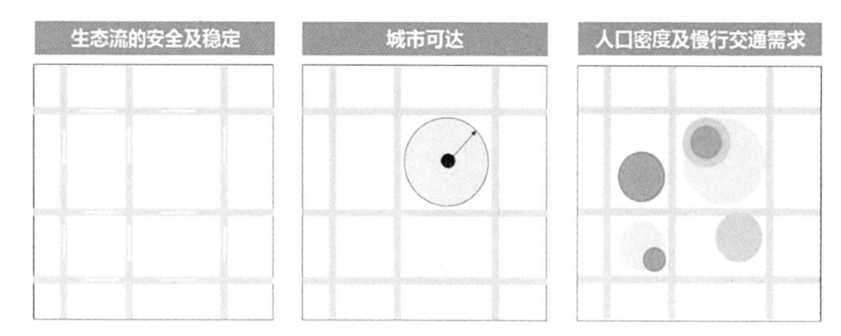

图5-16 均衡性建构思路

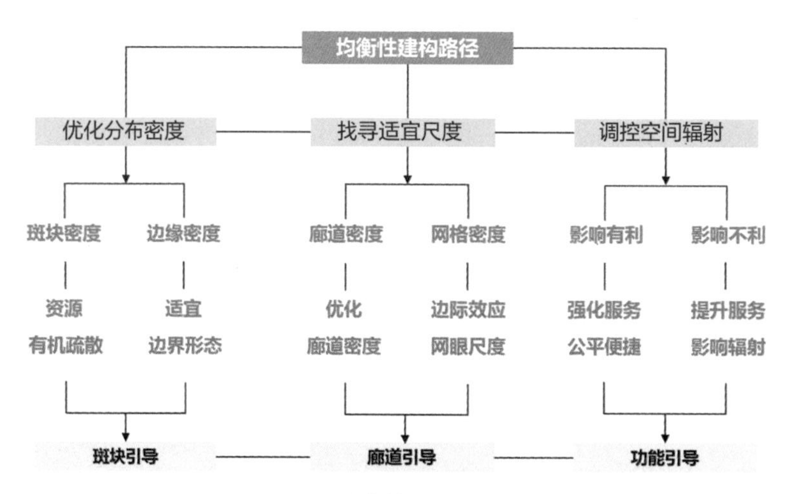

图5-17 均衡性建构技术路径

（2）均衡性建构技术路径

将优化分布密度、找寻适宜尺度、调控空间辐射三个环节分别作为均衡性建构的斑块引导、廊道引导以及功能引导（图5-17）。

1）优化分布密度

绿地生态斑块于整体城市中的理想分布模式是呈集中、分散相结合的有机疏散格局。因此，选取适宜斑块密度与边缘密度，在避免生态布局过于破碎的同时兼顾整体分布的均匀性。

①斑块密度不宜过小，体现资源适度分散原则，强化城市各区生态分布平衡，以体现公共资源享有的公平性，并实现绿地生态空间的便捷可达及系统服务能力的提升。

②斑块密度不可过大，且加强绿地生态廊道在疏散的生态斑块之间的有机连接，提升斑块间的生态贯通程度，形成有机疏散的整体生态格局。

③边缘密度不可过大，避免绿地生态斑块形态过于不规则，而导致其生态稳定性遭受过多的外界干扰与人工威胁。

④边缘密度不宜过小，避免出现绿地生态斑块过于几何形态，趋近于因道路以及人工手段划分而形成的规则正方形，而致使其不能较好地面向城市而发挥各项生态效益。

2）找寻适宜尺度

廊道密度在一定程度上决定于生态空间单元，表现形式即为大小和尺寸。适宜的廊道密度以及网格密度，不仅有利于城市绿地生态系统的健康、良性运转，并可强化生态空间与城市土地空间的耦合程度，同时又对生态空间外部效应的发挥具有关键意义。

①廊道密度不宜过大，否则将会因廊道而划分出较小的生态网格单元，即较小的网格尺度。虽然这会为网格内的城市地块带来良好的生态环境，但也可能同时造成城市地块的破碎与不完整，以及用地不经济等弊端。

②廊道密度不宜过小，否则将会划分出较大的网格单元尺度，由此而带来较大尺度的网格内的城市地块，局部地区将无法便捷地享用到绿地生态资源，整体生态效应及其辐射影响效应均会因此而降低。

3）调控空间辐射

生态空间可达性与覆盖密度是衡量生态空间面向城市发挥外部功效的重要指标，合理的空间可达与空间覆盖能体现生态空间极为可观的城市意义，以及因辐射影响而带来的较高“外溢性”服务能力。

①覆盖密度不可过低，否则将会影响整体城市的绿地可达性以及生态空间服务价值与水平，造成绿地资源的低效利用。

②覆盖密度越高，表明整体城市绿化环境质量越好，绿化服务水平越高。若实现整体城市全覆盖即100%的覆盖水平，即实现了理想绿地生态服务格局；但从土地集约利用的角度出发，在实际土地使用过程中，应依据建设密度以及人口分布密度进行适宜生态空间布局。假如在人口分布密度较低的工业区或仓储区，可以不要求达到生态影响范围的全覆盖。

（3）均衡性空间建构方法

均衡性的关键目的在于强化生态空间于整体城市中的影响，包括其生

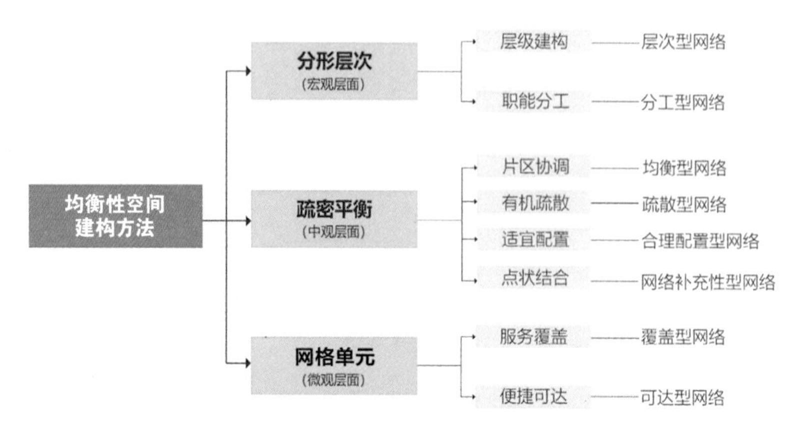

图5-18 均衡性空间建构方法

态效益及其所带来其他各项效益的全面发挥。在有限的空间资源下，基于适宜均衡度所引导的城市生态空间优化，能够较大拓展生态空间辐射影响的范围以及强度，如宏观层面的分形层次、中观层面的疏密平衡以及微观层面的网格单元等具体技术与方法（图5-18）。

1）分形层次（宏观层面）

①层级建构：按照“区域级—市级—分区级—社区级”等分级层次而形成城市不同级别的绿地生态空间，塑造层次型生态空间体系。

②职能分工：各级生态空间分别用以承担不同功能，其中区域级、市级等级别生态空间形成主干生态空间骨架，主要承载生态核心功能；而分区级、社区级生态空间于各片区及社区内部形成生态连接，主要承载社会游憩、休闲娱乐等主要功能。各级生态绿地发挥各自不同的服务功能，因而形成分工型生态空间体系。

2）疏密平衡（中观层面）

①片区协调：生态绿地依赖于空间连接且于城市各片区内部构成了既有机疏散、又相对协调的空间布局与分配，形成片区均衡型生态空间体系。

②有机疏散：区域级、市级生态空间一般依赖于自然的生态资源，分布往往相对集中，规模较大，各区分配相对不均衡；而

分区级、社区级则多以人工性生态空间，较多地呈现道路绿化、小型街头绿地以及社区游园等形式，分布相对均衡。各级生态空间共同塑造了合理疏散型的生态空间体系。

③适宜配置：各区可依据建设区域人口密度进行生态资源的合理分配，如人口密集的居住、商业、学校等地区应配置更多的绿地生态空间；而人口相对稀疏的工业、仓储等地区配置要求可相对降低，依据城市实际使用需求而塑造合理配置型生态空间体系。

④点状结合：于主干道交口处结合道路绿地适宜拓展绿地节点，并于城市主要出入口设置中型绿地节点，这些均可作为生态空间的补充性节点，共同致力于生态空间服务与城市景观形象。

3）网格单元（微观层面）

①服务覆盖：依据生态空间辐射高覆盖的原则及目标，按照500m见绿的服务半径要求，形成合理大小的生态网格单元，打造合理覆盖型生态空间体系。

②便捷可达：满足步行5分钟便可到达规模不小于500m^{2}绿地的市民实际使用需求，合理配置生态空间资源，塑造便于服务的可达型生态空间体系。

（4）淮北市生态空间体系均衡性建构

结合淮北市的生态空间体系建构过程，强调以科学、合理的生态空间分布为核心技术手段，结合空间分析及发展需求，通过调整并优化生态空间集散程度与疏密关系，增强生态空间体系面向城市的整体功能效益，提升生态系统服务的有效性。

1）现状均衡度评价

选取斑块密度（PD）、廊道密度（CD）、生态绿地使用需求密度（UD）为现状均衡度评价指标。通过ArcGIS10.2软件对于淮北市区现状PD与CD进行可视化分析研究，并采用Jenks自然断裂分类法，继而对PD与CD进行分类显示。现状PD得分值为0.61，表明大部分生态绿地斑块为形状规则且较为离散状态，绿地生态分布的整体性较差，不能够较好地激发绿地密集性效应，从而影响了生态空间体系整体功能效应的发挥。现状CD得分值为0.06，表明大部分生态绿地尚未形成带状连接，生态廊道分布的整体性较差，不能够较好地激发斑块的带状连接，从而影响市区整体生态空间功能效应的发挥（图5-19）。

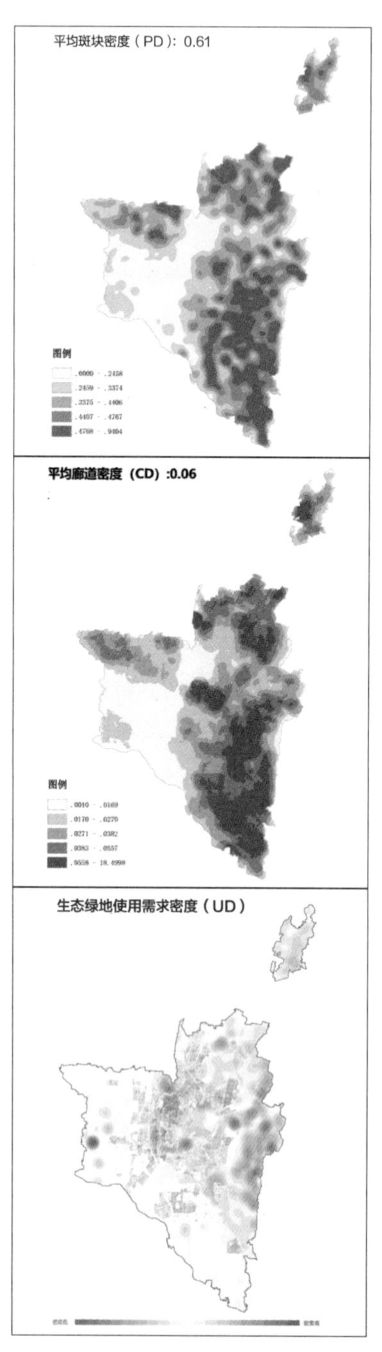

图5-19 淮北市区生态均衡度现状评价（PD/ CD/ UD）

将生态绿地使用需求分别从人口分布密度、用地分类评价、百度热力分析三个方面开展分析，得出相对科学且与事实相一致的使用需求情况，以引导合理的城市生态绿地的空间分布。首先，人口分布密度即通过ArcGIS10.2软件将淮北市区各行政区人口数据与区划范围进行空间联接，形成空间可视化数据分析结果显示：淮北市的濉溪县濉溪镇、百善镇、相山区相南街道等区域的人口分布较为聚集。

其次，用地分类评价即结合不同类型用地对于生态绿地的使用需求程度的差异，将建设用地类型划分成公共管理与公共服务用地、商业服务业设施用地、居住用地、交通设施用地以及公用设施用地—物流仓储用地—工业用地五大类，分别赋予不同分值进行分析评价，得出城市用地分类评价的空间可视化数据分析结果。

再次，城市百度热力分析评价即以百度地图热力图作为数据来源，通过APP和网络授权手机定位和通话记录进行数据爬取（连续五天，每天从7:00至21:00的时间段内，每隔一个小时抓取热力数据），提取淮北市区人流分布的集聚度以及集聚位置等信息，并以软件实现数据的可视化分类，得出城市人群聚集热度的空间可视化数据分析结果。

利用ArcGIS10.2软件对于人口分布密度、用地分类评价、城市百度热力分析评价三项数据指标进行加权叠加（表5-3），得出淮北市区生态绿地使用需求密度的空间可视化数据分析结果。然后，选取淮北市区现状生态斑块面积大于2000m^{2}的绿地生态斑块共计5487个，利用核密度分析工具，使用核函数计算得出生态绿地现状均衡度的空间可视化数据分析结果。针对生态绿地使用需求密度及生态绿地现状密度进行减法叠加，进而得出生态绿地使用密度的空间可视化数据分析结果。分值越趋向9的区域，生态使用需求与现状生态绿地密度之间的正差值越大，说明现状绿地量越不足以满足绿地使用需求。淮北市区生态绿地基于使用需求上的盲点，主要分布于老城区西北部、濉溪县濉溪镇、老濉河沿岸部分地区等区域（图5-20）。

生态绿地使用需求密度指标权重分析 **表5-3**

指标因子	权重
人口密度因素	0.1085
城市用地性质因素	0.5469
百度热力图数据	0.3445

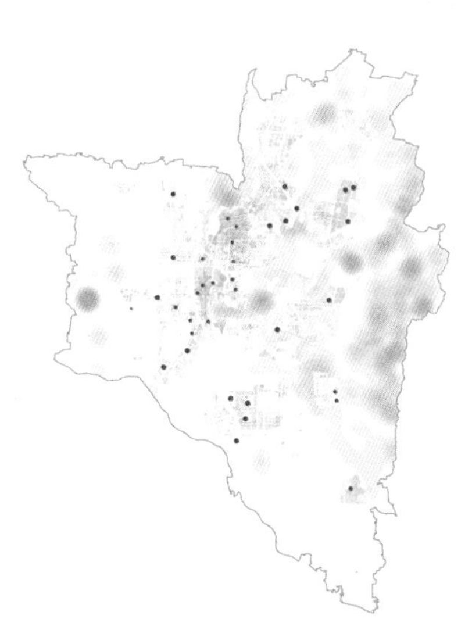

图5-20 淮北市区生态均衡度优化引导

2）均衡性建构空间优化引导

均衡性建构的关键目的在于强化生态空间在整体城市之中的影响，包括其生态效益及其所带来的其他各项效益的全面发挥。在有限的绿地空间资源下，基于适宜均衡度所引导的城市生态空间体系的空间优化，能够较大地拓展生态空间辐射影响的范围以及强度。

宏观层面上，按照“区域级—市级—分区级—社区级”等分级层次形成市区范围内不同级别的生态空间体系；各级生态空间分别承担不同功能，其中区域级、市级等级别生态空间形成生态空间主干骨架，主要承载生态核心功能；而分区级、社区级生态空间在各片区及社区内部形成连接，主要承载社会游憩、休闲娱乐等主要功能。

中观层面上，依赖生态连接在各城市片区内部形成既有机疏散、又相对协调均衡的生态空间分配；区域级、市级依赖于自然生态资源，分布一般较集中，规模较大，各区分配相对不均衡；而分区级、社区级多为人工性生态空间，较多为道路绿化、小型街头绿地以及社区游园，分布相对均衡；各区可依据片区人口密度进行资源的合理分配，如人口密度较高的居住、商业、学校等区域配置以更多的绿地；而人口密度较低的工业、仓储等区域的配置要求可相对降低。

微观层面上，依据生态空间体系辐射全覆盖的原则及目标，按照500m见绿的半径要求进行配置，形成合理生态网格大小，实现步行五分钟便可到达500m^2绿地的实际使用需求。

3）均衡性建构空间优化成果

①斑块密度（PD）：对于淮北市区内规划绿地生态斑块的斑块密度属性进行可视化分析研究，并采用Jenks自然断裂分类法，继而对于PD进行分类显示，得出规划生态空间体系斑块密度PD得分值由原先的0.61提升到1.13。

②廊道密度（CD）：对于淮北市区规划绿地生态廊道CD的属性值进行可视化分析，并采用手动分类法对其CD值进行合理的分类显示，得出规划廊道密度CD的得分值由原先的0.06提升到0.11。

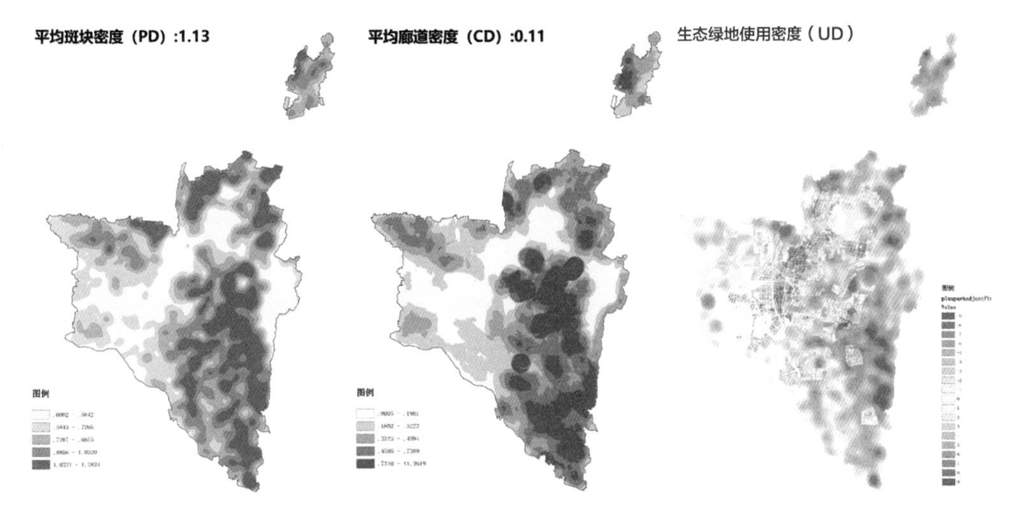

图5-21 淮北市区生态均衡度规划评价（PD/ CD/ UD）

③生态绿地使用密度（UD）：针对生态绿地使用需求密度及生态绿地规划密度进行减法叠加，得出空间优化后的生态绿地使用密度的空间可视化数据分析结果，生态绿地的空间分布紧密结合城市的使用需求，优化了公共资源的公平性与可达性，提升了生态绿地的综合效率（图5-21）。

5.4 以三大建构技术引导城市空间优化

城市生态空间体系的三大建构技术，引导了将生态空间放置于整体城市之中的科学配置方法，且这一基于生态本位的发展理念与规划路径，突破了传统城市建设发展过程中以人工建设环境为强势与主导空间的固有模式。同时，也达成了以非建设空间的建构为手段，引导并优化城市建设空间良好结构与形态的目标。

5.4.1 连接性建构与城市空间优化

（1）山水融城

宏观层面上，源于快速发展时期城市对山水生态空间的蚕食、侵占，在城市外部呈圈层式“摊大饼”的外向无序蔓延，而城市内部因生态空间无限制地让位于城市建设，则日益形成了密实化、板结化的建设布局。通过山水格局的连接性建构，奠定了以山水生态资源为核心的区域性生态基质空间，进而以山水肌理为空间架构，促进了山水相依、河湖相通之下的“山—水—城”互为映衬、嵌合与交融的山水融城格局。

（2）有机疏散

中观层面上，建立于结构性生态空间连通的基础，将城市空间结构与生态过程相吻合。连续的生态空间将城市建设区分割为建设单元，形成了不同片区与片区或是组团与组团之间的生态隔离与划分，化解板结的建设空间，引导城市的有机分散。生态空间的贯通带来了城市空间的合理疏散，引导了城市—片区—组团的分层结构，形成城市中心—片区中心—组团中心的层级服务体系。这种连接性建构所带来的有机疏散的城市空间结构，有利于健康、有序的空间发展，既可形成生态空间与城市空间的良性互动，又可有效缓解城市道路交通、公共设施以及基础设施等压力，促进城市功能的高效运转。与此同时，还能有效消减因过度集聚带来的负面与消极问题，如作为控制城市环境污染扩散的生态屏障，或可容纳区域级交通干线于生态隔离带之中，且与城市交通合理衔接，较大幅度地阻止城市病的发生。

（3）开放空间

微观层面上，通过以水为引、以绿为链的生态连接性建构手段，连贯起原本破碎的生态斑块与绿色廊道，为城市构筑一个连续开放且多元融合的线性绿色开放空间体系，作为承载人类丰富的户外休闲、娱乐游憩活动的空间载体，它在自然、文化以及环境景观方面的优势与吸引力使之发展成为极受市民以及旅游者所欢迎的公共空间。其将城市公园、居住区、学校、公共设施、历史文化资源等相连通，为人们提供了接近自然的通道，在推进设施的可达性、利用度、宜居度与促进城市人居环境质量的同时，也进一步提升了城市品质与活力；并为城市生态慢行系统、游憩系统的建立以及城市交通体系、文化体系的塑造提供了空间支撑（图5-22）。

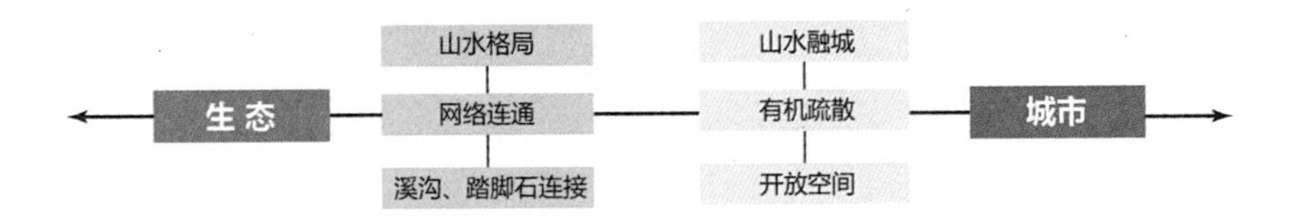

图5-22 连接性建构与城市空间优化

5.4.2 渗透性建构与城市空间优化

（1）生态游憩

宏观层面上，渗透性的建构引导城市在空间上寻求与自然相融合的有机拓展模式。将城市外围的自然保护区、风景名胜区、森林公园、湿地及农田等空间资源整合为都市区大型生态基底，且在维育与保护的前提下结合科学合理地利用，激活城郊边际效应，一方面在总体上形成镶嵌式城郊空间格局，另一方面则借助生态空间资源的整合营建郊野生态游憩体系。

总体空间层面，遵循城乡融合理念与要求，形成山、水、林、田、湖与城市交相辉映，塑造田园环绕、水网渗透、城绿镶嵌的城郊空间格局，营造既有田园的自然恬静，又有浓郁文化氛围与现代时尚气息的郊区建设风貌。与此同时，结合城市外围生态空间资源的梳理整合，形成以生态保育、自然观光、农业生产等融合的郊野生态游憩体系，并作为城市与区域之间的“柔性边界”，打破了过于僵硬的城市轮廓与城市形态，在整体空间中起着优化城市空间格局、保护自然风景资源的作用。同时，位于城郊的由各类生态型公园、各类休闲游憩廊道所组成的多元主题游憩网络，也越来越成为都市人群在周末及节假日期间开展户外游憩、运动休闲、观光度假以及乡村体验的重要场所，满足了城市居民对于自然生态与乡村田园生活的追求与向往。

（2）活力边际

中观层面上，渗透性建构推进城市建设空间与绿色生态空间的有机融合，在这一交界地带的一边是生态空间中的“绿色边缘区”，为城市与生态关联互动的前沿地带，另一边则是城市建设空间中紧邻生态空间的“生态影响区”，是两者生态联动与空间整合的纽带。

绿色边缘区是面向城市发挥直接生态效益的非核心生态区域，用地上强调与周边的融通，具有空间上的过渡以及功能上的依附、渗透等特征。绿色边缘区可融入生态游憩、休闲娱乐、康体运动等功能，或按照生态兼容性原则，局部融入文化博览、创意展示、活力商业以及康体养生等公共职能空间。它是最具有广博包容性、交互性的生态边缘地带，也是生态空间中人们最频繁使用、最乐意逗留的多元与互动性场所空间。生态影响区则是紧邻生态空间的城市开发建设地带，与生态空间位置临近、关系紧密且接受着生态空间的直接影响。因特殊的地缘特性，而具有不同一般建设空间的环境附加价值，在空间上采用镶嵌耦合的布局方式，形成了濒临风景区、城市公园或滨水开放性绿地的滨水商业区、休闲娱乐区、文化展示区以及游憩旅游设施等，打造不受时空限制的特色空间。同时，生态影响区也是城市中表现形式最为丰富的建设空间，它有效提升了城市建设面貌、塑造特色空间界面、体现现代都市魅力，成为集中展示城市形象的空间界面以及聚集人气的活力地带。

（3）品质社区

微观层面上，渗透性建构通过建设用地地块与生态空间在边界上的交流与互动，摒弃传统分割模式，打破道路为界的僵硬切割，采用边界渗透的手法形成自然嵌合的空间布局，打造真正与自然互为睦邻、融合共生的品质化居住区、办公区以及科技园区等；并于空间布局上通过自然生态环境的引入，让建筑群与自然环境互为映衬，成为有机整体，体验位处城市繁华之中的生态栖居，感受绿色尽享眼底、充满自然野趣、尽揽四时风光的理想人居环境的品质与意境。（图5-23）

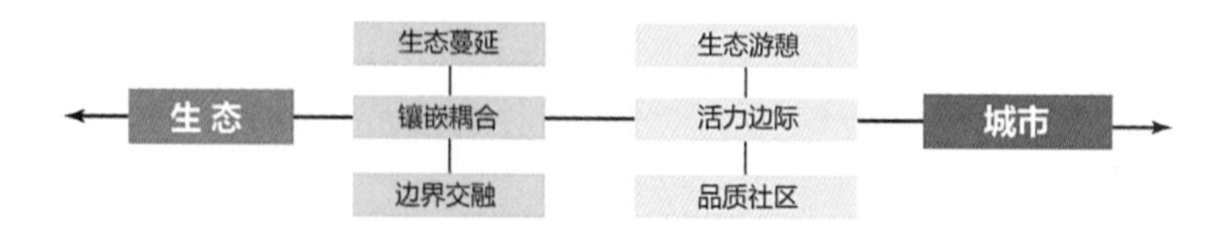

图5-23 渗透性建构与城市空间优化

5.4.3 均衡性建构与城市空间优化

（1）服务覆盖

宏观层面上，通过均衡性建构引导城市生态空间作为一种公共资源的公平配置，推进了生态空间在城市空间中的平衡合宜的布局，同时体现了空间布局的合理性与生态服务的公平性两个问题。

一方面，考虑城市生态系统服务的实际需求，在不同人口密度、不同用地性质以及不同路网密度地区，这种需求均存在着差异，建立在对这种“需求密度”差异分析的基础上，在整体城市之中构建均衡、合宜的生态空间体系。另一方面，借助生态功能的“外溢”特性，拓展生态系统服务在全城范围内的覆盖率，确保生态系统服务面向整体城市进行，建立与生态空间体系相匹配的合理城市空间布局，让人们可以公平地享受到各种生态系统服务功能。

（2）便捷可达

中、微观层面上，因城市生态空间的外向效益存在着距离衰减规律，通过合理密度的生态空间分布可以较大幅度地提升步行可达程度，形成不同城市地段均可便捷到达与进入的开放化生态空间体系。如满足“3分钟见绿、5分钟见园”以及“5分钟300m步行可达范围”的绿地布局要求，提供了便捷可达的公共开放空间体系，增强了绿地生态空间的利用率，尤其考虑了老年人作为使用主体的需求，应对了当前我国面临老龄化社会的现实问题，同时也促进了城市居民的健康生活，推动了生态空间各项效益的发挥。（图5-24）

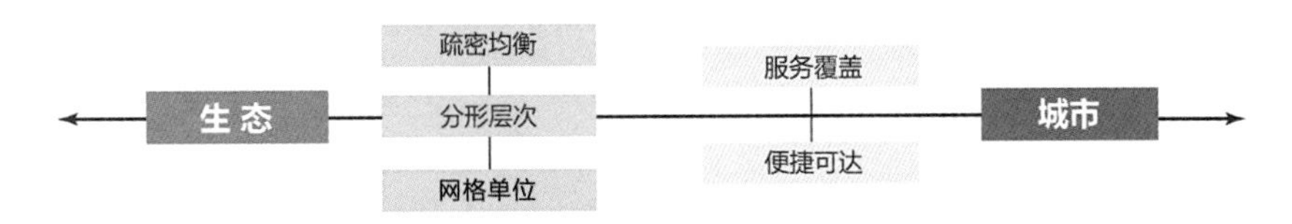

图5-24　均衡性建构与城市空间优化

5.5 小结

基于效能的视角，本章将城市空间解构为连接系统、渗透系统、均衡系统三大空间系统，继而构建了效能引导的城市生态空间体系评价的三大指标。结合指标的分析评定，将定性的分析评价归纳到定量的测度体系之中，以连接性建构、渗透性建构、均衡性建构三大建构技术为指引，建构结构合理、系统稳定、功能完善、空间融合的城市生态空间体系，提出以空间增效为建构目标的技术路径、方式与方法。

首先，基于生态“源”、连通廊道、基质及其连接阻力等因素对于生态空间连接的影响，从找寻连接薄弱环节、分析扩散阻力方向、建构适宜连接路径三方面提出连接性优化的技术路径，引导了由宏观层面的山水架构、中观层面的绿地贯通以及微观层面的溪沟、踏脚石连接所共同构成的连接性建构方法，建立了空间连通、功能连续兼具的生态空间连接模式，进而引导了山水融城、有机疏散的城市空间形态，并引导了城市中的活力开放空间体系。

其次，基于城市生态空间格局、生态要素形态以及渗透阻力等因素对于生态空间渗透的影响，从加强空间格局镶嵌、优化空间形态边界、调节空间交流功能三方面提出渗透性优化的技术路径，引导了由宏观层面的生态蔓延、中观层面的镶嵌耦合以及微观层面的边界交融所共同构成的渗透性建构方法，建立了自然嵌合、交融共生的生态空间渗透模式，进而在城市外围引导了镶嵌式的城郊空间格局以及郊野生态游憩体系，而同时在城市内部激发了绿色边缘区与生态影响区的多元边际效应，推动了真正与自然为邻的品质化城区的塑造，进一步优化了具有活力的城市空间形态。

再次，基于城市生态空间格局、生态要素形态以及渗透阻力等因素对于生态空间均衡的影响，从优化分布密度、找寻适宜尺度、调控空间辐射三方面提出均衡性优化的技术路径，引导了由宏观层面的分形层次、中观层面的疏密平衡以及微观层面的网格单元所共同构成的均衡性建构方法，建立了密度合宜、疏密均衡的生态空间均衡模式，进而提升了城市生态空间布局的合理性与生态系统服务效率的公平性，提升了城市生态空间的便捷可达性。

结合生态空间的建构，本章继而提出了城市空间的优化途径，凸显了以生态空间支撑发展空间、优化生活空间的总体要求，为营建理性与特色兼具的城市空间结构与形态提供了依据，并为建设绿色城市，促使城市人文环境既能够符合生态学的意义，又充满着自然性特征提供了方向和路径。

景观不仅是风景、温室、荒野和世外桃源，更多的是普遍的环境，是由生态学、经验、诗意和生存空间维度共同形成的复杂局面，是融入文脉、提升经验、将时间与自然结合进入筑成世界的深层次角色。[1]

——［美］詹姆士・科纳（James Corner）

① 詹姆士・科纳．论当代景观建筑学的复兴[M]．北京：中国建筑工业出版社，2008.

生态空间体系引导的城市空间特色营建

6

CHAPTER 6

Urban Space Characterization Guided by the Ecological Space System

当前，城市差异性正逐日减少，趋同性却与日俱增。在自然碎片化与文化多元化的双重冲击之下，城市特色的丧失已成为当今时代不可回避的现实。城市特色是一座城市有别于其他城市的一种自我存在的特征，而城市空间特色，则是这座城市的自然属性、文化属性在城市空间格局、结构以及分布形态上的外在呈现，且因区别于其他城市而呈现出本地化与在地性的特性。

本地化是特色化的核心承载，它包含了自然的本地化与文化的本地化①。前者核心在于挖掘与传承，后者的重点则在于梳理与保护。因自然的本地化以及绿色生态空间具备显性的物质形态，故而，通过生态空间体系的建构，以系统观念整合山水、田园、人居等各类空间要素，并通过具有本地化特征的山水意向的培育、自然生态的保护、空间结构层次的把握以及特色空间的展现等，塑造一个包容、开放且符合时代潮流的城市生态空间体系对于全面引导城市空间特色来说，是一次契机，也是一种思路。

6.1 生态空间体系与城市空间形态联动

绿色生长与城市演进，演绎了一张互为图底、动态平衡的空间变迁图。表现在生态空间与城市内、外部空间的进退关系与耦合关系上，城市外部的绿环、绿楔、绿屏、绿脉，以及内部的绿心、绿核、绿轴、绿廊、绿带等，这些作为构成城市生态空间的要素与构件，通过与城市的围、渗、依、傍、聚、控、联等空间组织方式，积极地塑造着城市内、外部空间结构与空间形态（图6-1，表6-1）。

6.1.1 外部空间形态关联

充分利用城市外围优美的山岳、河川、林地等自然资源，于城市外缘地带并向着内部延伸而形成环形、楔形或放射形的生态

① 任冰儿. 本地化城市特色风貌塑造的规划探索——以金寨县城特色风貌规划为例[J]. 安徽建筑，2019，07：56-60.

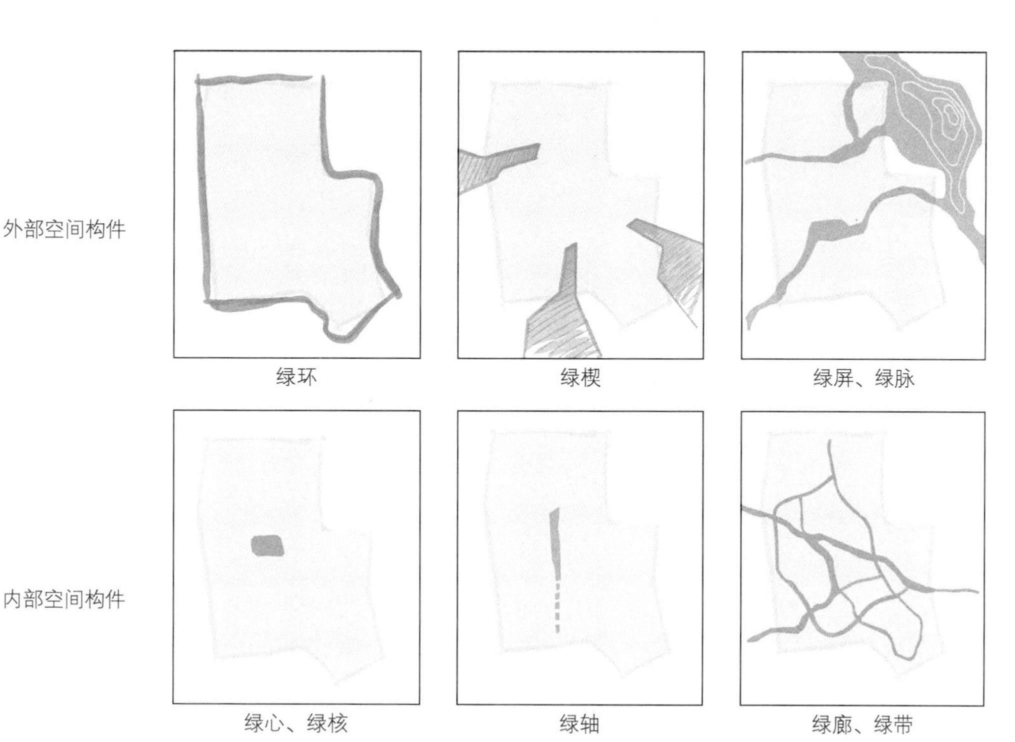

图6-1 城市生态空间构件

生态空间构件与城市空间形态关联 **表6-1**

	生态空间构件	空间关系	空间位置	生态空间载体	空间描述
外部	绿环	“围”	外	山、水、林、田、湖、草	终结蔓延的“绿色轮廓”
	绿楔	“渗”	外—内	山、水、林、田、湖、草	空间疏导的“绿色扇区”
	绿屏、绿脉	“依”“傍”	外—内	山、水、林	城市的“绿色依傍”
内部	绿心、绿核	“聚”	内	山、湖、林、人工绿地	让城市留白的“绿肺”
	绿轴	“控”	内—内 外—内—内—外	河流、道路、人工绿地	秩序引领的“绿色中枢”
	绿廊、绿带	“联”	内—内 外—内—内—外	河流、道路、防护带、人工绿地	游走城市的“绿色静脉”

空间体系。环绕在城市建设空间外围的绿环，作为内、外部空间连接的绿楔，依托外围山体形成的绿屏，以及依托自外而内的河湖水系形成的绿脉等，这些城市生态空间的外部生态构件，描绘了山水格局奠定下的宏观城市格局（即“局”与“势”），也勾勒了生态嵌合引导下的城市空间结构与形态（即“形”与“廓”），为城市与自然的双向融

合提供了良好条件。

（1）绿环：终结蔓延的“绿色轮廓”

绿环即环城绿带，特指围绕在城市建设空间及其发展预留空间外围的环状、连续的永久性生态空间，也泛指城市内部的环状绿地。在城市生态空间体系中，永久性城市绿带即是一道典型的城市绿环，其以自然景观为主导属性，是由城市外缘的山、水、林、田、湖、草等生态资源首尾相接而成的具有一定宽度的环城绿带。永久性城市绿带在综合协调生态保护与城市发展、协调城乡关系中起到重要作用，并在引导城市空间形态、防止城市蔓延、拉动休闲游憩以及维护城市生态平衡与可持续发展等方面承担重要功能（图6-2）。

1）勾勒城市形态

绿环，首先是环绕在城市集中建设区外围的一道“绿色”“可视”的开发边界，作为外轮廓线勾勒着城市空间形态，引导着城市空间拓展，并协调着城乡空间关系。不同的城市因山水禀赋及生态本底各不相同，受外围山、水、林、田、湖等生态资源的差异

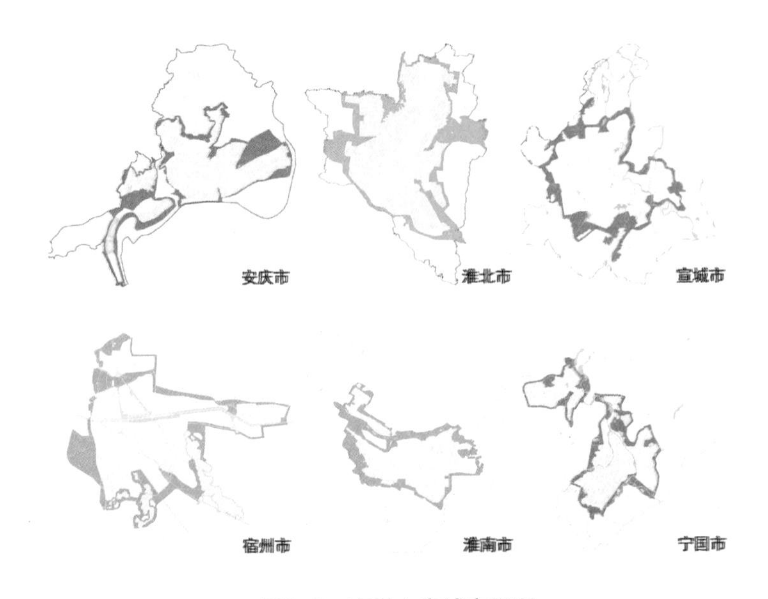

图6-2　安徽六市城市绿环

化引导与限定，这道外轮廓线所描绘出的城市空间形态各具特征，体现着每一座城市所遵守的自然秩序。而这道“可视”的绿色轮廓线，亦可从城市的不同区域、不同角度远眺，让市民感受并体验环绕着城市的绿色气息，并进一步凸显与自然生态高度融合的城市空间特色。

城市外轮廓线通常由城市外部环状、连续的绿环与自外而内的、嵌入城市的绿楔两个部分组合而成，绿环的勾勒强化了生态与城市的空间围合关系，而绿楔的镶嵌则强化了生态与城市的空间嵌合关系。

2）郊野游憩体系

早在20世纪之初，英国伦敦就开始探索建造环城绿带，起因是为保护不断被郊区化侵蚀的生态空间，并为市民提供户外游憩的开敞区域，绿带内维持农田、森林为主的乡村景观，并适当增加高尔夫球场等休闲娱乐用地。之后，环城绿带作为一种很好的理念被欧洲各国广泛实践，除生态安全、防治蔓延、消纳污染等基本生态功能外，其在观光、度假、休闲、娱乐、康体运动以及教育等方面的价值也被积极地探索，并逐渐加载了环城游憩带的概念。

伴随着经济发展的转型、休闲生活理念的兴起以及周末游憩需求的激增等，位于城市近郊的风景名胜区、自然保护区、森林公园、湿地公园、地质公园、田园乡村等具有生态游憩意义的空间资源，或是通过直接的空间连接，或是通过游憩绿道等线性连接手段而被有序组织起来，逐渐塑造出环绕在城市外围的生态游憩带，即环城游憩带。市民的近距离游憩需求、投资者的投资偏好以及政府的政策激励等，成为影响环城游憩带形成的最主要因素①，而环城游憩带也日渐成为一种城郊旅游开发的空间结构形式，并于一定程度上影响着整体城市空间结构的转变。

3）城市蔓延的“终结者”

某种程度上，永久性城市绿带作为城市终极限定的开发界线，是城市建设空间与外围永久性开放空间的分界线，或者可以说是被“固化”或“可视化”的城市空间增长边界（UGB）。受工业化的发展驱动以及现代交通、通信技术的发展支撑，现代城市呈现出快速、低密度、粗放化的“匀质化”

① 吴必虎. 大城市环城游憩带（ReBAM）研究——以上海市为例[J]. 地理科学，2001，04（21）：354-359.

蔓延态势，且在空间上日益突破城市界限而向着郊区无计划地扩张。这种蔓延在本质上是一种郊区化现象，即城郊原本连续的绿色开放空间被建设空间所侵占，自然景观遭受着破坏与蚕食并逐渐破碎化、孤岛化的现象，它同时带给城市的是一系列生态安全的隐患与对生态环境的破坏。

UGB的概念是围绕市区划一个界限，将建成区与其周边的山、水、森林、农田、湿地等生态化开放空间分割开来，并通过土地保护规划来管理土地和空间的开发，实现开放空间的保护且维持其自然状态①。永久性城市绿带替代UGB作为阻止中心城市无序外向蔓延的一种紧缩性限定手段，通过以乔木林地为主的生态建设方式，连同河湖水系、生态田园等开放空间，环绕在中心城区外围并成为人们眼中可见的一道绿色生态屏障，提示着城市建设开发的极限。永久性城市绿带的实施既有效地保护了城市外部的农田和森林，控制了对城市边缘自然景观的蚕食，同时也避免了中心城市与卫星城之间的集中连片发展。这种方式标识着城市建设由原先的粗放扩张式开发，向着边界限定之下的城市结构优化、土地使用效率集约的紧凑型模式的转变，并确保了城市空间体系与外围生态空间体系的协同共融。

4）缓冲与隔离

早在“田园城市”论中，环城绿带的设定目标就不仅仅是抑制城市的过度扩张以及实现城市空间结构合理化的基本要素，同时，它也是作为城市与郊区之间的柔性隔离带与休闲地。

作为城郊之间的缓冲带，它有如一道“绿色屏障”护卫着城市生态环境，起到生态隔离与环境净化的作用，消解着因城市高密度聚集而形成的环境负外部性影响。环城绿带面向城市发挥多种生态系统服务功能，如通过水源涵养地实现养护水资源、调节水分循环、涵养饮用水水源、防治土壤侵蚀、改善水文状况与水质等功能；通过缓冲型水域、湿地并结合滨水区生境系统的培育，

① [美]奥利弗. 吉勒姆. 无边的城市——论战城市蔓延[M]. 北京：中国建筑工业出版社，2007：184.

实现保持水土、涵养水源以及自然化或半自然化防洪、蓄洪目标；通过防护林带起到防风固沙、污染消纳、调节气候等作用；也通过栖息地保育以及各类物种迁徙廊道的保护，确保各类生态系统与物种在城市中的繁衍生息，有效提升城市生物多样性等①。

5）安全避难

作为环绕在建成区外围的永久性绿色开放空间，绿环对于构建结构完整、功能稳定的生态安全格局同样具有重要意义。一方面，它守护着城市的生态平衡，维护着生态安全与持续发展，在管理和调控雨洪、缓冲热岛效应、增加通风廊道、维护城市生命系统与保护生物多样性等方面起到重要作用；另一方面，它又为城市密集区域提供开阔地带，作为防灾、减灾的重要避难空间，体现在无灾害时期提供防灾教育与演习场所，灾害时期作为市民避灾、救灾通道与避难场所，蔓延性灾害发生时又可充当隔离绿带以防止灾害或灾害气体扩散，而在灾后重建期间，又可作为安抚人们心灵的大花园②。

（2）绿楔：空间疏导的“绿色扇区”

绿楔即楔形或扇形绿地生态空间，指从城市外围由宽变窄呈楔形嵌入城市内部的大型生态绿地。绿楔以自然以及人工景观为主导属性，较为集中地将山、水、林、田、湖、草等城郊生态资源导入城市，并与城市内部绿地系统相连接。其一方面在平衡城市内、外部生态系统，协调自然与人工方面承担重要功能，有效地引导城市通风环境、缓解热岛效应并优化生态环境质量；另一方面，通过绿色开放空间的有机渗透，绿楔也积极地控制着城市空间形态（图6-3）。

1）空间疏导

无论是田园城市论还是有机疏散论，均提出以楔形绿地划分城市片区或组团作为一种有效防止城市圈层式“摊大饼”的空间手段。因而，绿楔一方面是城市生态骨架的重要组成部分，为一种结构性生态空间，另一方面又是作为疏导城市空间布局的一种空间手段。

---

① 范昕婷，郭雪艳，方燕辉，等. 上海市环城绿带生态系统服务价值评估[J]. 城市环境与城市生态，2013，26（05）：1-5.
② 刘勇. 城市防灾避难绿地系统探究[J]. 西北大学学报（自然科学版），2013，03：486-488.

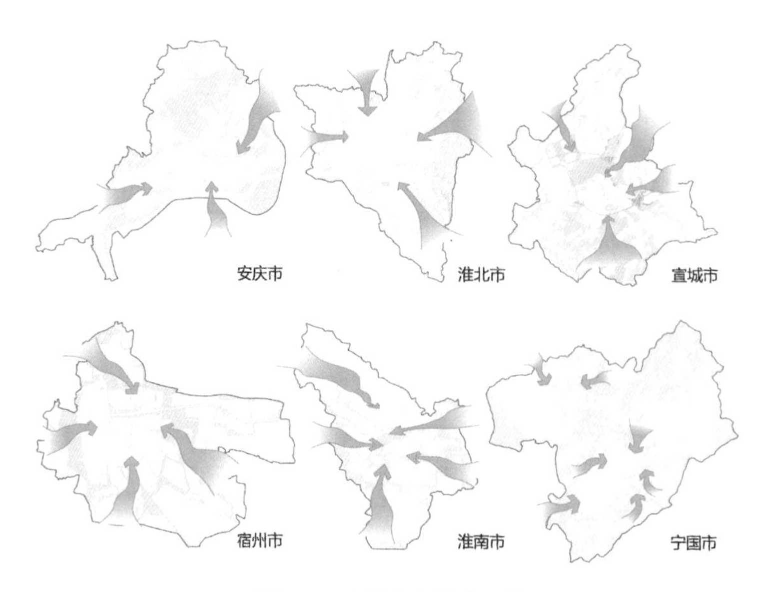

图6-3 安徽六市城市绿楔

绿楔不仅仅在联通城市内、外部生态空间，完善城市生态空间布局以及优化各项生态机能方面发挥作用，还在控制与疏导城市空间形态、引导健康有序的空间格局以及提倡集中与分散相结合的城市空间结构等方面发挥重要作用。为阻止中心城市过于集中连片、板结匀质的发展，缓解单中心城市的各种压力，当城市空间增长到一定规模时，绿楔借助自然空间资源整合与人工建设严控的双重手段，有效联通城市外围的河湖水系、生态田园等开放空间与城市内部的绿地生态空间体系，隔离并疏解着不同城市片区，优化并引导着有机疏散的城市空间格局。

2）自然与人工的平衡

作为城市内、外部过渡性空间，绿楔又是生态空间系统与城市空间系统进行物质、信息、能量交换的主要场所。在严格的空间预留与建设管控之下，因其与外界保持良好的连通，各类交换途径畅通，因而也成为不同城市片区或组团间的缓冲与隔离功能区域。一方面，其源源不断地自外向内运送着洁净的空气、清澈的水以及多样的动植物物种，另一方面则又自内而外地传输因高密度聚集而产生的噪声、烟尘、污水、浊气及污染物质等。这种持续的内、外部循环维持着城市的基本生态过程、物质能量代谢以及生命支持系统，同时对于优化各项城市机能组织，化解“城市病”，缓解城市交通与环境压力、分散热岛、防风固沙、水土保持等，为改善人居环境并保障自然与人工环境之间的平衡具有积极意义，即让城市不脱离于自然，也让自然能够感受到城市的脉搏。

3）城市“呼吸”的通道

在城市内部，因高度密集的建筑物、车流、人流以及地表层的人工硬化等，妨碍了空气的正常对流，改变了水分的自然循环及径流过程，因而导致城市中心地区出现高温、低湿、空气污浊等现象。城市绿楔则与高密度开发地段形成了强烈的空间对比，它由大致小、由表及里地在生态源地与城市内部空间通过开放绿地的连接，形成由郊区向城市腹地输送新鲜空气的通道。受楔形“喇叭口”开放空间的牵引，以及绿树树荫的庇护，它一方面将城郊怡人的新鲜空气与氧气源源不断地输送往城市中心，有效地冲击城市热岛与热岛链，从而实现调节并改善城市内部的温、湿度条件；与此同时，绿楔也是作为城市的生物栖息地和重要物种繁殖的场所，担当着保护城市物种多样性的主要责任。

（3）绿屏、绿脉：城市的“绿色依傍”

1）城市的山水依傍

山之高、深与博、大，水之灵、动与柔、变。山与水，是大自然中两种风格迥异的形态，也构成了城市生态空间体系中的两大自然要素，绿色绵延的山体生态屏障以及河湖贯通的水体生态脉络，共同构成了城市所依附的“绿屏”与“绿脉”。

山水城市即强调的是一种依傍于山水的城市空间格局与空间结构，山水生态空间作为结构性生态空间，在奠定城市所依托的区域性生态空间基质的同时，也锚固了城市的宏观山水格局，并促进了山水相依、河湖相通之下的有机嵌合的空间布局，使得居民虽身处城市其中，也能够体验并享受安然于山水之间的悠然与闲适，且成为理想人居环境的最高追求（图6-4）。

2）自然的城市引入

作为城市生态空间体系中的两大自然要素，“绿屏”与“绿脉”引领着

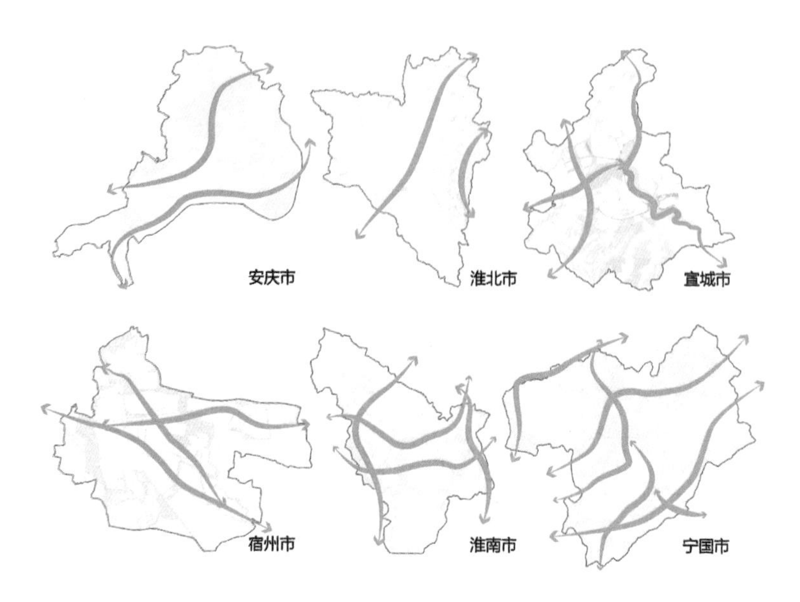

图6-4　安徽六市城市绿屏、绿脉

自然走入了城市，它呈现为城市中的山体自然景观与水体自然景观，并与城市内部的绿地系统联结为一个整体。作为城市外部以自然属性主导的生态空间与城市内部以人工建设属性主导的生态空间的重要连接体，同时亦是自然与人工相融合的空间载体，“绿屏”与“绿脉”具有人工与自然的双重属性特征，对于形成“自然—人工”完美联结且融合的一体化生态空间体系具有重要意义，同时也衔接维持着城市内、外部的生态平衡。

6.1.2　内部空间形态关联

在城市内部空间中，生态空间的布局突破建设空间的约束，改变了其与人工硬质空间的图底关系，引导着城市空间的格局与形态，从而达到优化城市空间的作用。让城市中心留白的绿心、绿核，控制并引导中心秩序的绿轴，以及穿梭并游走于城市内部的绿廊、绿带等等，这些城市生态空间的内部生态构件，为城市内部注入了绿色生机与游憩活力，它们的存在是衡量城市现代化水平的标志，且对于形成生态可持续的城市空间特色具有重要意义。

（1）绿心、绿核：让城市留白的“绿肺”

城市的绿心、绿核，即指位于城市相对中心位置的具有相应规模的大型、集中型生态斑块。在诸多中外城市建设中，绿心、绿核的存在通常是借助于大型水域、山体绿化或是林地资源，同时结合其周围生态空间建设而成的集中、大规模生态绿地，具有自然及人工相结合的双重景观特性。绿心、绿核因具备较大的规模效应，故而有利于其生态功能的发挥；因其核心区位也成为城市高度共享的开放空间，面向着周边地区激发着社会效应并拉动着经济消费；也因其具备不同于城市中心高密度聚集建设的空间风貌，而为城市创造了新的空间地标，对于美化城市环境、塑造城市中心形象具有不可取代的作用（图6-5）。

1）城市“绿肺”

如果说绿楔作为城市“呼吸”的通道，绿心、绿核则有如城市的“绿肺”，是城市机体得以自然呼吸的器官。绿心、绿核一般位于城市集中建成区中心位置，借助于大型水面、山体或林地，及其周边生态空间的营造，让自然元素留在了寸土寸金的城市核心地带，而成为深处城市内部的核心生态

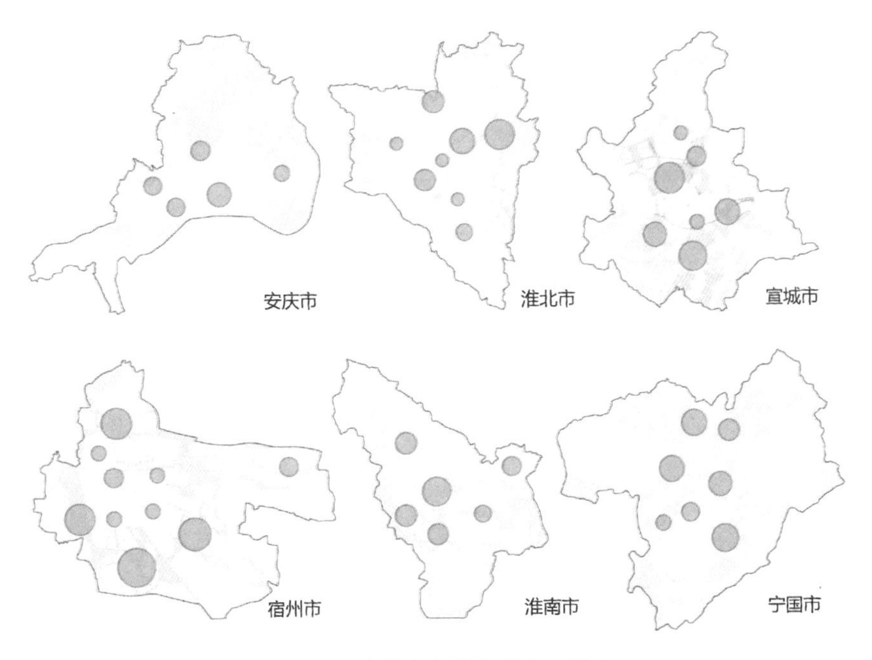

图6-5 安徽六市城市绿心、绿核

枢纽。“绿肺”为城市居民提供了可以更加顺畅地呼吸新鲜空气，可以更加从容地与自然和谐共处、与绿色互为睦邻的空间场所，其“肺活量”决定了城市的健康度，对于城市中心因集聚而造成的烟尘、粉尘具有明显的过滤与吸附作用，发挥着净化空气、降低噪声、缓解热岛、气候调节、生物多样以及防灾避难等绿核效应。同时，绿肺也决定了城市中心的环境承载能力，若是超出这一承载极限，就会引发城市生态环境的恶性循环。

2）“留白”的游憩集会地

与高密度建设形成强烈且鲜明的对比，绿心、绿核因空间的高度开放化与公共性而通常成为城市中心最具有吸引力的公共开放空间。这些大型生态绿地不同于城市外围的风景区或生态公园，它为深处于高度密集的中心地带的空间“留白”，为城市中心造就了绿意盎然、生机勃勃的生物群落环境，实现了森林入城，带来了稀缺的绿色开放空间，由此也方便了广大市民接触生态绿地，迎合了人们的心理需求与精神需求。绿心与绿核是城市内部极具魅力与凝聚力的休闲、游憩与集会场所，因而又被誉为“城市客厅”，为城市服务型生态用地的重要组成部分。如结合水面的滨水广场通常为城市市民最为丰富的游憩与集会场所，大型的草坪空间为各项娱乐活动、体育运动提供了空间，成规模的户外场地又为游乐、健身以及城际文化交流等各类活动提供了支撑等。

3）活力绿色边缘

作为城市中心的大型生态绿地，在优化生态空间布局的同时，绿心与绿核又为城市内部塑造了大量丰富的且极具异质性特色的绿色边缘地带。这种边缘地带具有区别于其他城市建设地带的物种环境、景观风格以及空间形态特征等，为城市带来了多样性，彰显了城市地域个性与魅力，较高程度地提升了人居环境质量。它们对于人类来说充满着活力与生命力，通过增添空间丰富、绿色生态、环境怡人的户外活动场所而拉近了人与自然的关系，增加了人与自然的接触，并为城市与自然的共融提供了良好条件。

（2）绿轴：秩序引领的“绿色中枢”

城市绿轴，通常指位于相对中心位置，且对于城市整体或是

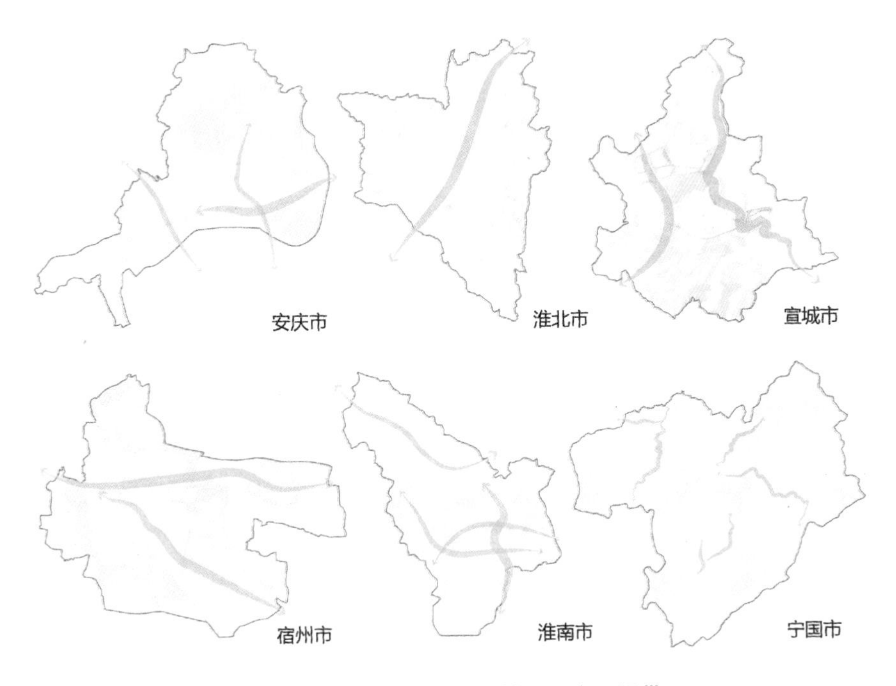

图6-6 安徽六市城市绿轴、绿廊、绿带

局部建设空间具有控制作用，以人工型公共绿地为主导的相对规则的轴线状、开放式绿地空间①。因其在城市中的特殊区位，又可将其称作城市中心绿轴，在很多城市的老城中心为人工规则型带状绿地，而在更多的城市中则是引导新城形态的大型中央生态绿轴，或是作为新城的中央公园与城市客厅（图6-6）。

1）自然导入中心

绿轴的一端，通常与城市的自然生态资源相连通，另一端则连接着城市建设空间的核心地段，控制并引导着城市的集中建设地带。绿轴引导着城市中心由传统的人工走向自然、由密集走向疏朗、由集中建设走向空间开放，并成为链接自然与人工环境，且将自然导入城市中心的一种最直接的空间手段。绿轴作为城市绿地系统的组成部分，与其他各类绿地同样发挥着调节气候、减缓热岛、防尘防噪、防灾减灾及美化城市等作用，且为市民提供了多

① 万敏. 我国城市中心绿轴的基本特征与思想探因[J]. 中国园林，2011，04：44-47.

功能、开放化休憩空间。采用中心绿轴主控新城并促进城市中心自然化的建设模式，在我国新城建设中屡见不鲜，这种崇尚自然的绿轴不仅使得新城核心地段的高强度开发得以疏解，也进一步提升了新城生态环境品质，改变了人们对新城中心的固有认识[①]。

2）控制与引导

在我国城市中，绿轴的意义是作为城市或片区中心的外在形象性展示或是内在象征性意义，以及除此之外的社会公平性、经济消费型或文化伦理观等目标。绿轴一般位于新城中心或是片区中心，如合肥市政务区的天鹅湖绿轴、宣城市敬亭山生态绿轴等，这种轴线型生态空间构件，相对其他构件可称得上是人工化程度最高、最严格遵循规划而形成，它对于整体城市或是片区起到空间统领与控制的作用。结合轴线周边，通常布局着大型公共建筑如博物馆、科技馆、文化馆、图书馆、体育馆以及市民活动中心等，或是市级、片区级行政中心。这些绿色开放空间通常以人工建造的相对规则式、开放化绿地或广场为主要形式，它与这些表征城市形象的大型公共建筑或行政中心在空间上相互呼应、依存，以宽窄不一的尺度，采取直线方式或是结合地形的自由流线方式，大手笔地“统帅”着城市相应地区的空间格局与形态，并从整体上塑造了城市或片区中心的秩序与形象（表6-2）。

（3）绿廊、绿带：游走城市的“绿色静脉”

绿廊、绿带即城市内部的绿色生态廊道或景观廊道，通常是依附于水系、道路或是依托基础设施廊道，结合一定宽度绿地而形成的狭长带状生态绿地。绿廊、绿带为典型的线性生态空间构件，除了面向城市发挥重要的生态服务型功能之外，其在满足市民与自然亲近的需求、文化的延续与传承、休闲游憩的开展以及经济消费的拉动等方面均发挥着不可取代的重要作用。

1）连通与组织

因具备较强的流通特性，绿廊、绿带在城市生态空间体系中

---

① 文毅，毕凌岚．城市中心绿轴对城市生态系统的生态效能影响探讨[J]．四川建筑，2012，05：30-33.

城市中心绿轴尺度比较 **表6-2**

编号	绿轴名称	长（m）×宽（m）	规模	备注
1	上海浦东世纪大道	5500×100	55.0	结合景观道路、公共绿地
2	巴黎香榭丽舍田园大道	2240×70	15.7	结合景观道路、公共绿地
3	美国纽约中央公园	500×4000	200.0	结合公共绿地
4	深圳福田中心区	2000×250	50.0	结合公共建筑、公共绿地
5	北京市新中轴线	25000×1000	2500.0	结合山体、水域、公共建筑
6	巴塞罗那慢行绿色廊道	4000×100	40.0	结合线性公园
7	温州滨江商务区 CBD 绿轴	2200×170	37.4	结合水系、CBD、公共绿地
8	佛山中心区中轴线	3000×230	69.0	结合水系、公共绿地

起着重要的生态连接作用，联系着城市与自然，也链接着生态节点和生态区域。作为自然与人工相结合的绿地景观要素，绿廊与绿带通常是一端向外衔接着绿楔、绿屏或绿脉，另一端则向内连通并组织着城市绿地生态空间系统，构建城市的绿色基础设施。这些线性生态空间利用城市中的湖泊、河流、林地等自然生态元素，穿针引线地串连起分散于片区、社区及街道的点、块状生态绿地空间，从而形成穿插于城市内部的连续生态系统。人口密集区域的绿廊、绿带与市民日常生活紧密关联，融合着面向城市的生态服务、文化展示、游憩健身、养身休闲等一系列功能，且将城市景观与生态环境相互连接并整合为城市中的景观生态综合系统，缓解着紧张、高密的城市空间与城市交通压力。

2）绿色游憩

相对于绿心、绿核以及绿轴，绿廊与绿带这一线性生态空间构件具有更强的可达性，并促进了更加切合实际使用需求的“绿享率”。因而在提升人均公共绿地水平的同时，绿廊、绿带体现出城市生态空间资源分配的均衡性与公平性，一定程度上扩张了城市功能空间，并被作为在城市生态规划中建构合理绿地生态结构的重要手段。

绿廊、绿带因其流动性而更加生机盎然，也因其可达性、舒适性及互动性而成为吸引城市居民日常户外活动的最重要场所。其将城市的公园绿地、文化中心、历史街区、风景区等空间区域自然串联，带来了连续、开放的生态游憩空间并纳入网络化的城市游憩空间系统，面向城市承载着生态休憩、观赏娱乐、康体健身、文化展示等多元功能与需求。线性生态空间的不同区段，也因结合不同城市功能区块而呈现出差异化的空间形式与风格特征，对于塑造特色鲜明的城市生态空间奠定了基础，因而绿廊、绿带也成为集中展现城市形象的窗口，为城市凝聚了活力并增添了风采，对于提升环境品质与景观特色，促进绿地生态和城市的多元交融具有重要意义。

3）慢行活力

面对快速城市化及机动车的无限量扩张，交通问题与环境问题成为当今城市面临的两大严峻问题，以及由此引发的城市活力缺失、特色丧失、生活品质下降等。慢行空间是一种以非机动车及步行为主要通行方式的线性空间，以提供交通连接功能为主，同时具有市民休闲、游憩、健身与文化交流等功能。与绿色生态廊道相比较，两者在形式与功能上相似并关联，而在现实空间中却大多是分离、交叉与不共线的，从而造成空间资源的闲置与浪费。因此，提倡将慢行空间与绿色生态廊道有机结合，针对慢行交通系统与城市生态空间体系展开融合性规划设计，将交通出行方式的改善与生态环境的提升相结合，打造城市绿色慢行系统，有效地整合土地资源并激发环境、经济与社会等多重效益。

绿色慢行系统迎合了健康城市理念与闲暇游憩理念，其以绿色交通为导向，让自然生态空间融入慢行交通与休闲游憩，连接并整合现有公共绿地、旅游景点和开放空间等形成一种复合型线性空间。通过将绿廊、绿带与绿色出行理念相贯联，进而与市民休闲、观光游憩、娱乐健身等各种需求相结合，以“慢生活”的营造方式突出城市休闲特色，营造“居游相依”、亲近自然且充满人性与场所感，充满活力、品质、个性的城市公共空间环境。这种空间资源的优化与整合，系统地协调了城市所面临的交通与生态困境，提升了观光与商业价值，并减少了资源损耗，让城市焕发出更多的生机与活力。

6.2 城市空间特色营建路径

自然的“绿色生长”与城市的“空间演进”，这一漫长互动过程呈现于空间图底关系上，是一幅双向进退、耦合映衬的黑白变迁图。“黑无白不显，白无黑不障”，站立于城市空间特色塑造的视角，这一变迁过程体现为贯穿于时间维度的一轮又一轮空间“形”、“意”的演绎与蜕变，并最终造就了现今的城市空间格局、结构与形态。

从城市外部空间来看，通过生态空间体系对于城市空间轮廓的勾勒、边界的描绘以及细部的刻画，逐步打造为每一城市所独具的空间特征，其中，绿环对于城市空间形态的勾勒，绿楔对于城市空间格局的疏导、结构的组织，而绿屏、绿脉则为山水自然的城市引入，以及对于城市边界形态的进一步刻画。而从城市内部空间看，受不同自然地理条件、资源禀赋、历史发展轨迹、政治文化脉络、经济产业演变等因素影响，城市的发展变迁与面貌更迭呈现出气象万千、独具特质的特征。其中，绿轴致力于城市中心景观的形象塑造与中心格局的控制引导；绿廊及绿带促进城市内部的生态空间连通与组织；而绿心、绿核则为城市核心区域带来空间留白，让城市能够自然地“呼吸”。

安徽省（简称皖）地势南高北低，长江、淮河横贯省境，区域自然地理条件差异较大，全省自南向北可划分为皖南山区、沿江平原、皖西山区、江淮丘陵和皖北平原五大片区（图6-7）。其中，皖南山区和皖西山区层峦叠嶂，群山绵延，以山地丘陵为主；沿江平原地势低平，河湖交错、平畴沃野，属于长江中下游平原；江淮丘陵地区西耸崇山、东绵丘陵、山地岗丘逶迤曲折；皖北平原地势坦荡辽阔，为华北平原的一部分。以安徽省自南向北的山地型城市宁国市、丘陵型城市淮南市、平原型城市淮北市三座城市为例，呼应完全不同的三大自然区域，探索通过生态空间体系的架构与塑造而引导的三种类型城市空间形态的塑造路径（图6-8）。

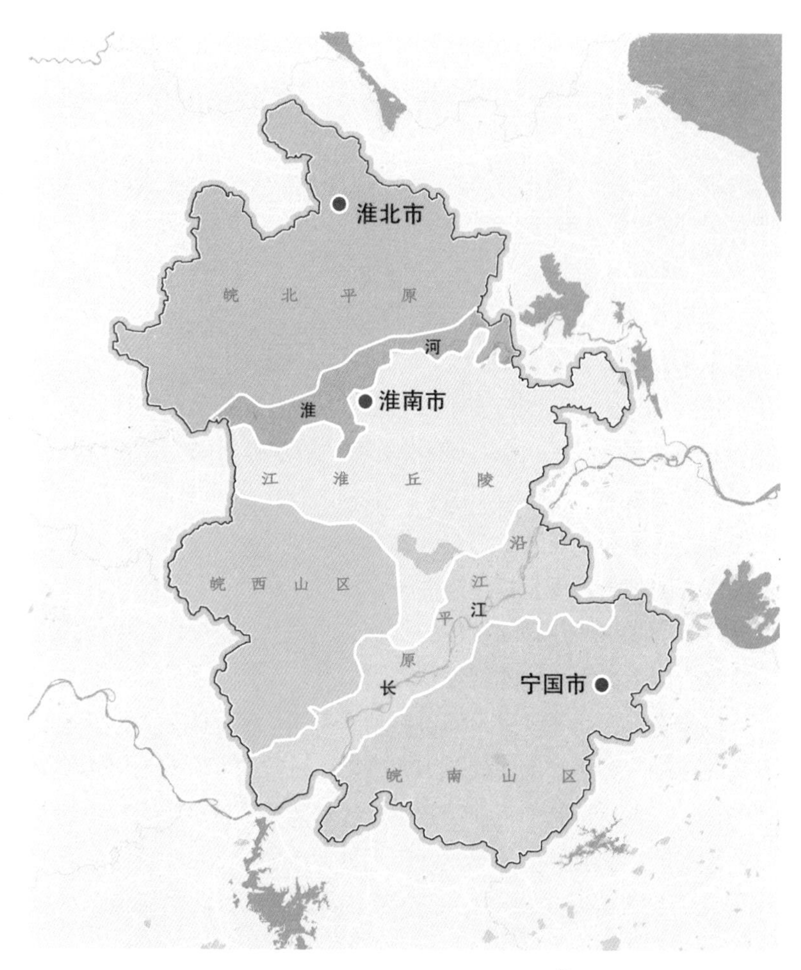

图6-7 安徽省片区划分示意图[①]

① 底图来源：http://ch.ah.gov.cn/ahch/wsfw/bzdt_list.jsp?cat_rowid=2018080001852820.

图6-8　宁国、淮南、淮北三市城市空间形态

6.2.1　宁国市（山地型城市）空间特色塑造

（1）自然概况

宁国市地处皖东南，东邻浙江，西靠黄山，连接皖浙两省七个县市，为皖南山区之咽喉，南北商旅通衢之要道。地理区位上看，宁国位于皖南山地丘陵区，全市地势南高北低、跌宕起伏，最高点东南部龙王山海拔1587m，最低点北部港口镇海拔仅40m，东部、西部均围以崇山峻岭、高山丘壑。

宁国是一个多山的城市，其土地资源的地貌类型构成中，山地达81.4万亩（1亩≈666.67m^2），占土地总面积的22.2%；丘陵233.1万亩，占土地总面积63.5%；平畈多位于市域北部，占地52.5万亩，仅为全市土地总面积的14.3%。城市建成区主要集中在平畈地区，但该区域地势也仅是相对平坦，其间山地起伏，周边更是群山环抱。

宁国也是一个多水的城市，作为水阳江、青弋江、富春江三江源头，市域共有大小河流465条，河道总长度1734.6km，河网密度平均每平方千米达0.7km，其长度在10km以上河流34条；东津河、中津河、西津河三条大河穿城而过，为市区主要河流。境内河流分属4个水系，东津河、中津河、西津河分别在河沥溪附近汇合后，向北流入水阳江水系，其流域面积占全市国土总面积的96.8%。

（2）空间演变历程

自然地理条件的引导、限制与约束，是山地型城市宁国市的空间形态发展与变迁的最主要内因。早在中华人民共和国成立之前，这座典型的山区小城镇规模尚不足1km^2，于山间地势较平缓地区依水而建，并在空间上呈两个组团。至20世纪80年代以后，因水运交通和皖赣铁路建设，以及省与省之间的商贸往来，建成区缓慢扩展；遵循自然山水大格局，两个组团沿滨水空间相向而行，逐渐形成连续状态并呈东西向的带状形态，其余地区建设因地势而采用小规模、块状化建设，山水格局与城市形态交相呼应、彼此顺应。这种状态一直延续到90年代后期，尽管建成区逐步发展壮大，但依然保持既有格局和肌理，空间扩张较为谨慎，自然山水格局未被破坏，整体空间特征表现为山环水绕、疏密有致（图6-9*a*、*b*、*c*）。

进入21世纪后，受工业化加速发展驱动，城市规模快速扩张，空间扩展继续沿东西向伸展，并开始沿南北方向、滨水地区拓展空间，外围新增建设用地也开始围绕建成区星星点点分布，整个城市仍然聚合在山环水绕地区，但临山地区已经开始有了一些开发建设，且在滨水地区有了围合、封堵之势。其后，宁国市的工业化进程大大加快，城市规模迅速扩大，为保护整体山水格局不被破坏，空间上开始向东、向北跳跃式地建设规模化的工业园区和新区，至2016年，城市建设规模已超过20km^2；尤其是北部的港口组团为结合港口镇建设的生态工业园区，功能上相对独立，空间上通过快速交通连接中心城区。这种典型的组团式空间结构形态，是山地城市在保护自然生态、山体资源与发展需求之间的一种合理选择，但需要梳理好城市功能布局、空间形态与交通体系之间的关系（图6-9*d*）。尽管面临着城市建设速度加快、建成区规模快速壮大的压力，城市仍然保持了较好的山水格局与生态连接，围绕七座山体的嵌入以及三条大河与皖赣铁路的贯穿，中心城区由主城片区、河沥片区、汪溪片区、港口片区四大片区有机构成，进而依托六条城市内河穿越各片区并划分城市组团。由此，“城市—片区—组团”的三级空间结构体系清晰可见，城市的整体格局、空间形态与层级结构浑然天成（图6-9*e*）。

（3）城市生态空间格局

由于自然禀赋得天独厚，结合自然天成的山水资源，宁国市

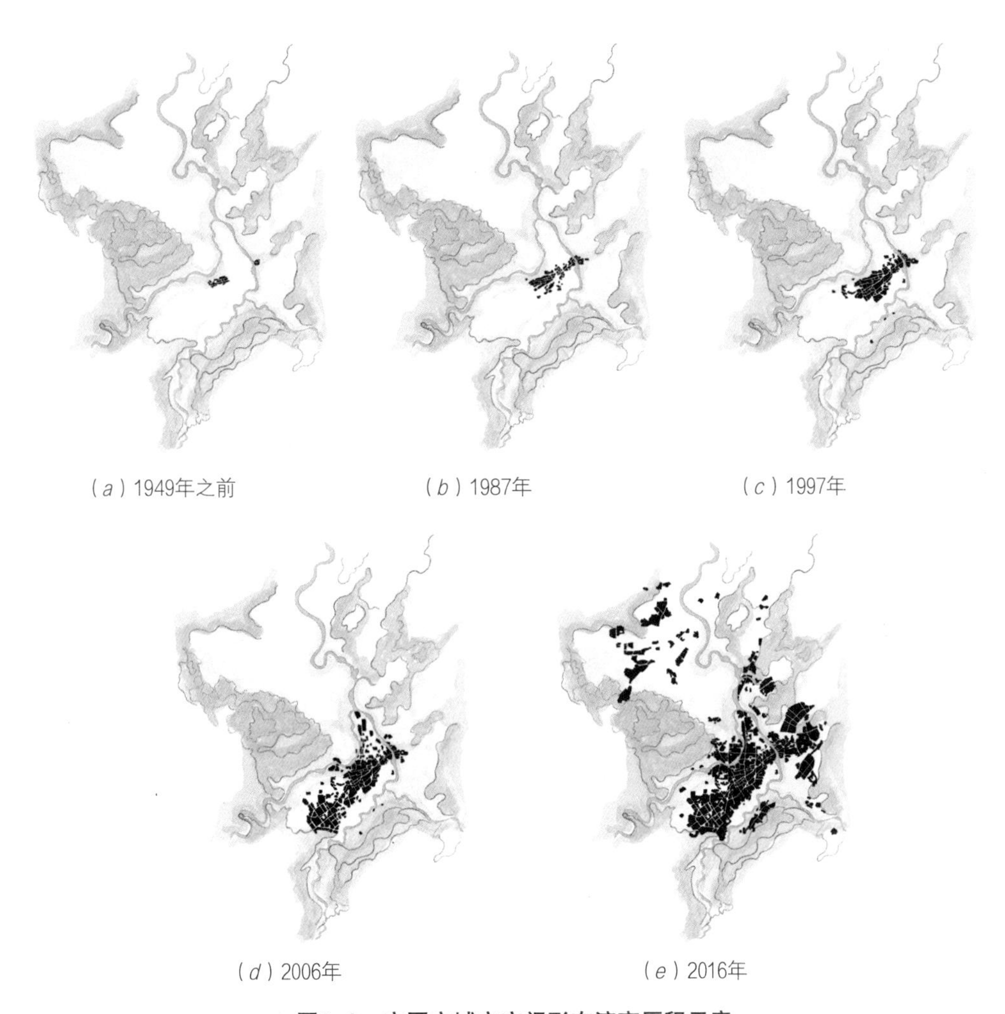

图6-9　宁国市城市空间形态演变历程示意

规划架构了“三津一线，六水双环；七山相嵌，百子为屏”的城市生态空间格局，并分别形成“三屏”“四廊”“六带”“七楔”的生态空间构件（图6-10、图6-11）。

1）“三屏”：在市区的西北部、中部与东南部，结合周边绵延起伏的群山分别形成“将军岭—架子山”生态屏障，“嵩山尖—西头山—包家山—落家山”生态屏障，以及“独山—鸡山—天山”生态屏障，三条依托于连亘山脉组合而成的藏风聚气的绿色屏障，作为城市所天然依傍的大型生态背景，由此衬托坐落其间的山地城市。

2）“四廊”：穿城而过的三条河流是城市独有的生态资源，形成独特的皖南水乡及

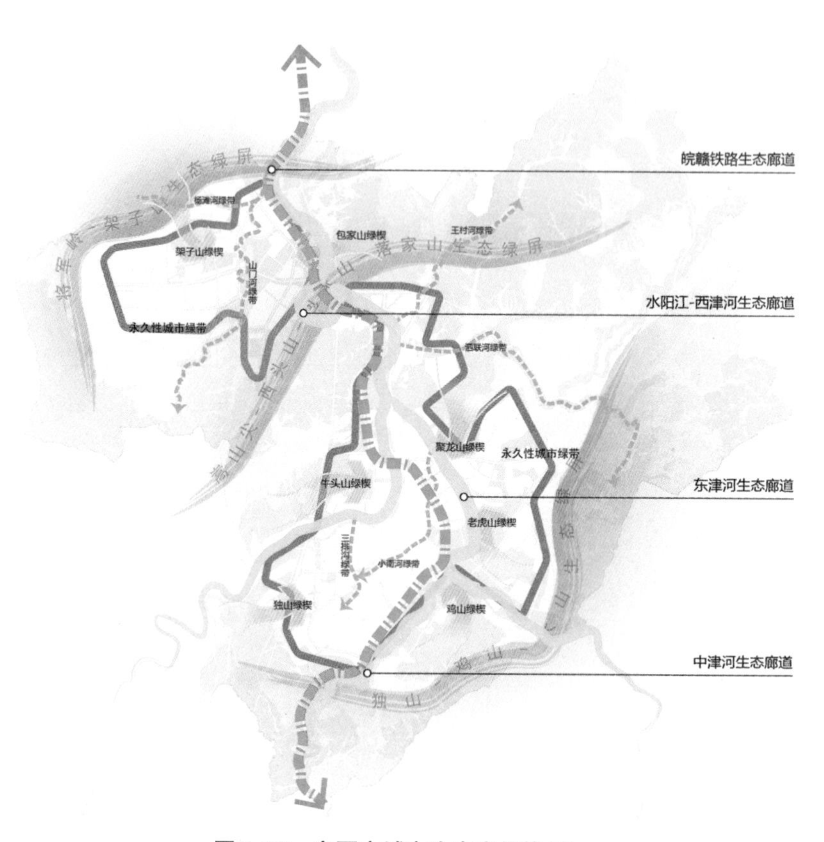

图6-10　宁国市城市生态空间格局I

湿地景致，利用“水阳江—西津河”生态廊道、东津河生态廊道、中津河生态廊道形成城市的三条滨水生态廊道，连同利用已废弃的老皖赣铁路线打造集生态、绿色交通、活力文化为一体的铁路生态廊道，总体上形成“三津一线”的生态廊道格局，贯穿城市中心，构成主体生态骨架。

3）“六带”：即围绕主要河流水系打造的杨滩河绿带、山门河绿带、王村河绿带、泗联河绿带、小南河绿带和三排沟绿带共六条内河滨水绿带，形成水网纵横的整体脉络。

4）“七楔”：即架子山绿楔、包家山绿楔、聚龙山绿楔、牛头山绿楔、独山绿楔、鸡山绿楔和老虎山绿楔，以山体为媒介，分别从不同方向将城郊生态资源连通并导入城市。

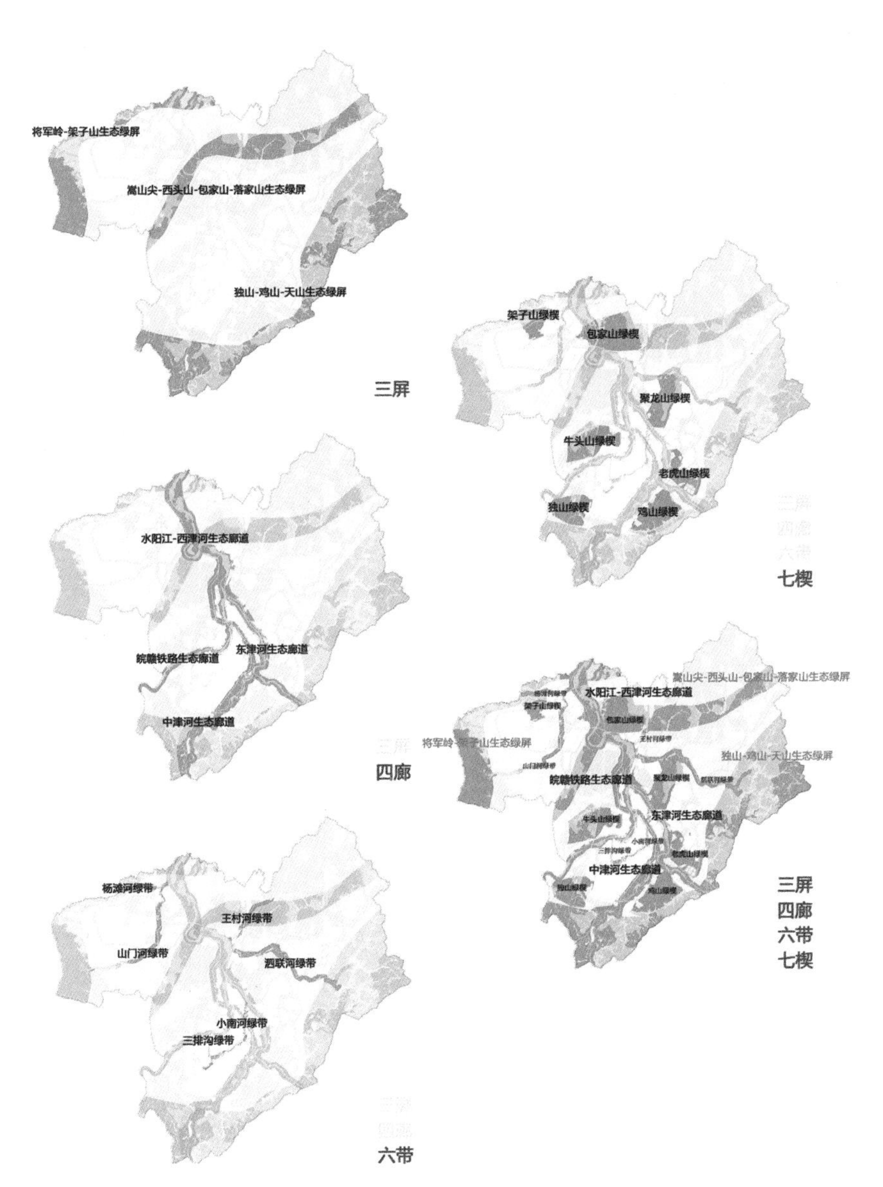

图6-11 宁国市城市生态空间格局II

由此，在宁国市区形成了“屏—廊—带—楔”为核心的主体生态骨架，联合城市内部河流、道路绿廊、防护绿带等形成的多层级内部生态廊道与多级生态绿地斑块构成的“廊道—斑块”次级生态空间体系。继而结合空间规划整合各类土地资源，以生态连接为核心手段，建立城市各类生态资源要素

图6-12 宁国市城市生态空间布局与城市空间形态

的空间联系，共同构建网络化的城市生态空间体系。宁国市区生态空间总用地规模30458.03hm²，占市区国土总面积的70.49%，生态资源总体占比较高（图6-12）。

（4）城市空间形态特色

作为山地型城市，借助于自然之势、山水相成，城市由周边山体与水体形成天然围合，山水生态廊道楔入其间，又有内河生态廊道的连通与组织，成就了有机疏散的天然城市格局。基于生态空间格局奠定的宁国市城市空间形态为自然所赐，无须太多的人工雕琢，并在“生态融城”的思想引领之下，造就了山环水绕、山水与共、疏密有致的城市空间结构与空间形态。

以城市所依存的自然生态区域为背景与基础，塑造城市空间特色，通过“梳山—理水—融城”的空间手法，强化“七山嵌城、三津绕廓”的现代山水城市空间特质。其中，依赖于“梳山”，引导山体绿化的嵌入，塑造城区之间的有机分隔；依赖于“理水”，又在不同城区之间衔接贯穿，实现了活力的链接；注重城市整体轮廓线与山水轮廓线的和谐有序，进而造就以主城为营，四区并立、结构多元的“融城”格局，最终实现了“山水在城中，城在山水中”的城市空间图景。

6.2.2 淮南市（丘陵型城市）空间特色塑造

（1）自然概况

淮南市位于淮河中游的皖中北部地区，长江三角洲腹地的淮河之滨，素有“中州咽喉，江南屏障”之称，为沿淮城市群重要节点，合肥都市圈的成员之一。地理区位上看，淮南市跨越淮河，并在市域范围内以其为界形成两种不同地貌类型：淮河以南的广大区域为丘陵，由东至西不连续隆起的低山丘陵，属江淮丘陵的一部分，而在淮河以北为地势平坦的淮北平原，形成由西北向着东南方位倾斜的河间浅洼平原。

淮南市是一个拥有极其丰富的地下矿产资源的城市，为中国能源之都，是我国13个亿吨级煤炭基地之一，并被誉为“建在金库上的城市”。建立于雄厚煤炭工业基础之上，电力工业也因此而蓬勃发展为庞大的独立工业门类，从而将淮南发展成了中国亿吨级煤基地、华东火电基地与煤化工基地的“三大基地”，以及华东地区的工业“心脏”。

因位处于淮河流域水网区域，淮南市是一个多水的城市，全市水域面积400多km^2，占市国土总面积的16%。境内最大地表水为淮河及其支流东淝河、窑河、西淝河、架河、泥黑河等，并有皖北地区最大的人工河茨淮新河，同时还分布有大大小小的湖泊水面，如瓦埠湖、高塘湖、石涧湖、焦岗湖、花家湖、城北湖等；此外，蔡城塘、泉山、老龙眼、乳山、丁山、许桥等小型水库以及采煤沉陷区积水而成的众多湖泊、湿地等也构成了整体水网格局中的大小节点，如最大的谢二矿沉陷区（亦称淮西湖）等。

淮南的山体主要分布于淮河南岸地区，分别为主城区西部边缘的八公山，将主城区一分为南、北两片的舜耕山，以及东部高塘湖北侧的上窑山，山系脉络多为东西走向。

（2）空间演变历程

煤炭资源型城市的空间演变，与资源分布及交通等支撑条件紧密关联，又因各自所依附的自然条件与发展阶段不同，而呈现出集中团状、带状或多中心组团状的空间结构。淮南市作为典型的煤炭资源型城市，因自然山水条件和煤矿开采时序影响，其空间演变与其他城市存在差异。

淮南市因煤矿开采而兴建，并因煤炭产业发展而逐步壮大。1909年，清政府始建大通煤矿，形成了大通集镇；1930年淮南矿务局成立后，城镇因大通、九龙岗煤矿建设而扩张，同时伴随着商业和运输业的发展而形成了“淮南三镇”（大通、九龙岗和田家庵），并成为现今中心城区的雏形。中华人民共和国成立以后，不仅原有煤矿迅速恢复生产，在城西的八公山区域开始了大规模的矿井建设，并开始大规模修建铁路、公路以提升运输能力。到20世纪80年代，城市空间因煤矿开采、交通建设而呈带状布局，具体表现在从东部九龙岗到中部舜耕山以北，再到西部八公山的东西向非均衡式布局特征。这一空间形态一直持续到90年代末，但在局部有所变化，东部九龙岗和中部田家庵地区，随着煤炭资源的枯竭逐步转化为商贸和居住生活片区，尤其是田家庵地区，南山北水环境突出，借助于东西交通干道优势，商贸功能不断增强，人口规模持续增长，而煤炭资源的开采逐渐向着城市西北部地区转移，形成了“东城西矿”的格局；空间形态上呈现“大分散、小集中”的带状延伸更为明显，随着交通等基础设施的不断完善，带状空间上的各组团之间的联系进一步加强（图6-13*a*、*b*）。

进入21世纪之后，伴随着经济增长速度的加快，城市建设的增速以及基础设施的不断完善，城市也开始由单一能源型驱动转向多元化发展，产业园区与城市新区开始建设，城市空间也开始由单一的东西带状，开始向着南北方向逐渐扩展。空间布局上，东、中部的九龙岗和田家庵两个组团已经连为一体，共同构成了城市中心区，西部八公山地区也因煤炭枯竭而转型，围绕商贸、旅游和居住等功能发展壮大，形成了西部组团。转型发展之时，新区建设也在不断加速，城市东部加快建设经济技术开发区，南部则跨越舜耕山开始建设城市新区，而北部则因淮河的天然屏障作用并未大量开发，在西部临八公山、东部高塘湖周边也保持了较好的原生态环境。到2016年左右，随着城市转型发展的推进，整体空间带状形态

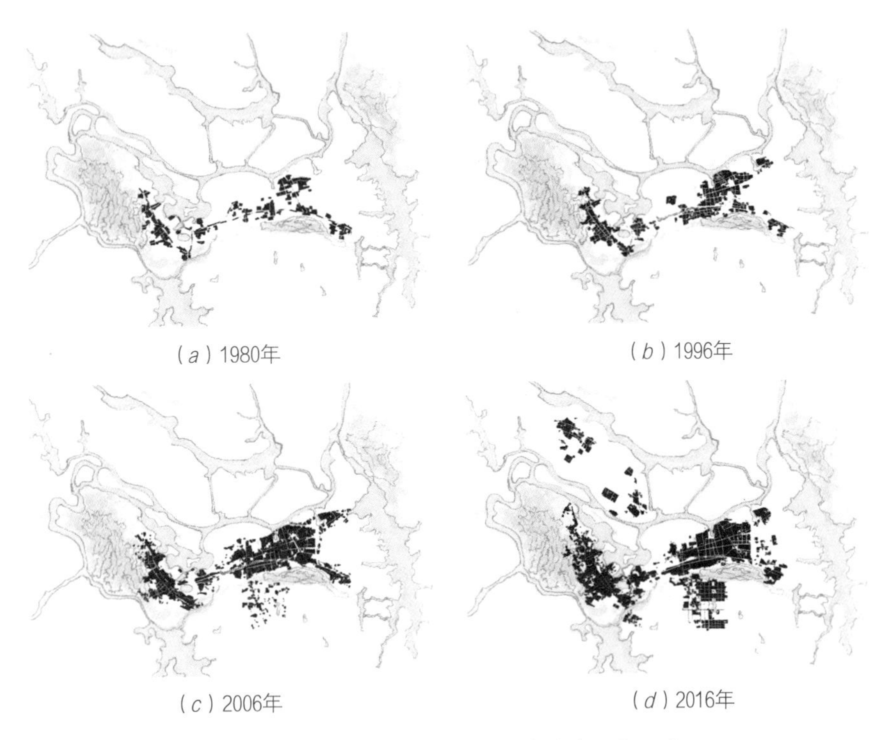

（*a*）1980年 （*b*）1996年

（*c*）2006年 （*d*）2016年

图6-13 淮南市城市空间形态演变历程示意

已经有了较大变化，原有的东西带状布局，已转变为舜耕山以北（田家庵和九龙岗）、舜耕山以南（山南新区）和八公山片区（八公山区和谢家集区）三大组团，而煤炭资源开采及其相关产业发展空间已经转移到西北部地区，形成了“南—北—西北”的“三组团、多中心”的空间形态（图6-13*c*、*d*）。

淮南市的城市空间演进具有三个典型特征：第一，煤矿产业发展是影响城市空间结构演进的重要因素，从“因矿而建”到“建矿兴镇”再到“矿镇分离”，“城”与“矿”的关系始终是城市空间拓展的主题。第二，交通设施的建设对城市空间拓展具有较强影响，由于煤矿城市对矿产资源的依赖，早期因开采而形成了聚居点，而后则因运输而形成了空间扩展轴线，在经历了“铁路主导—公路主导—综合交通协调发展”阶段后，相应的城市空间演化呈现出“铁路为轴—公路为轴—主要交通走廊为主线”的空间拓展模式，这也是由城市空间拓展对交通的依赖决定的。第三，也是最主要的因素，是既有自然山水格局下的城市空间的理性拓展演变，无论城市发展驱动力与交通方式如何转变，城市对于周边舜耕山、八公山及淮河、高塘湖等所构成的自然生态格局未进行大规模改造，保持了较好的自然生态本底，也为营造独特的城市空间特色奠定了最坚实的基础。

（3）城市生态空间格局

结合淮南市的山、河、湖等生态资源的梳理与贯通，同时考虑采煤沉陷区作为威胁型要素可能发展成为潜在生态修复性空间的融入，系统整合山水生态体系，架构“沿淮一带，临山一脉，穿城三线，山河湖链”的城市生态空间格局（图6-14、图6-15）。

1）“沿淮一带”：城市滨临淮河南岸，沿淮河连同两岸湿地区域构筑淮河生态廊道，形成沿淮生态发展带，作为市区东西方向最为重要的生态轴脉。

2）“临山一脉”：整合生态资源，构建衔接八公山、舜耕山、上窑山三大生态核心的山地生态廊道，构成贯通城市中部东西方

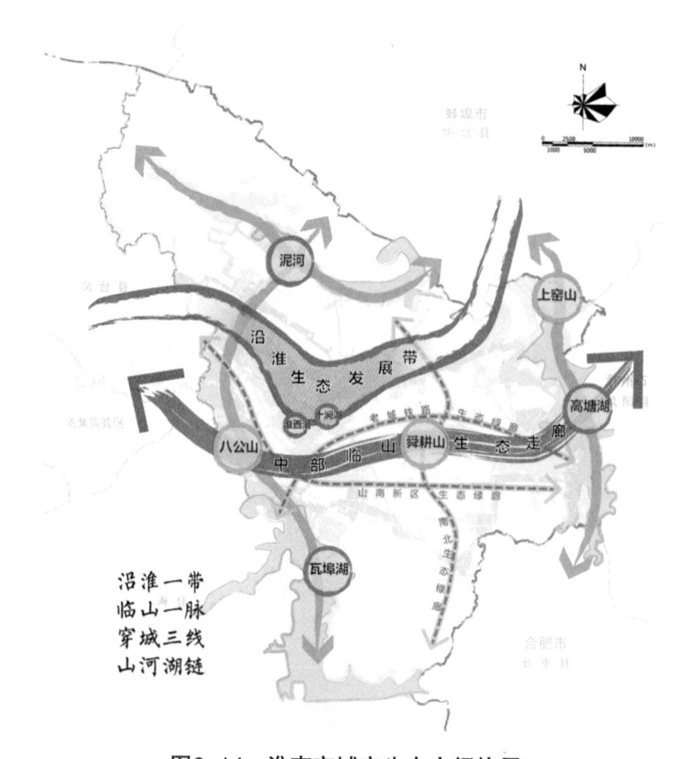

图6-14　淮南市城市生态空间格局I

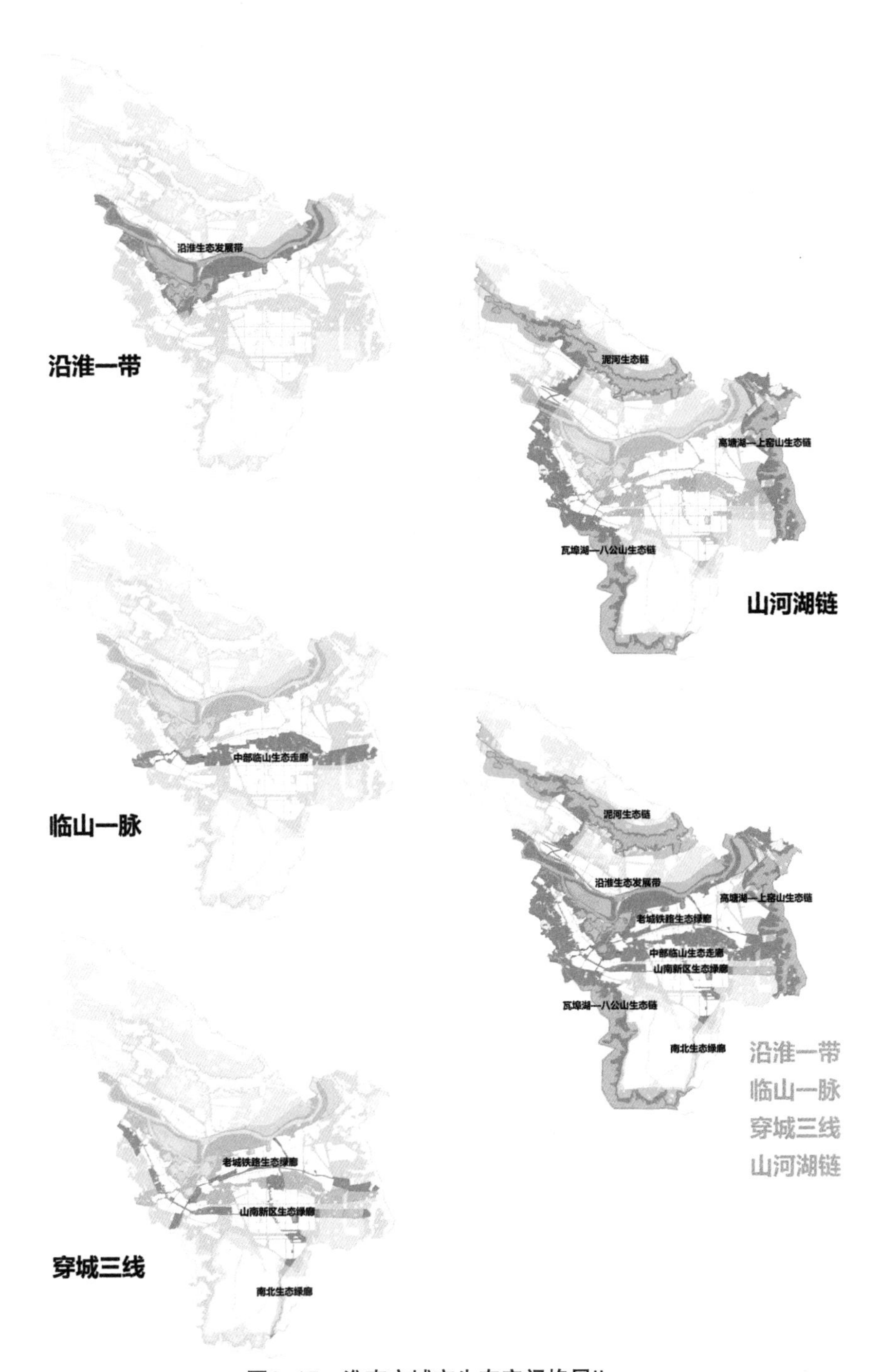

图6-15 淮南市城市生态空间格局II

向上的临山绿色生态空间，同时加强衔接老城、西城、山南新区的生态通廊，占据城市核心生态地位。

3）“穿城三线”：利用城市内部连接各城市片区的交通廊道作为生态绿廊的依托，结合道路沿线区域的土地资源整合进行生态廊道的建构，分别形成了贯穿老城、西城以及山南新区三大片区的三条城市生态绿廊。如结合东西走向的“夏郢孜路—老城铁路—洞山东路”塑造老城铁路生态绿廊，结合东西走向的“谢八路—春申大街”塑造山南新区生态绿廊，结合南北走向的“田大北路南侧—舜耕山—中央公园”及南侧绿地塑造南北生态绿廊；三条生态绿廊并可从南北、东西方向上将城郊生态资源连通并导入城市内部，构成城市生态骨架。

4）“山河湖链”：保持城市外围区域的山体生态资源以及河流、湖泊、湿地等水系生态资源的脉络贯通，形成环绕在城市四周的山、河、湖生态链。如在中心城区西侧形成连接“瓦埠湖—八公山—泥河”等生态核心的生态通廊，在中心城区东侧形成连接“高塘湖—上窑山”等生态核心的生态通廊，在中心城区北侧形成的泥河生态通廊。

由此，在淮南市区形成了“环—廊—带”的主体生态发展骨架。联合城市道路绿廊、防护绿带形成的贯穿市区内部的多层级生态廊道与多级生态绿地斑块构成的“廊道—斑块”次级生态空间体系。

继而结合空间规划整合各类土地资源，以生态连接为核心手段，建立城市各类生态资源要素的空间联系，共同构建网络化的城市生态空间体系。淮南市区生态空间总用地规模92770.69hm^2，占市区总面积的62.16%（图6-16）。

（4）城市空间形态特色

早期的淮南市，受地下矿产资源分布的影响，城市空间格局结合地下资源开采而呈现出分散的工矿型居民点呈带状分布的肌理，在交通的联系与牵引作用之下，整体城市因而也逐渐呈现典型的矿区首尾相接的“带型”城市的空间形态特质。在城镇化快速发展阶段，因居民点规模扩张以及产业的多元化发展，城市也逐渐摆脱了单一的发展方向与格局，转而向着与带型相垂直的纵深腹地的方向

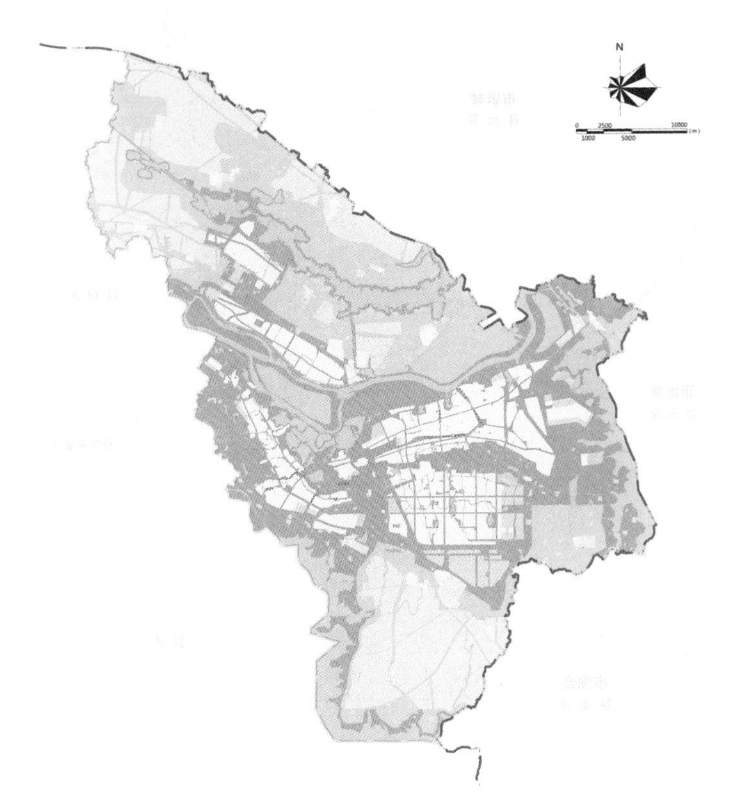

图6-16　淮南市城市生态空间布局与城市空间形态

发展，并呈相对集中式的片区蔓延，城市的空间肌理日渐模糊。

自然地理条件的约束、地下矿产资源的开采利用、交通运输条件的引导以及政策调控等，是煤炭资源型与丘陵型并举的淮南市空间形态发展与演化的主要因素，其中，资源的开采利用又是影响并决定城市空间形态最为主导的因素。结合城市生态空间格局，在中心城区形成了“三山鼎立、三水环抱、三城互动”的山水城市结构，其中“三山”即西部的八公山、中部的舜耕山和东部的上窑山，“三水”即北部的淮河、西部的瓦埠湖和东部的高塘湖，“三城”则为东部城区、西部城区与山南新区3个城市片区。在“生态融城”的思想引领之下，基于“三山”“三水”生态图底的奠定与空间的刻画，借助了自然的力量强化出中心城区在东西方向上的空间肌理，而镶嵌其中的“三城”呈相对疏散的空间格局，传承并延续了其沿东西方向延伸的相对狭长的“带型”城市片区的空间形态。

6.2.3 淮北市（平原型城市）空间特色塑造

（1）自然概况

淮北市地处皖苏鲁豫四省交界处，其北靠山东、东望江苏、西依河南、南临淮河，为皖东北地区中心城市、淮海经济区的核心城市同时也是国家重要的能源城市。地形地貌上，平川广野是淮北市的主要特征，市域多为冲积平原，地形广袤、水域宽阔，少量低山丘陵点缀于市域东北部和北部，且分两列由东北向西南方向上延伸，如相山、龙脊山及一些小山丘。整体地势由西北向东南倾斜，海拔在15～40m之间。

作为全国重要的能源之都，淮北市矿区煤炭资源储量丰富、煤种齐全、煤质优良、分布广泛。自1960年建市以来，城市因煤而建、伴煤发展，是全国13大煤炭生产基地之一与重要的煤炭和精煤生产基地。目前，经复垦治理的采煤沉陷区业已成为城市独特的土地资源。

而作为“皖北水城”，淮北市山水生态环境宜人，中心城区拥有相山、榴园风景区、龙脊山风景区等特色生态空间，濉河、龙河、岱河、闸河、沱河、浍河等水系生态空间穿城而过，而因采煤致使地表沉陷而成的矿山湖面更是作为重要的水体资源而点缀，在经水体生态修复之后，于城市中心呈南北走向形成由南湖、东湖、中湖等所组成的50km^{2}的国家级城市湿地公园，并在城市中塑造出“一带双城三青山、六湖九河十八湾”的自然风貌（图6-17）。

（2）空间演变历程

同样为煤矿资源型城市，淮北市并不同于淮南市，主要体现在两个方面：一是自2009年淮北被列为资源枯竭型城市，矿产资源的开采利用对城市空间演变的影响程度大大降低；二是由于城市内部因大量的矿产资源开采所形成的沉陷区已积水成湖、衔接成片，长期人工改造自然的结果反作用于城市空间发展，对于空间结构以及形态塑造产生了重大影响。

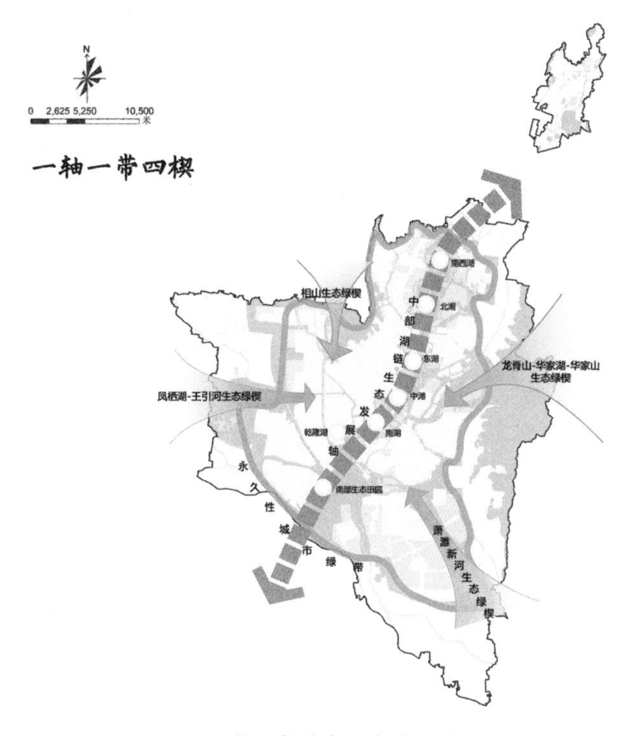

图6-17 淮北市城市生态空间格局I

淮北市成立较晚，但发展较快，早期依托濉溪镇，人口少、规模小，1950年立濉溪县时建成区面积不足3km²，空间为团状紧凑布局。直至1958年淮北煤矿筹备处成立，以及1960年设立濉溪市以后，城市开始飞速发展，这一时期，因经济建设对能源的需求，煤矿资源进入大规模开发阶段，烈山矿、沈庄、张庄、朱庄、相城、岱河、杨庄等煤矿相继建成投产，并沿矿新建了烈山镇、相城、杜集以及矿山集等煤矿城镇，城市形态呈带状离散布局态势①。进入20世纪70年代以后，濉溪市更名淮北市，市政府及矿务局、科研教育、医疗卫生及商业服务、工厂企业在相城集中，公路等交通设施沿相城及主要煤矿建设，“一带多组团”的城市格局初步形成，但空间上仍较为离散。到了90年代后，城市空间沿符夹铁路进一步延伸，进一

① 杨显明，焦华富，许吉黎. 淮北城市空间结构演化及优化研究[J]. 世界地理研究，2014，23（04）：127-135.

步形成了集中连片式的带状格局（图6-18*a*、*b*）。

在之后的发展进程中，濉溪县、相城、杜集等主要城镇空间进一步扩展，城市转型发展并开始规模化建设工业园区，城市空间规模并快速壮大。进入2000年之后，城市内部功能不断完善，原有各类建设用地开始按照发展要求进行功能转化，并对主要沉陷区开展了治理，主城区功能得到加强，外围工矿城镇也在发展，空间上呈现“大分散、小集中”的中空式格局，中空的区域则是城市山体、沉陷区等用地。而在进入资源枯竭阶段之后，外围采矿用地逐步整合减少，主城区与濉溪县城连片发展，原有的形态被打破进而形成了集中连片的建设区；同时，城市内部沉陷区治理成效突出，经生态修复开辟为多处城市公园和湿地公园，并成为国内对沉陷区治理的样板（图6-18*c*、*d*）。

淮北市的城市空间演变，早期因矿而兴，是一种完全服从于生产需要的无序状态；后因城镇兴起，随着功能完善开始有序组

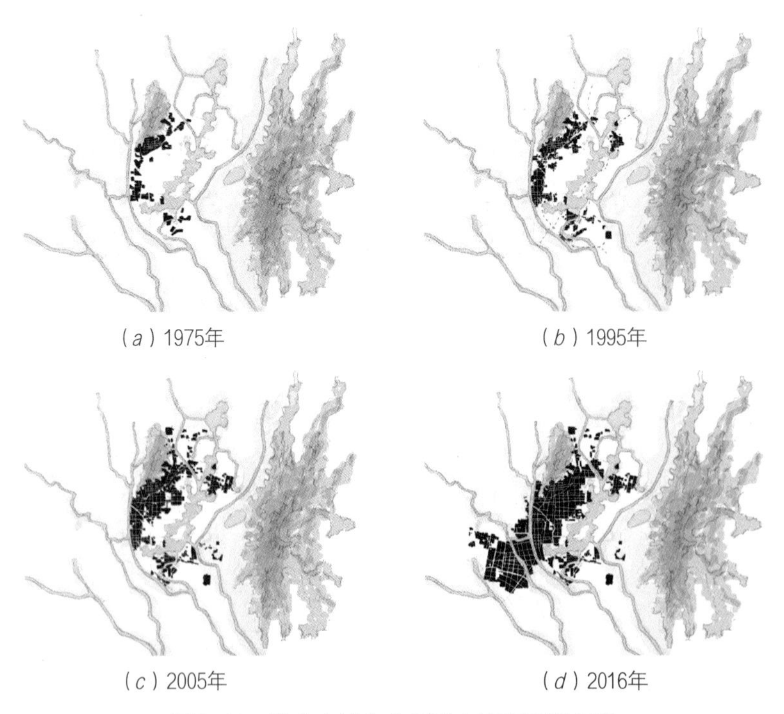

（*a*）1975年　（*b*）1995年

（*c*）2005年　（*d*）2016年

图6-18　淮北市城市空间形态演变历程示意

织，以交通串联各类城镇，是一种完全的带状布局；而当资源因素作用降低后，城市围绕功能完善、产业园区和沉陷区治理来组织空间，建成区则仍围绕带状空间集中展开。从空间形态视角来看，城市形态逐步从依山建城向着临水布局转变，城市带状展开围绕城市绿心（即中部塌陷地带）而发展；城市内部与边缘地区的山体、沉陷区等进行生态修复，建构了“多翼”的楔形生态空间，并向着城市内部延伸，起到重要的屏障和通廊的作用。

（3）城市生态空间格局

结合淮北市的山、水、林、田、湖、草等生态资源的梳理与贯通，同时考虑采煤沉陷区作为威胁型要素可能发展成为生态修复性空间的潜在补充，系统整合山水生态空间体系，架构了“一轴、一带、四楔”的城市生态空间格局（图6-19）。

“一轴”：由“朔西湖—北湖—东湖—中湖—南湖—乾隆湖”等多个因采煤沉陷而成的湖泊首尾相接，连同西南部生态田园等共同构成的中部湖链生态发展轴，自东北方向向着西南方向整体贯通，形成了驾驭整体城市生态格局与骨架的南北生态通廊，占据着淮北市的核心生态地位。

“一带”：为环绕在中心城区外围的永久性城市绿带，依托主要河流构建的生态廊道，连通建成区外围的生态防护带、生态林地，以及部分结合农田加以生态化建设的农林生态用地，共同形成与城市相契合的串联“四楔”的大型生态绿环。

“四楔”：即由相山生态绿楔、“龙脊山—化家湖—化家山”生态绿楔、萧濉新河生态绿楔以及“凤栖湖—王引河”生态绿楔所组成，分别从城市的东部、东南部、西部与北部四个不同方位将城郊生态资源连通并导入城市中心，构成城市生态骨架。

由此，在淮北市区则形成了“环—楔—轴”主体生态发展骨架，联合城市内部诸多河流绿廊、道路绿廊、防护绿带等形成的多层级生态廊道与多层级生态绿地斑块，共同构成的“廊道—斑块”次级生态空间体系。继而结合空间规划整合各类土地资源，以生态连接为核心手段，建立城市各类生态资源要素的空间联系，共同构建网络化的城市生态空间体系。淮北市区生态空间总用地规模49130.11hm^2，占市区总面积的49.76%（图6-20）。

（4）城市空间形态特色

淮北市因煤而兴，对地下矿藏的开采造成了大量的沉陷水面，在空间上

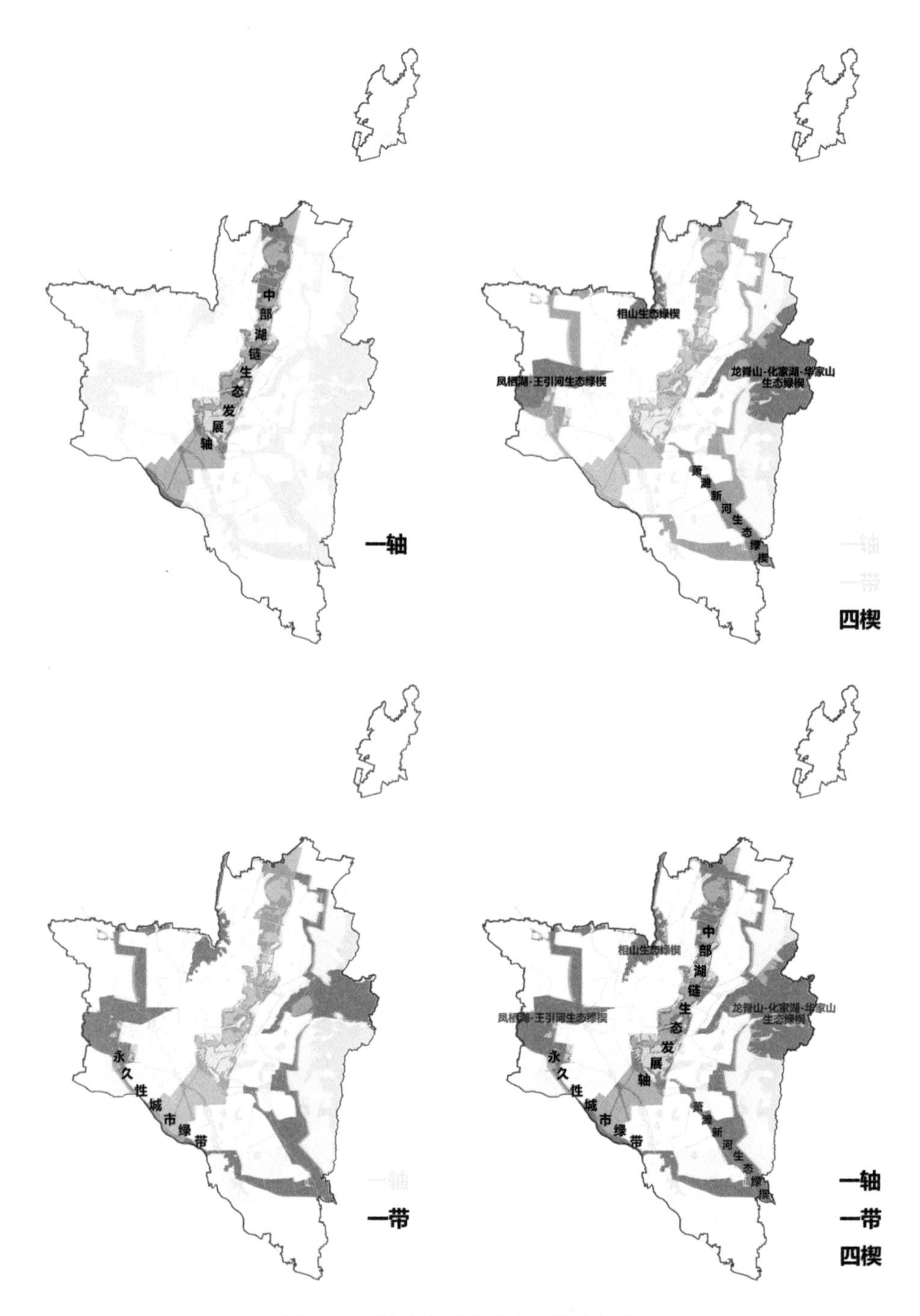

图6-19　淮北市城市生态空间格局II

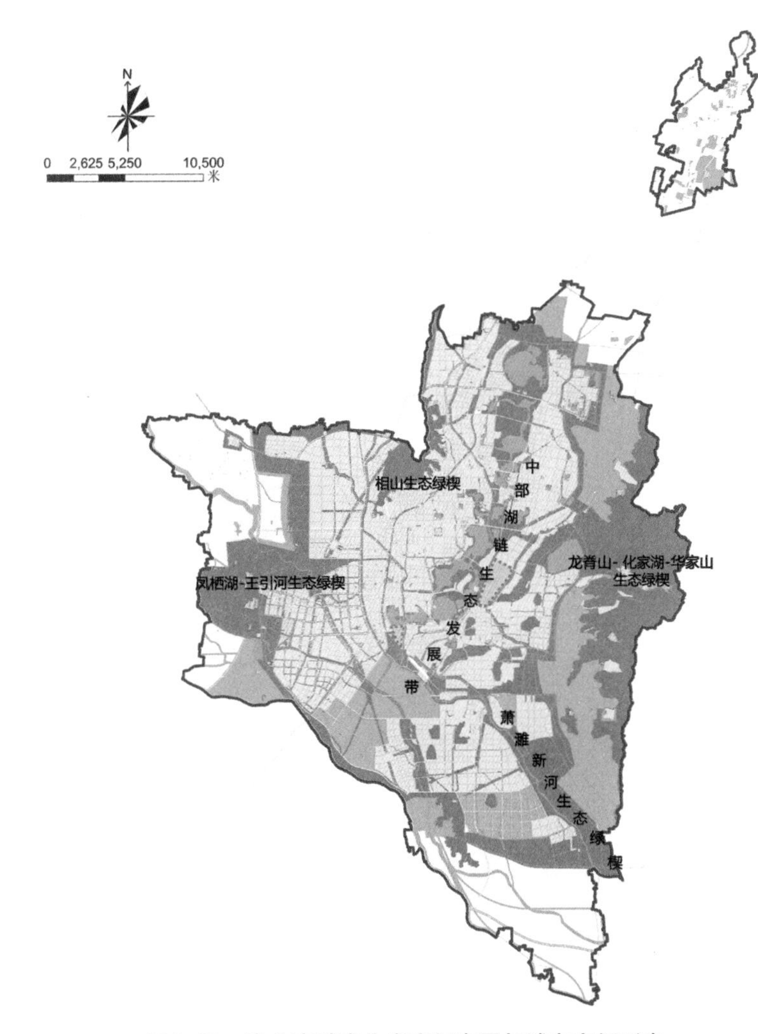

图6-20 淮北市城市生态空间布局与城市空间形态

呈南北方向上的带状分布，经过多年的沉陷湖区生态修复与生境保育，逐渐在城市中部形成了首尾相连的生态湖链。规划结合周边土地资源整合的契机加以绿色生态化建设，塑造了贯穿于整个中心城区的生态发展轴带。这一中部湖链生态发展带的塑造，典型地凸显出煤炭资源型城市的发展脉络，以及发展到一定时期所面临的生态反哺与绿色转型的全新趋势。

而从地形地貌上看，平原型城市因受到自然山水的约束与限制较少，故而形成了一种相对均衡匀质的城市格局。在城市东南侧以及西侧，借助于河流生态廊道发展为城市绿楔，在城市的西南侧强化了生态田园的楔入，并在城市内部加强生态沟通与脉络疏通，从而打破过于匀质、板结的城市建设布局。在“生态融城”思想的引领之下，在绿轴、绿楔的空间隔离与引导之下，淮北市城市空间逐渐呈现为“六翼”状的“蝶形”结构与形态。

6.3 城市空间特色塑造策略

城市空间特色，奠定于山水形塑与绿意连通的城市空间格局，根植于本土特性与地域差异的城市空间风貌，彰显于文脉传承与记忆延续的城市空间底蕴，升华于诗性情怀与品质细节的城市空间意境。空间特色的塑造，依赖于水绿体系以塑造城市格局，通过绿色廊道联系多级公园，突出口袋公园以激发社区活力，通过文化的注入彰显城市特色，并从多元需求的角度引导着设计的差异等。

6.3.1 水绿体系塑造城市格局

公园强化城市轴线、绿地楔入城市中心、湖泊锚固城市形态……通过水绿相连、蓝绿交织的生态空间体系，塑造山水交融、城绿相间、生态清新的整体城市空间格局（图6-21）。

（a）公园强化城市轴线[①]

（b）绿地楔入城市中心[②]

（c）湖泊锚固城市形态[③]

图6-21 水绿体系塑造城市格局

① 图片来源：http://m.sohu.com/a/195503798_821940。
② 图片来源：https://traveldigg.com/central-park-the-most-famous-park-in-new-york-united-states/。
③ 图片来源：https://www.huanqiujiemi.com/6xvGpyz.htm。

（1）公园强化城市轴线

不同于传统的教条式、人工化、高密度的城市轴线建设方式，公园也可以取代人工轴线，而成为城市中一条自然的、面向市民开放，且具有公平意义的中心轴线，由此组织并奠定城市中心城市的空间秩序与格局，可营造自然清新、个性鲜明的现代城市形象。

淮北市生态网络规划所确立的中部湖链生态发展带以及淮北市中心湖带概念规划，结合市区中部煤炭分布带，将其间大大小小二十多个采煤沉陷湖面首尾相连，通过人工、自然相结合的多重生态修复方式，加以景观形象与艺术个性的塑造，发展成为一条贯穿城市南北的景观生态主轴线，这条轴线缝合了西部老城与东部新城，以点连线、以轴带面地引领着这座煤炭型城市向着山水生态型城市的转型（图6-22）。

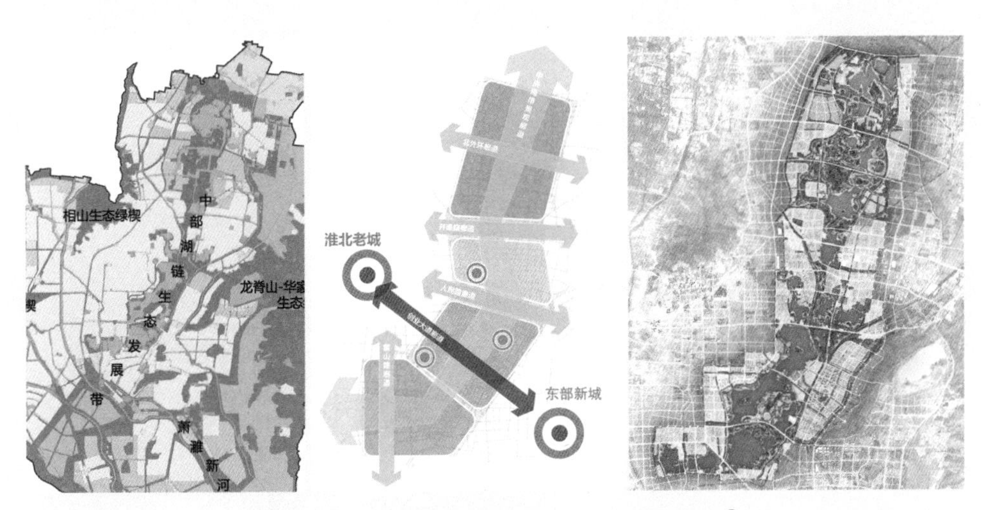

图6-22　淮北市生态网络与中心湖带概念规划[①]

---

① 图片来源于《淮北市城市生态网络规划》《淮北市中心湖带概念规划》。

（2）绿地楔入城市中心

突破千篇一律的高密度中心建设模式，改善城市中心普遍存在的生态匮乏、绿地破碎、连通性与可达性薄弱等问题，将绿意盎然的清新氛围通过楔形绿地导入中心地带，为高密度建设聚集区域营造与之相互补的开阔、舒适的“呼吸”空间，可以缓解各种生态与环境问题，形成疏密有致的空间组织，塑造生态宜居、充满活力的城市中心环境。

安庆市石化管廊带景观改造概念性规划设计中所确立的滨江ECD（Ecological & Cultural District，生态文化核心区），联合其东侧的CBD（Central Business District，中央商务区）而形成“双心鼎立”的未来城市中心。在这一生态文化中心区域，结合长江沿线即将废弃的安庆石化港贮部油品罐区，通过湿地生态修复、油罐主题公园的打造作为片区绿色生态基底，融合油罐图书馆、妇女儿童活动中心、青少年活动中心、工业记忆博物馆、油罐主题公寓、青年创客街区等城市公共建筑，承载了真正面向市民公平开放的、充满生机与活力、生态与文化交相辉映的多元城市中心职能。这种ECD模式全面开启了城市中心区的4.0时代，跨越了CBD这种虽“高、大、上”却仅为少数人所享有的中心区3.0时代，规划设计以景观都市主义理念为引领，通过后工业化景观设计与城市设计相结合的手法，将滨江生态空间延续并楔入城市区域，为这座城市树立了濒临长江的新城市中心形象（图6-23）。

图6-23 安庆市石化管廊带景观改造概念性规划设计——滨江ECD片区概念[①]

① 图片来源于《安庆市石化管廊带景观改造概念性规划设计》。

（3）湖泊锚固城市形态

打破传统以路为界的“城—绿”分离方式，还原城市向着自然演进，自然也向着城市生长的动态肌理，强调自然所勾勒和描绘的城市轮廓形态，而非人工构筑的僵化、刻板边界。在城市空间与外围生态区域的镶嵌、耦合之下，塑造出灵活多变的城市形态。

宿州市生态网络规划中，城市东部、东南部的沉陷湖面以及环绕在城市外围的五大郊野公园，形成了城市建设发展的边缘区域，锚固了城市在此方向上的空间形态，并呈现出城市建设空间由集中成片向着组团分布的演化，进而消融于城市外围的绿色生态空间之中，这种融合边界打破了非此即彼的武断分割方式，最大程度地体现了自然与城市的交融与和谐（图6-24）。

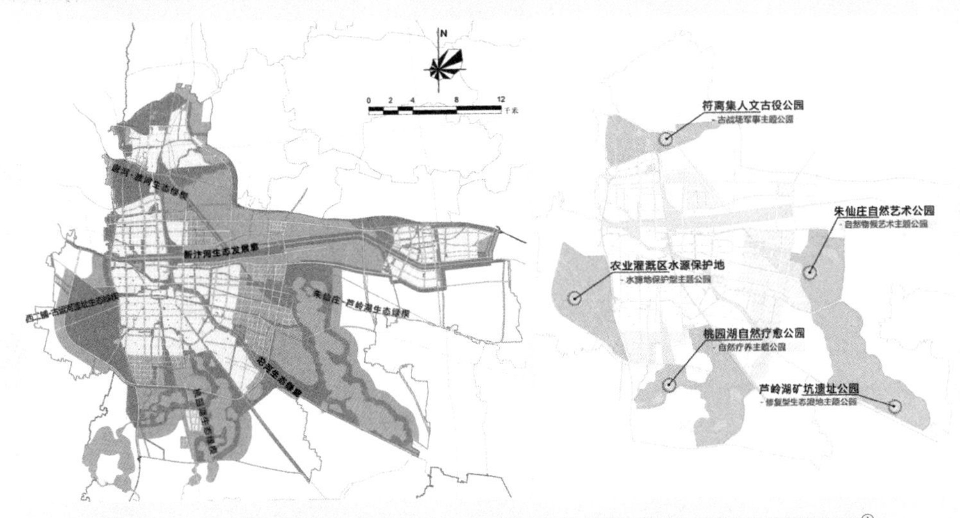

图6-24 宿州市生态网络规划——塑造城市边缘形态的沉陷湖与郊野公园①

6.3.2 绿色廊道联系多级公园

绿色廊道联结城市与郊野、联结市区与城市片区，以及社区与社区……通过内外之联、片区之联、社区之联等不同层级、不同类型生态空间相互之间的贯联，建构网络贯通、系统连续、活力开放的城市生态空间体系（图6-25）。

① 图片来源于《宿州市生态网络规划》。

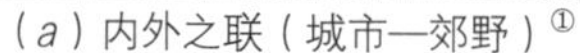
（a）内外之联（城市—郊野）[①]

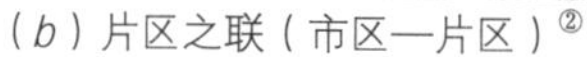
（b）片区之联（市区—片区）[②]

（c）社区之联（社区—社区）[③]

图6-25　绿色廊道联系多级公园

（1）内外之联（城市—郊野）

强化以绿楔、绿脉等方式串联并组织城市内部绿地系统以及外围郊野生态区域，保持内、外部之间的生态流通，并将内、外部生态空间作为整合一体的空间系统加以对待。这种联系城市与外围郊野地带的绿色廊道，同时也维持着城市空间系统的生态平衡，一方面确保外部向着内部源源不断的生态补给，包括动物、植物、新鲜空气、水以及食物等，另一方面也依赖于外部对于内部因高度聚集的建设发展导致的各种负面环境因素的消纳，如污染吸纳、消化分解等。

宿州市公园体系规划提出“三环链城、四带穿城、五苑抱城、百园融城”的城市公园体系结构。其中，“三环链城，筑古今风韵之都”中的“三环”，分别为展示宿州古城文化的内城人文体验环，宜居宜游、多元体验的新城休闲生活环，以及与自然共生的外城郊野游憩环。“四带穿城，绘多彩风光水埠”中的“四带”，

① 图片来源：https://sosyalforum.org/aerial-boston-back-bay-stock-photos-aerial-boston-back.
② 图片来源：https://commons.wikimedia.org/wiki/File:Aerial_view_of_Lafayette_Park.jpg.
③ 图片来源：https://www.archdaily.cn/cn/761407/dong-hu-an-gong-yuan-the-office-of-james-burnett?ad_name=article_.

分别为“宿城情韵”——新汴河自然风光带、“惬意城居”——沱河自然风光带、“古河忆趣”——新北沱河及运粮河风光带以及“千年史迹”——古运河遗址风光带。以“三环”、“四带”，链接起“百园”及“五苑”，即城市内部百余块大小公园组成的公园绿地体系以及城市外围由五座郊野公园构成的郊野游憩体系，还原了城市与郊野作为生命共同体存在的初始状态（图6-26）。

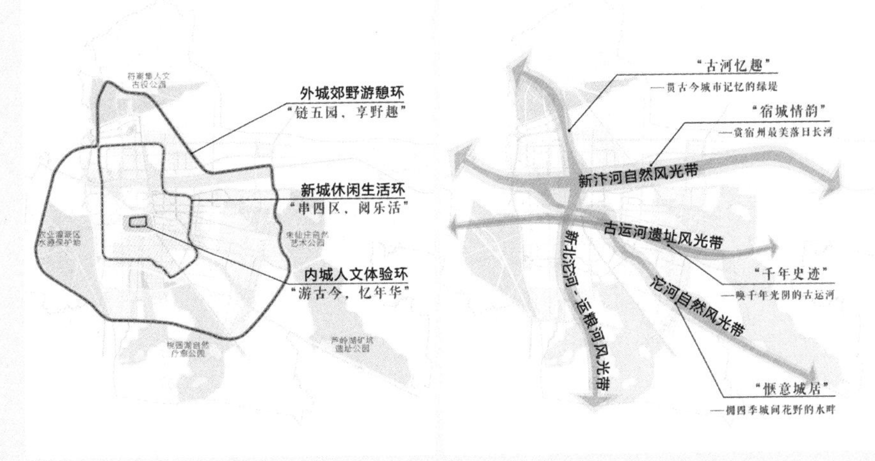

图6-26　宿州市公园体系规划——“三环链城、四带穿城”①

① 图片来源于《宿州市公园体系规划》。

（2）片区之联（市区—片区）

作为城市内部的主要生态通廊，利用外部生态绿楔、绿脉的宏观渗透，进一步与其建立联系并向着各城市片区延续与贯通。通常呈现为结合水系廊道、道路廊道或是基础设施廊道等线性要素为空间依托，建构并强化生态绿地空间在城市级与各片区级之间的链接，或是在各片区与片区之间的串联。

宁国市绿道网规划，依托特有的生态资源基底，契合城乡空间布局，有机串联自然与人文景观并打造“人文长廊、山水画廊、活力游廊”的城市绿道网络。规划以“山水融城、阡陌织锦”为目标提出“三环、三廊、多线、串珠”的网络型绿道结构，塑造了由18条绿道线路纵横交织形成的全长270.1km的绿道网。其中，恰逢纵贯城市南北的皖赣铁路线即将迁移的契机，利用铁路廊带及防护带总体35.5km长、200m宽的线性空间，举力打造城市最具核心魅力的特色铁路游廊，作为这座相对分散布局的山区城市的生态交通连接线。规划以“驰行的岁月轨迹”为主题，消除原先铁路造成的城市东西阻隔局面，将之塑造为一条缝合城市东西、贯通城市南北、衔接各片区组团的综合绿道，一条融合了轻轨交通、慢行交通、生态观光、康体娱乐等于一体的线性公园，在轨道与绿道的驰行之中，将沿途山之秀丽、水之灵动、城之变迁与繁华、岁月之轨迹尽收囊中。因联结港口与主城片区，该线也被融入城市总体规划而成为一条“后铁路时代的宁港生态发展轴”（图6-27）。

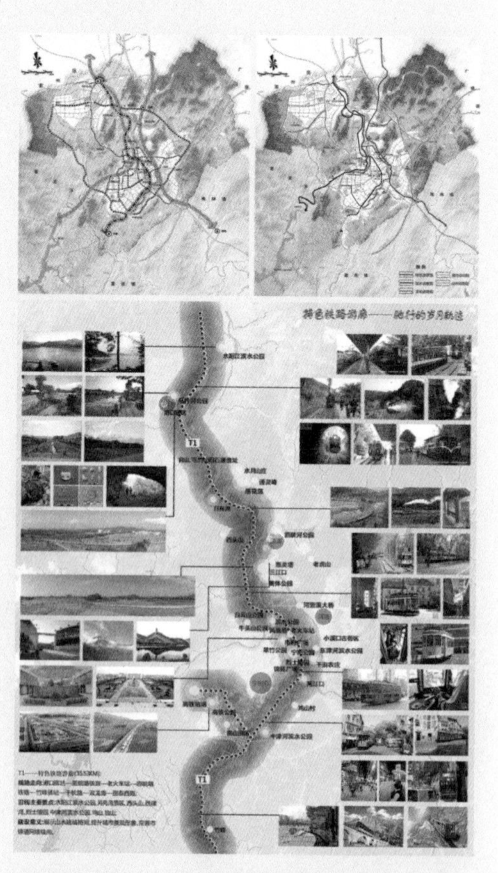

图6-27　宁国市绿道网规划[①]

① 图片来源于《宁国市绿道网规划》。

（3）社区之联（社区—社区）

基于市级与片区级的生态连通，进一步加强生态空间由片区向着各社区的毛细型延伸，强化以绿色廊道串联各社区级绿地生态空间。作为城市内部生态空间体系的末梢环节，这种联系社区与社区之间的绿色生态廊道，也通常是与百姓日常生活更为贴近，与居民生活环境品质、绿色休闲游憩以及社会文化生活更为密切的关联。

怀宁县宜居试点建设规划的一期工程示范项目——永宁河滨水景观改造工程中，永宁河为城市内河，南北向贯穿幸福家园小区、万豪星河一品小区、香樟雅苑小区等居住区以及振宁学校等教育片区，长期以来作为泄洪渠道与排污水系而污秽不堪，严重影响了周边居住环境品质。基于河道清淤治理、截污工程的开展、河流生态系统的修复，规划针对过于人工化的河床现状进行改造，通过河岸区域增添布局儿童游憩、老人健身、绿色慢行等各类场所，力求塑造充满现代生活气息、社区休闲交往、多元活力康体并举的新型社区公园，并突破了固有社区边界，营建因河流景观带缝合并贯联更大城市片区的公共开放空间与场所（图6-28）。

图6-28　怀宁县宜居试点建设规划一期工程示范项目——永宁河滨水景观改造[①]

① 图片来源于怀宁县宜居试点建设规划一期工程示范项目图纸。

6.3.3 口袋公园激发社区活力

城市生态空间体系强调生态连接，而在城市内部，尤其是建设密集的老城区，生态连接往往会面临现实的困境，因此，呈繁星点点的分散状布局的小型绿地生态斑块，如口袋公园、转角花园等，犹如生态的“踏脚石”一样成了生态空间体系的重要补充，共同满足着“300m见绿，500m见园”的可达需求，同时也作为居民茶余饭后的休闲场所与生活间隙的小憩空间。它们虽是城市景观的“配角”，却是城市生活的“主角”，与百姓日常息息相关，在满足城市居民的多样需求、展示城市细部形象以及文化内涵方面充当重要角色（图6-29）。

（*a*）家门口的“微公园”①

（*b*）在街边转角邂逅花园②

（*c*）将公共生活装进口袋③

图6-29 口袋公园激发社区活力

（1）家门口的“微公园”

目标是要让居民在家门口便可享受绿意。在城市尚待开发地区，按照“见绿见园”的标准提前预设小型绿色生态空间，老城区中结合旧城更新契机，充分利用拆迁的边角地、腾退地，道路、街巷以及街坊中的闲置与废弃空间等挖掘潜力空间，转消极为积

① 图片来源：http://www.grandviewstewardship.org/2015/06/20/a-case-for-pocket-parks-in-surrey/。
② 图片来源：https://v-strannik.livejournal.com/815824.html。
③ 图片来源：https://www.skyscrapercity.com/showthread.php?t=869340。

极、化腐朽为神奇。通过植物、雕塑、小品、休闲设施以及生活配套设施的设置，增添生态绿意与生活气息，并营造大众艺术与审美氛围，打造真正属于家门口的“微公园”，充分发挥其灵活性、便利性等特征，满足居民日常休闲、健身、娱乐等“贴身”需求。

怀宁县宜居试点建设规划的一期工程示范项目——党校背街小巷改造工程中，原街巷为空间狭窄、拥挤不堪的一条宽度4m的通行道路，却要承担停车、晾晒、种植、交往等诸多功能。设计充分利用街巷紧邻的党校围墙3m的退让空间，设置了一条街巷居民可以悠然闲憩于此的“巷道公园”，读书、下棋、乘凉、唠嗑，承载着居民最日常的户外生活需求，也融合了户外晾晒、种花种草等生活习惯，以创意设计的手法装点、景观小品的方式呈现。设计的精髓还在于公园内以党校“礼让”的美德精神为主题，宣扬了一种空间共享与百姓同乐的社会正能量（图6-30）。

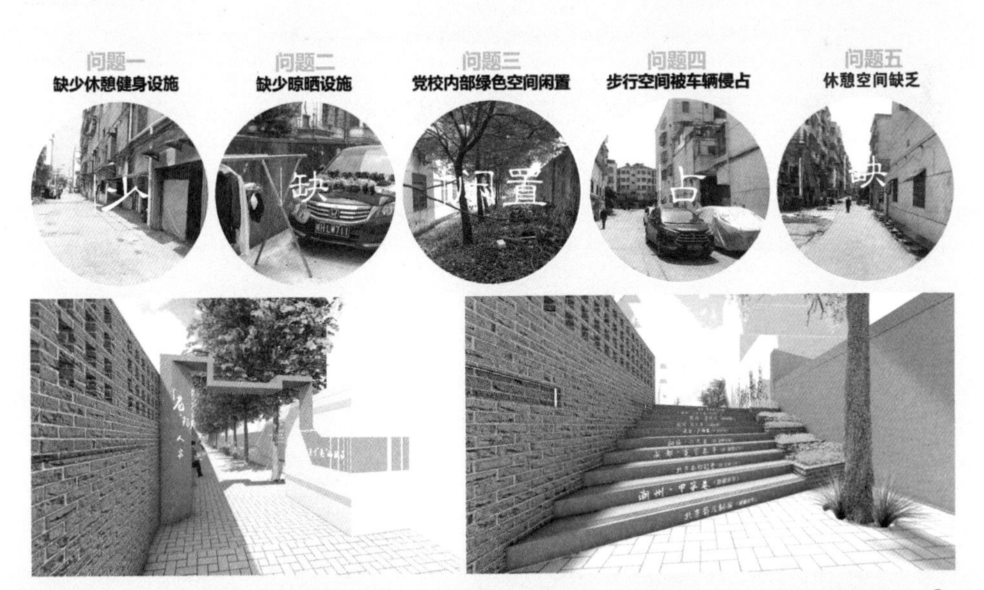

图6-30　怀宁县宜居试点建设规划一期工程示范项目——党校背街小巷景观改造（一）[①]

① 图片来源于怀宁县宜居试点建设规划一期工程示范项目图纸。

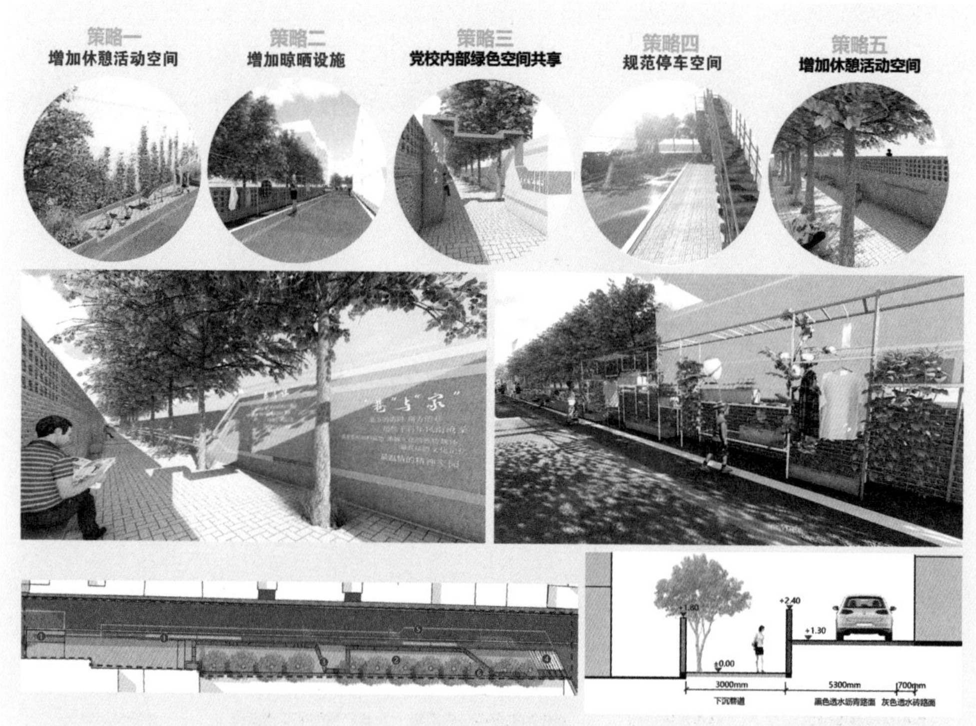

图6-30 怀宁县宜居试点建设规划一期工程示范项目——党校背街小巷景观改造（二）

（2）在街边转角邂逅花园

利用城市的街头巷尾，“挤出”一方土壤以装点浪漫，让花儿在城市角落悄悄绽放，让斑斓花色散布于触手可及之处。在行色匆匆的城市喧嚣之中，于街边转角营造一次美丽的邂逅，小小的惊艳之后，亦可成为吸引行人驻足与停留的小憩空间，带来美好的感官享受与视觉盛宴的同时，转角花园也为城市增添了艺术气质，且渲染了温馨与浪漫的环境氛围。

怀宁县宜居试点建设规划的一期工程示范项目——县医院转角花园景观改造工程中，设计提出“退墙”行动，原场地为医院围墙内部闲置绿化转角区，围墙退让之后面向城市街道释放出670m²的街头空间，设计结合街道空间整合并打造为一个微型转角花园。转角花园以县医院为背景环境并提出“本草园”的主题，种植怀宁本土药用植物与花卉，如薄荷、迷迭香、薰衣草、月季、常春藤等，并利用围墙、宣传栏普及医学科普常识以及关于本草的小知识，为医院外围熙熙攘攘的人群提供可以擦肩偶遇、停歇小憩、休闲交流的场所（图6-31）。

图6-31　怀宁县宜居试点建设规划一期工程示范项目——县医院转角花园景观改造①

（3）将公共生活装进口袋

离散分布在高密度城市中的“袖珍式”口袋公园，是一种拥有鲜活魅力的微型公共空间，也是装载城市公共生活与日常起居的重要场所。作为最贴近城市居民生活的场所，这些被称作“户外起居室”的“小口袋”开放可达、精巧多样、形式灵活，它们见缝插绿地点缀于城市各不同地段，在改善街区环境、提升街道品质、激发地段活力的同时，提供着触手可及的户外交流与游憩场所，同时也成为在城市中邂逅他人的重要舞台。

① 图片来源于怀宁县宜居试点建设规划一期工程示范项目图纸。

怀宁县宜居试点建设规划的一期工程示范项目——供电局口袋公园景观改造工程中，设计提出“退墙”行动，利用县供电局沿城市生活主干道育儿路退让17m的围墙空间，塑造了一个1230m²的面向全市民开放的口袋公园。设计以现代手法打造果树主题街头游园，设置阳光草坪、全龄活动场地等，其中考虑育儿路公交站台的等候需求，结合原围墙墙基以巧妙改造手法使其“变身”为休憩坐凳与埋地灯小品，并提示着“共享”与“退让”的精神；结合新的围墙设置的艺术趣味折廊，亦成为整个口袋公园的亮点，在为沿线居民提供了休闲游憩场所的同时，也有效地提升了地段人气与街区活力（图6-32）。

图6-32　怀宁县宜居试点建设规划一期工程示范项目——供电局口袋公园景观改造[①]

① 图片来源于怀宁县宜居试点建设规划一期工程示范项目图纸。

6.3.4 文化注入彰显城市特色

让城市抒写诗意情怀、让空间延续人文记忆、让细节与品质完美呈现……通过“诗境空间”与“记忆空间”的挖掘、保留与重塑，给城市贴上魅力独具的文化标签，并以时代印记为线索串联起永续生长、发展与变迁的城市生命体（图6-33）。

（a）让公园抒写诗意情怀①

（b）让城市延续人文记忆②

（c）细节与品质的完美呈现③

图6-33 文化注入彰显城市特色

（1）让城市抒写诗意情怀

诗性文化作为中华民族的文化本体与精神核心，纳天地于怀，笼精华于身。一座现代化的城市更需要诗情诗意，将传统文化中的诗性美意与城市特色意象融为一体，探寻诗境空间的塑造方式与手法，寄托现代人对于美好人居环境的梦想与情怀。可以根植于我国古代山水诗、山水画等山水审美与山水文化的深刻渊源，展现并打造现代山水城市形象，运用“诗性”的语言，表空间之“意”，进而塑城市之“形”，引导城市空间格局，并指引城市形态与特色空间的塑造，为打造具有诗性情怀与文化特质的城市空间环境提供条件。

---

① 图片来源：https://bbs.zhulong.com/101020_group_201877/detail31189517/。
② 图片来源：http://www.landezine.com/index.php/2017/04/yongqing-fang-guangzhou-by-lab-dh/。
③ 图片来源：https://www.sjq315.com/news/348434.html。

安庆市城市空间特色规划，基于“山水名城，安宜安庆”的总体城市意向，提出愿景性城市空间意向——“冠群山，襟长江万里；带五湖，怀乾坤千年”。这一意向以诗性的语言与拟人的手法，抽象地表达并概括了安庆这座城市的伟岸江山与千古人文，并进而构建出城市特色空间结构——“三峦北峙，四水五湖系吴楚；六廊穿城，十二风光润古今”，诗意地对于城市的特色山水架构、特色历史文脉、特色路径、特色界面及特色节点等重点特色区域加以提炼，进一步明确了特色意向指引之下的城市特色空间区域。规划将901km^{2}的市区一分为四，即北部的“山城”、南边的“江城”、东西两翼的“湖城”以及居于其中的“文城”，其中“山城”即“三峦北峙”，依托城市北部的绿色屏障；“江城”即“一江南襟”，作为长江入皖第一站，南部长达184km的长江岸线及其沿线城市地带；“湖城”则为“五湖抱郭”，依托城市东西两侧的五大湖面呈抱拥之势引入生态与自然之气息；“文城”则为坐落其间的，自南宋时期一路走来并果断迈入了现代化的城市。四幅抽象的空间图景分别为四大片区分别提出了方向的指引：即“山城”是清野、苍翠的，“江城”是苍茫、壮阔的，“湖城”是隽秀、柔美的，而“文城”，又是风韵万千的……这种从抽象到具象的递进式引导，实现了从“诗境的表达”到“空间的物化”全过程演变，满足城市居民虽“居于广厦间”，却“寄情山水中”的诉求与愿望（图6–34）。

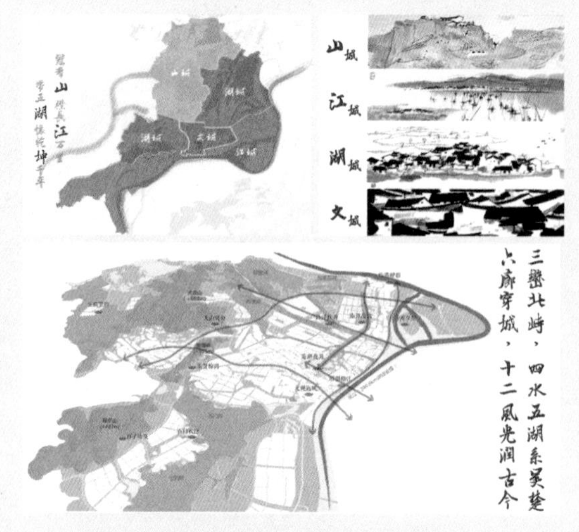

图6–34　安庆市城市空间特色规划[①]

① 图片来源于《安庆市城市空间特色规划》。

（2）让空间延续人文记忆

现代化不是抛弃历史，相反是对历史的延续与尊重。一座城市的人文记忆，既是它的独特性格，也是它的软实力、竞争力，因此“失忆”的城市可以说是一种自我放弃与自我毁灭。这些城市记忆的印痕，通常又是见证了曾几何时盛极一时的城市风采，是这座城市有形或无形的遗产，因而我们要留住记忆，延续文脉，并让历史人文与现代建设交相辉映。在现代城市中，通过历史与现实、传统与现代的结合，共同形成一种时空穿梭的脉络，作为城市的历史、社会以及文化变迁的见证，可追寻城市发展轨迹及其内在规律。而将城市记忆物化并融入绿色开放空间体系之中加以多样化的呈现，从而打造城市人文地标，并彰显城市文化特质。

宿州市运河文化广场景观设计，基地紧邻运粮河，为昔日的隋唐大运河漕运支流，曾承担着泄洪防灾的作用。然而过往的辉煌，并非只能够从文字中寻觅，设计期冀再现昔日舟楫畅通、古柳依依的运河景象，以抽象手法塑造隐约贯穿整个场地的“古运河”痕迹，融入吸引孩子们嬉戏、跳跃于其中的旱喷泉与嬉水池，以“舟楫”主题小品以及“船桨”形态廊架，营造着场地的历史感与年代感，一边提示着时光的流逝，一边也承载着现代的活力。旧与新的交织，散发着古朴与年轻互相交错跳跃的新奇，为城市人文记忆的延续提供了空间载体（图6-35）。

图6-35　宿州市运河文化广场景观设计[1]

① 图片来源于怀宁县宜居试点建设规划一期工程示范项目的图纸。

（3）细节与品质的完美呈现

品质源于细节，细节决定品质。城市建设的品质与细节除了塑造和谐优美的环境场景之外，还赋予城市个性化的生命，对于提升多元化、个性化与地域性等文化特质与品格特征具有重要意义。生态空间体系的建构与生态空间的建设落地，细节通常由众多细小元素构成，从细节入手对于功能、文化、艺术等需求的满足，亦是对正与日俱增的品质化要求的实现。细节与品质首先应体现人性化，包含人文关怀、理解与尊重，考虑功能舒适以及居民行为习惯、心理感受等；其次，应体现文化内涵的表达，高品质的景观不仅景色宜人、引人驻足并流连忘返，且应兼具丰富的内涵、鲜明的特色与艺术的表达；再次，还应体现高水平的创意，以独特构思引导创意性策划、主题设计等，促进景观的升华。

怀宁县独秀公园拆墙改造景观设计中，作为县城的“绿核”，独秀公园为怀宁老城居民提供了接触自然、休闲游憩以及文化交流的首选场所，然而虽免费面向市民开放，但除四个入口之外，围合于四周的围墙无疑成为一道“隔阂”。尤其西侧稼先路的人行道上，虽是“尽显公园景”，却“可望而不可即”。设计提出了“突围”行动，对围墙全线拆除，全面打开公园而面向市民，将之改造成为随处“触手可及”的风景。针对原围墙拆除后的利用考虑分三种方式：其一，围墙基座的原始保留，结合红色主题构筑物组合成为公园的特色形象符号与小品，并作为点景设置于重要点位，标识着“独秀”主题；其二，同样保留局部段落围墙基座，顶面处理为条石凳面，局部嵌入木质座椅以消除形式的单调，并提供游客休憩停坐；其三是结合基座拆除后建渣粉碎、粘合及打磨处理，重新塑造为公园服务设施如桌、凳等等，承载了休闲的功能，呼应了绿色的趋势，同时也保留了旧有的记忆。改造过后的围墙虽不复存在，但点断式的保留、细节的呈现依然提示着空间的“蜕变”（图6-36）。

图6-36　怀宁县宜居试点建设规划一期工程示范项目——独秀公园拆墙景观改造工程[①]

6.3.5　多元需求引导差异设计

主题引导设计灵魂、资源作为本土依托、寻求差异的设计手法……基于充分的自我认知与回归，以主题化与本土化设计法则，找寻灵感与线索，凝聚需求与创意，释放设计灵魂与精髓，强化着唯一、独特与差异的创意设计价值，也点点滴滴地积累着城市空间特质（图6-37）。

---

① 图片来源于怀宁县宜居试点建设规划一期工程示范项目图纸。

（a）主题引导设计灵魂[①]

（b）资源作为本土依托[②]

（c）寻求差异的设计手法[③]

图6-37 多元需求引导差异设计

（1）主题引导设计灵魂

随着快速城镇化的推进，我国城市建设风貌模式化、同质化现象日趋严重，景观环境亦呈千篇一律之态势，理念与特色丧失、内涵与形式失联。如何突显空间环境的唯一性、可辨识性，可借鉴并延续我国古典园林中对于主题意境的追求及诠释，而当今时代下的主题化设计也随着市民的多元需求应运而生，并迎合着文化的发展诉求。空间若是脱离主题与立意，必将失去其灵魂与底蕴而趋于雷同，主题化在现代景观空间规划设计中奠定着规划的逻辑与思路，引领着设计的形式与风格，对于城市特色与魅力的塑造具有重要意义。当前，生态绿化景观的主题化设计思路与手法愈发多元，依赖于不同主题的立意，连同各种设计细节的艺术表达，为凸显独特的城市生态空间体系提出了方略与主张。

合肥市柴油机厂（原合肥监狱片区）概念性规划及景观改造设计，基地为占地52hm^{2}的原合肥监狱所在地（1954~2018年），坐落于包河区、蜀山区、经开区三区交汇地，西侧毗邻这座城市品质形象最核心的政务片区。而今这里已然为高

① 图片来源：http://artistsinspireartists.com/architecture/inspirational-gallery-37-architecture。
② 图片来源：https://kuaibao.qq.com/s/20180524B0A66500?refer=spider。
③ 图片来源：https://businessinsider.com.pl/lifestyle/superkilen-innowacyjny-miejski-park-w-kopenhadze-lorenz-dexler/vb3jk0y。

层建筑四面围合，建筑为之阻挡了车马喧闹，使之成为喧嚣市井中的一片安宁之地，而曾经的这块图圄之地何以实现它的涅槃与重生，规划以“忆”、“艺”、“E”三大主题，分别呼应年代记“忆”、先锋“艺”术以及“Eco”生态理念，将地段定位为当代艺术的新阵地、先锋人群的“乌托邦”以及文艺青年的“理想国”，期冀填补这座省会城市的些许空白。整体片区以“墙根下的艺术街区”为主题，以“墙”+“廊”的空间线索，全线贯穿大厂房艺术区、青年共享孵化区、邻里中心区、演艺广场区等功能区域。“墙”即高墙，6m高墙之内外，象征的是禁锢与自由。“廊”则为一条带型的“监狱主题博物馆”，以一种微缩空间手法，将“监狱”场景再现并浓缩于一条狭长的架空廊道之中，独立且贯穿于片区场地。幽暗封闭的空间束缚，象征着牢狱生活的禁闭与阴郁，突如其来的空间豁然又象征着失而复得的自由与新生。设计运用空间对比手法，通过郁闭与开放的交错、虚与实的转折、光与影的变幻等，带来戏剧性的心理冲击、抽象且幻化的主题场景体验，似水流年、若隐若现，犹如引人走入一部时光流转的蒙太奇电影。而岁月留声——圆仓音乐厅、当代美术馆、电影片场体验馆、演艺广场、创意集市等又都以一种全新的后现代设计手法，演绎着当代艺术的千姿百态（图6-38）。

图6-38 合肥市柴油机厂（原合肥监狱片区）概念性规划及景观改造设计①

① 图片来源于《合肥市柴油机厂（原合肥监狱片区）概念性规划及景观改造设计》。

（2）资源作为本土依托

依托资源、根植本土，将土地化、地域化、人文化作为绿地生态景观营造的核心价值融入生态空间规划设计中。根植本土资源提炼景观设计元素，创作形式各异的景观产品以及适于本土的生态空间体系。平原有别于山地，盆地迥然于丘陵，面向不同生态禀赋与自然本底的城市却施以千篇一律的建设模式，必然导致城市空间建设的不合理，引发自然生态肌理的破坏，并引发地域文化特征的侵蚀。因此，基于本土资源的调查，依据场地的分析与特征的归纳，研究自然景观的演变、生成环境的变迁以及空间肌理的形成等，由人居环境改善以及特质显现的角度对城市生态景观空间做出合理的规划与设计，城市的空间特色方能得以延续。

安庆市乌木保护园景观规划设计，对象是保护一批打捞于长江的珍贵千年古木——乌木。乌木素有“东方神木”之称，兼具木的古朴、典雅与石的神韵，是极其珍贵的收藏品，也是极为罕见的观赏品，设计的难点在于如何加以保护性收藏并能够成为可供观赏的主题观赏园？设计以“乌木诗园”为主题，借助这一特殊的珍稀景观资源的形成元素——时间、水、木、土的挖掘，将这些形状各异、品相百态的乌木视如自然与文化的标本，与葱翠的绿树统一于抽象的“年轮”（象征时间）底图之中，并融于土丘（象征土）、森林（象征木）、砂石带（象征水）等抽象微缩的自然景观之中，借助景观学语言的概念手法谱写了一首关于乌木的景观之诗（图6-39）。

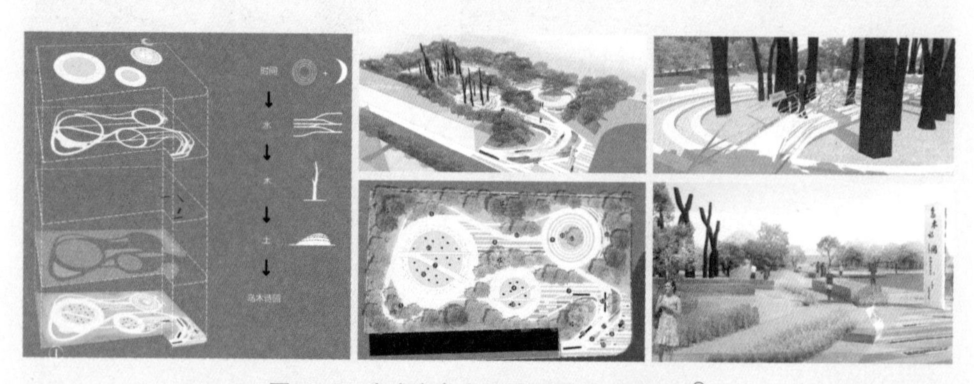

图6-39 安庆市乌木保护园景观规划设计[①]

① 图片来源于《安庆市乌木保护园景观规划设计》。

(3)寻求差异的设计手法

差异性设计是一种充满人性关怀的设计方式。差异源自于需求的差异，包括功能需求、行为需求、审美与精神之需求等；差异出发于细节的差异，蕴含着工匠精神，触动着居民情感。规划设计中的差异性既是强调了核心需求之外的差别化体验与诉求，包括景观氛围、文化展示、活动场地、配套设施等各方面，而耳目一新的感官体验与独特的艺术美感，通常又是人们选择环境的关键因素。不同的生态空间体系引导了各异的城市空间格局，承载了多样的市民社会活动，也体现于生态调节、产品提供等服务功能及景观形式的区别，故而规划设计应建立于生态空间科学判定、评价的基础，同时深入了解使用者基本信息、消费观念、选择动机、环境偏好度及满意度等，总结居民的需求差别并找寻基于差异化体验的精细化空间营造方法。

以安庆市石化管廊带景观改造概念性规划设计为例。在近代工业史上，安庆市赫赫有名，然而开启安庆现代工业篇章的就尽数安庆石化了。与安庆石化厂区同建于1975年的全长8.8公里的石化管廊带，西接石化厂区，东至长江码头，由23条大小管径不同油气输送管线所组成，连同两侧扩展带，总宽度20～30m不等。管廊带昔日绕行城市东郊，随着城市东向建设步伐的加大，如今已是全线横贯于新老城区，在为城市积累了工业资本与财富的同时，也带来了城市功能的割裂、交通的阻隔、安全的隐患等极大干扰。随着管廊带西迁，原油气输送管线功能废除，这一空间迎来全新机遇与挑战。规划以“横向缝合”与“纵向激活”两种手段加以塑造，利用创意设计手法缝补长达45年的时空隔阂，让管廊带实现一次全新“蜕变”。规划结合周边用地功能提出“1·5·15”行动策略，“1”即长达8.8km的景观线，作为生态织补、文化缝合、时空延续的活力带；“5”即五个主题景观分段，跟随自西向东发展演变的城市轨迹看城事变迁，“年代生活段”讲述了1970～1990年代的石化总厂及石化小区成立及发展的历史，“魅力文创段”陈述着1990～2000年代的西小湖、大湖公园初建的往事，“缤纷活力段”记录了2000～2020年代东西方向城市主轴康熙河滨水景观带及周边地带的勃勃生机与生态活力，“创新智慧段”则畅想着2020年代后的城市生态住区模式，而“生态文化段”即是濒临长江结合港贮部油品罐区打造而成的城市ECD（生态文化中心区），象征着未来城市的中心形象。“15”即为贯穿于五个主题分段上的十五个标识节点。每一主题分段、每一标识节点均加以差异化打造，延续工业印记、反哺生态绿意，供人们阅读这座城市的古往今来（图6-40）。

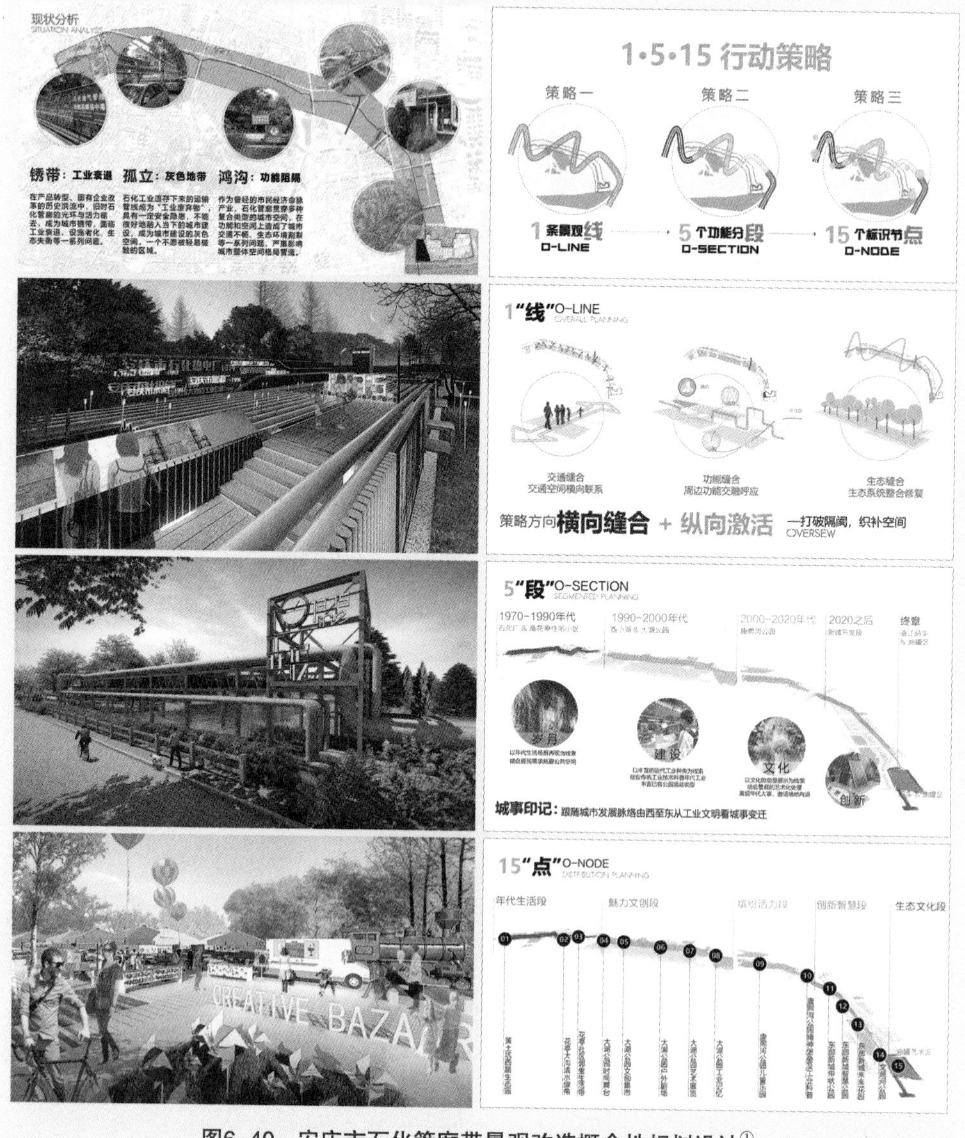

图6-40　安庆市石化管廊带景观改造概念性规划设计①

① 图片来源于《安庆市石化管廊带景观改造概念性规划设计》。

6.4 小结

本章重点讲述了生态空间体系引导之下的城市空间形态与结构的基本逻辑，并结合案例深入阐述了不同类型城市的空间形态优化与特色塑造的路径、策略、方法。

基于生态空间与城市内、外部地区的空间进退与耦合关系，组成城市生态空间体系的重要构件，如外部的绿环、绿楔、绿屏与绿脉，内部的绿心与绿核、绿轴、绿廊与绿带等，这些生态空间构件与城市空间格局、空间结构形态紧密联动，如对于城市空间轮廓的勾勒、格局的控制、空间的疏导、脉络的组织、边界的描绘以及细部的刻画等，逐步打造出每一城市所独具的空间特征，通过安徽省六座城市的横向对照，探讨了生态空间构件对于城市空间形态的积极引导，并通过山地型城市宁国市、丘陵型城市淮南市、平原型城市淮北市三座城市，呼应代表安徽省的三大自然区域，探索通过生态空间体系的建构引导不同类型城市空间特色的塑造路径。最后，从水绿体系、绿色廊道、口袋公园、文化注入以及多元需求等维度，阐述了城市空间特色塑造以及生态空间品质营造的策略与方法。

大自然斯不会欺骗我们，欺骗我们的往往是我们自己。[1]

——[法]让-雅克·卢梭

（Jean-Jacques Rousseau）

① 卢梭. 论人类不平等的起源和基础[M]. 北京：商务印书馆，1962.

7

CHAPTER 7

展望：实现城市生态规划的蜕变

Outlook: Realizing the Transformation of Urban Ecological Planning

理念蜕变：从“天人相分”走向“天人合一”

战略蜕变：从“专项规划”走向“顶层规划”

目标蜕变：从“功能规划”走向“效能规划”

模式蜕变：从“时空限定”走向“永续发展”

过去的40年间，城镇化的“聚集效应”带给了城市巨大的冲击，高速的集聚与发展、强力推进的城镇化路径与方式导致城乡区域地形地物、土地覆盖、生态环境发生了骤变。工业文明的辉煌建立在对生态环境的摧残与破坏的基础上，现代化的进程以环境的超负荷运转为代价，城市一方面成为人类经济社会财富的集聚地，另一方面却又成了生态环境问题最尖锐、最突出的地方，城市空间肌理尽失，生态效能骤减，城市病日趋严重……经济发展和生态保护的矛盾日渐成为城市发展的最大掣肘，城镇化与生态化自一开始就构成了冲突。

生态文明号角的吹响，揭露了这一发展模式的弊端，人们开始觉醒，带着对于可能导致人类生存环境的崩溃及毁灭的发展轨迹的思索，并开始寻求如何基于时代的诉求，科学地定位发展观以及发展模式，而关于生态、生态系统、生态空间及其价值的认知局限也逐渐开始被意识、被反思。人们逐渐认识到，自然生态环境的保护应当作为一种发展底线和基本要求被提出，应当在优先解决好生态环境保护的前提下促进城市的发展。因而这也奠定了这个新时期人居环境建设的基本方向，也即构建一种生态保护与经济、社会发展“多赢”的“绿色”城市发展模式。

本书基于“生态融城”的发展理念探索城市生态规划方法，是一种立足生态本位提出的土地空间资源的科学配置方法，通过基于生态空间和城市空间双向拓展、有机融合的一整套理论、技术与方法的提出，对现有城市规划的理念、思路与模式构成了挑战与创新，对于实现以空间效能为目标的融合发展提供了路径与方法。基于我国城市生态空间所面临现实问题的背景探析，本书统筹了当前城乡社会经济发展以及生态保护的双重需求，研究以问题与需求为导向，并力求实现五个方面的目标：①以“生态”为视角，突破“重建设轻非建设”，研究区域性生态保护策略与安全格局，提出生态优先、绿色发展的战略；②以“网络”为手段，突破“重形态轻结构”，以网络结构特性及优势，引导一种系统、高效的城市生态空间格局与结构；③以“效益”为目标，突破“重指标轻效益”，优化生态空间体系的生态机能及其面向城市整体综合效能的发挥；④以“融合”为路径，突破“就绿地论绿地”，从非建设空间入手，建构建设空间的良好结构和形态，以引导城乡共生系统；⑤以“衔接”为通道，突破“就城市论城市”，借助国土空间资源的整合，促进区域协同、城乡一体的城市空间体系的全面衔接。这一全新的规划方法，化解了当前城市所面临的安全危机、环境危机、特色危机等发展问题，强化了生态效能与城市效能互为提升的发展目标，推动着城市生态规划由过去的“理论导向”“学术导向”向着如今的“问题导向”与“目标导向”的转化，促进着可持续发展从一种观念形态向着一种现实形态的转变。

城市生态规划，应当在这样一个新的时代里，实现从传统向着新型的一次“破茧”，完成理念蜕变、战略蜕变、目标蜕变以及模式蜕变四个方面的蜕变，更进一步地引领城市未来的空间发展，以及新一轮的城市空间演变。

7.1 理念蜕变：从“天人相分”走向“天人合一”

在人类社会漫长的进程中，“天人合一”的发展思想一度被长久地遵循着。然而，自100多年前开始，在工业化和城镇化的冲击之下，人类在大力改造、利用、掠夺自然的过程之中，一度又陶醉于“人定胜天”的征服感、成就感之中。这种“天人相分”的机械论自然观，催生了工业文明时代人与自然的激烈冲突与对抗，与此同时形成一种“因为保护，必然就会限制发展”或“因为发展，难免要遭受破坏”的对立思想，发展和保护二者互为掣肘。

“天人相分”的自然观使得人类陷入生存困境，人类财富得以持续增长，则必须依赖于发展理念的重新回归，转变经济增长方式与城市发展模式，由人类本体论走向综合生态本体论。只有实现思想基础的彻底转型，才能够真正推动发展模式的转变，因而，这里首先需要明晰的，就是一个认识，即正确看待生态平衡与城市发展的相互关系。将自然生态系统与人类生态系统放置于平等地位，加强对于城市空间发展主体的客观认知，抛除“人定胜天”的强势发展思想，从“生态觉醒”走向“生态自觉”，理性思考自然生态和社会、经济之间的联动关系以及城市发展过程中系统、复合的调控机制。城市的建设发展应充分融合社会、文化、生态和经济等因素，本书提出的“生态融城”发展理念，基于“天人合一”的古朴自然观，倡导一种生态与城市有机契合、高效融合的城市空间增长模式，通过对生态空间资源的高效利用实现城市生态的良性循环和人居环境的持续改善，达到人与自然的充分和谐。在发展路径上，其将生态理念渗透社会、经济、空间等各层面，实现城市发展与生态保护的共生共荣，而在发展落实上，其通过绿色的有机生长与城市的有机演进促进城市综合效益的全面提升。

7.2 战略蜕变：从“专项规划”走向“顶层规划”

城市生态规划既是针对城市生态专项问题的研究，又是关系城市整体形态和生态环境大格局的规划，是城市总体规划的重要基础和重要支撑，也是空间规划的重要前提。因而，城市生态规划应摆脱就生态论生态，还应关注如何从较高层面上寻求城市问题的解决之道。不仅关注生态空间体系自身的结构形态，还应关注城市空间结构和空间形态，基于从非建设用地空间的科学化、系统化配置入手，引导建设用地空间的良好结构和形态，建立高效、融合的城乡空间增长模式，并实现生态化与城镇化的和谐统一。

一切都必须建立在对生态空间与城市空间关系的重新审视，对城市和生态相互耦合、影响与制约机制充分了解的基础上。城市生态空间，无论是作为城市所依存的自然生态环境系统，还是城市发展所必需的生态基础设施，或是城市发展的空间骨架……均应给予优先考虑。将自然生态空间作为城市发展的“底图”并加以空间锚固，建构合理高效的城市以及区域生态空间体系，保障城市生态系统的健康运行。使城市生态规划由被动变主动，彻底改变其曾经迫于经济利益而屡屡让步于城市开发的被动局面。

随着城市发展模式的转型，传统以需求为导向的空间拓展模式正在向着有限资源承载下的有序拓展模式转变。基于山、水、林、田、湖、草为一个“生命共同体”，将自然保护战略与城市土地利用方式相联系，将自然保护整合到土地利用政策和国土空间规划目标中。曾经作为“配角”并从属于建设空间的生态绿地，正逐渐向着空间利用主导和优先考虑因素转变；生态空间也正从以往的“填空性”向着“结构型”、“控制性”向着“趋导型”、“指标性”向着“统筹型”转变；生态空间范畴也由原先的单一要素、单一功能和局部地域的“小生态”，逐渐向着涵盖生态系统全要素功能，以及覆盖城市或区域建设空间与非建设空间的“大生态”转变；与此同时，自然资源的监管体制也正从单一部门对单一资源的管理模式，向着多部门相联合的国土空间资源全链条管理模式转变。

7.3 目标蜕变：从“功能规划”走向“效能规划”

传统的规划技术基于静态二维数据的分析研判，存在着自身不可突破的局限性与主观性。进入生态文明时期后，景观生态学理论及研究越来越多地运用于规划领域，站在生态本位角度看待城市发展，它通过在土地使用与自然过程之间建立起直接联系，将生态学的纵向发展过程与土地资源的水平空间演变结合在一起，突出强调了自然作为一个动态系统，其系统机能对于环境及土地利用状况所作出的反应，景观生态学的这种对于空间格局与功能效应动态关联的关注视角，为研究城市生态空间效能原理与运行机制，并推进城市生态规划向着“效能规划”迈进提供了学科支撑。

转变传统的“功能规划”思想与模式，实现向着“效能规划”的蜕变，本书基于效能视角探讨了效能与空间的关联机制与协同战略，通过将生态空间融于整体城市开展新型“人”“地”关系的研究，立足生态本位将城市空间系统重新定义为生态的连接系统、渗透系统以及均衡系统，并基于“空间—效能”的关联协同提出城市生态空间体系的连接性建构、渗透性建构、均衡性建构三大建构技术，指引以城市综合“效能”为目标的城市生态空间结构与布局，引导面向整体区域的城乡空间系统的建构。

7.4 模式蜕变：从“时空限定”走向“永续发展”

规划要立足长远，生态空间体系不是一夜建成，是漫长的发展过程，不能用微观的实际去遏制宏观的战略，用今日的困境去制约长远的发展。

2018年底，我国城镇化水平已经接近60%，全面进入城镇化发展的新时期，而在前一时期中急速且疯狂的城镇化进程已经渐为平息，城市空间格局逐渐被锚固，城市空间结构也基本趋于稳定。随着土地空间资源的消耗殆尽，增量土地空间的日渐短缺，曾经一度的“无节制增长模式”已经走到尽头，并逐渐被“有选择增长”模式，以及针对存量空间的“精明增长”模式所取代。从时间维度上看，应当理性意识城市规模极限的存在，以往参照城市总体规划而确定的15~20年的规划期限，已经转化为在确立了终极发展目标的前提之下的阶段性发展目标。因而在城市生态规划中，时间限定的传统意义已不复存在，而新的意义则是为了可持续的发展过程。

从空间维度上看，城市生态规划运用景观生态学理念与方法，融合生态、景观、人文、美学等综合因素，统筹绿地系统、城市森林、生态资源、开放空间以及游憩系统等多元功能，引导最终的以开放、高效、复合生态环境为主体的综合生态空间体系，从而为城市空间结构的发展提供基本生态架构。通过生态空间之于城市或区域效益的分析研究，突破了传统规划限定的“就绿地论绿地”的狭隘局面，将自然保护整合到土地利用政策和国土空间规划的目标之中，并将自然保护战略与城市空间结构、土地利用方式关联融合。故而，研究和探索城市生态空间，应当放置于城市和区域视角来审视，且应当放置于一个更加长远的、广阔的、永续发展的维度去思考。

参考文献
REFERENCES

一、外文文献（按文献作者首字母顺序排列）

1. Adriaensen F, Chardon J P, et al. The application of 'least-cost' modeling as a functional landscape model[J]. Landscape and Urban Planning, 2003, 64: 233-247.
2. Ahern J. Greenways as a planning strategy[J]. Landscape and Urban Planning, 1995, 33: 131-155.
3. Amati M, Yokohari M. Temporal changes and local variations in the functions of London's green belt[J]. Landscape & Urban Planning, 2006, 75(1-2): 0-142.
4. Aminzadeh B, Khansefid M. A Case Study of Urban Ecologi-cal Networks and A Sustainable City: Tehran's MetropolitanArea[J]. Urban Ecosyst, 2010, 13(1): 23-36.
5. Biondi E, Casavecchia S, Pesaresi S, et al. Natura 2000 and the Pan-European Ecological Network: a new methodology for data integration[J]. Biodiversity and Conservation, 2012, 21(7): 1741-1754.
6. Brand U, Vadrot A. Epistemic selectivities and the valorisation of nature: The cases of the Nagoya protocol and the intergovernmental science-policy platform for biodiversity and ecosystem services(IPBES)[J]. Law, Environment and Development Journal, 2013, 9(2): 202-220.
7. Calabrese JM, Fagan WF. A comparison shopper's guide to connectivity metrics[J]. Frontiers in Ecology and the Environment, 2004, 2: 529-536.
8. Chamberlain D E, Cannon A R, M. P. TOMS, et al. Avian productivity in urban landscapes: a review and meta - analysis[J]. Ibis, 2009, 151(1): 1-18.
9. Chiesura A. The role of urban parks for the sustainable city[J]. Landscape and Urban Planning, 2004, 68(1): 0-138.
10. Forman R T T, Godron M. Landscape Ecology[M]. New York: JohnWiley and Sons, 1986.
11. Gardner R H, Milne B T, Turnei M G, et al. Neutral models for the analysis of broad-scale landscape pattern[J]. Landscape Ecology, 1987, 1(1): 19-28.

12. Geoghegan J, Lynch L, Bucholtz S. Capitalization of Open Spaces into Housing Values and the Residential Property Tax Revenue Impacts of Agricultural Easement Programs[J]. Agricultural and Resource Economics Review, 2003, 32(1): 33-45.
13. Gurrutxaga M, Lozano P J, Barrio G D. GIS-based approach for incorporating the connectivity of ecological networks into regional planning[J]. Journal for Nature Conservation, 2010, 18(4): 318-326.
14. Ignatieva M, Stewart G H, Meurk C. Planning and design of ecological networks in urban areas[J]. Landscape and Ecological Engineering, 2011, 7(1): 17-25.
15. J. G. Fábos. Greenway planning in the United States: its origins and recent case studies[J]. Landscape & Urban Planning, 2004, 68(2-3): 0-342.
16. Jodi A. Hilty, William Z. Lidicker, Adina M. Merenlende. Corridor Ecology-The Science and Practice of Linking Landscape for Biodiversity Conservation[M]. Washington DC: Isand Press, 2006.
17. Jongman R H G, Bouwma I M, Griffioen A, et al. The Pan European Ecological Network: PEEN[J]. Landscape Ecology, 2011, 26(3): 311-326.
18. Jongman R H G. Ecological networks and greenways in Europe: resoning and concepts[J]. Journal of Environmental Sciences, 2003, 15(2): 173-181.
19. Jongman R H G. Nature Conservation Planning in Europe: Developing Ecological Networks[J]. Landscape and Urban Planning, 1995, 32(3): 169-183.
20. Lafferty K D, Dunne J A. Stochastic ecological network occupancy (SENO) models: a new tool for modeling ecological networks across spatial scales[J]. Theoretical Ecology, 2010, 3(3): 123-135.
21. Little C. Greenways for America[M]. London: The Johns Hopkins Press Ltd, 1990: 7-20.
22. Lucia Pascual-Hortal, Saura S. Impact of spatial scale on the identification of critical habitat patches for the maintenance of landscape connectivity[J]. Landscape & Urban Planning, 2007, 83(2-3): 0-186.
23. Ndubisi F. Landscape Ecological Planning[M]//George Thompson and Frederick Steiner, ed. Ecological Design and Planning. NewYork: Hudson &Sons, 1997: 9-44.
24. Paul Cawood Hellmund, Daniel Somers Smith. Designing Greenways[M]. Washington DC: Island Press, 2005.
25. Pino J, Marull J. Ecological networks: Are they enough for connectivity conservation? A

case study in the Barcelona Metropolitan Region (NE Spain)[J]. Land Use Policy, 2012, 29(3): 0-690.

26. Richard Register. Eco cities: Rebuilding Cities in Balance with Nature[M]. Berkeley: North Atlantic Books, 1984: 13-43.
27. Saura S, Lucía Pascual-Hortal. A new habitat availability index to integrate connectivity in landscape conservation planning: Comparison with existing indices and application to a case study[J]. Landscape & Urban Planning, 2007, 83(2-3): 0-103.
28. Samways M J, Bazelet C S, Pryke J S. Provision of ecosystem services by large scale corridors and ecological networks[J]. Biodiversity and Conservation, 2010, 19(10): 2949-2962.
29. Saura S, Lucía Pascual-Hortal. A new habitat availability index to integrate connectivity in landscape conservation planning: Comparison with existing indices and application to a case study[J]. Landscape & Urban Planning, 2007, 83(2-3): 0-103.
30. Taylor J, Paine C, Fitzgibbon J. From greenbelt to greenways: four Canadian case studies[J]. Landscape and Urban Planning, 1995, 33(1-3): 0-64.
31. Tumer B L I, W Clark, R Kates, J Richards, J Mathew. W. Meyer(EDS.). The Earth as Transformed by Human Action: Global and Regional Changes in the Biosphere Over the past 300 Years[M]. Cambridge UK: Cambirdge University Press, 1990.
32. Turner M G, Gardner R H. Quantitative methods in landscape ecology [J]. Quantitative Methods in Landscape Ecology, 1991.
33. Tzoulas K, James P. Peoples' use of, and concerns about, green space networks: A case study of Birchwood, Warrington New Town, UK[J]. Urban Forestry & Urban Greening, 2010, 9(2): 121-128.
34. Zebardast L, Salehi E, Afrasiabi H. Application of DPSIR Framework for Integrated Environmental Assessment of Urban Areas: A Case Study of Tehran[J]. International Journal of Environmental Research, 2015.

二、中文文献（按文献作者首字母顺序排列）

1. Forman R，Godron M. 景观生态学[M]. 肖笃宁译. 北京：科学出版社，1990：27.
2. [美] Richard Register. 生态城市——建设与自然平衡的人居环境[M]. 北京：社会科学文献出版社，2002：167.

3. [美] 奥利弗. 吉勒姆. 无边的城市——论战城市蔓延[M]. 北京：中国建筑工业出版社，2007：184.
4. 安乐哲，TUCKER M E. 道教与生态[M]. 南京：江苏教育出版社，2008：2.
5. 蔡云楠，李晓晖，吴丽娟. 广州生态城市规划建设的困境与创新[J]. 规划师，2015，31（08）：87-92.
6. 陈磊，王刚. 曹妃甸生态城指标体系研究[J]. 中国人口·资源与环境，2010，20（12）：96-100.
7. 陈玲，张妮，沈一. 四川省华蓥市生态空间格局研究[J]. 中国园林，2017，33（07）：108-112.
8. 陈柳新，洪武扬，敖卓鹄. 深圳生态空间综合精细化治理探讨[J]. 规划师，2018，34（10）：46-51.
9. 陈晓晶，孙婷，赵迎雪. 深圳市低碳生态城市指标体系构建及实施路径[J]. 规划师，2013，29（01）：15-19.
10. 陈永林，谢炳庚，钟典，吴亮清，张爱明. 基于微粒群-马尔科夫复合模型的生态空间预测模拟——以长株潭城市群为例[J]. 生态学报，2018，38（01）：55-64.
11. 董惠. 新时期北京绿色空间体系规划策略[J]. 北京规划建设，2018（01）：76-79.
12. 董菁，左进，李晨，范大林，吴元君. 城市再生视野下高密度城区生态空间规划方法——以厦门本岛立体绿化专项规划为例[J]. 生态学报，2018，38（12）：4412-4423.
13. 杜海龙，李迅，李冰. 中外绿色生态城区评价标准比较研究[J]. 城市发展研究，2018，25（06）：156-160.
14. 杜悦悦，胡熠娜，杨旸，彭建. 基于生态重要性和敏感性的西南山地生态安全格局构建——以云南省大理白族自治州为例[J]. 生态学报，2017，37（24）：8241-8253.
15. 范昕婷，郭雪艳，方燕辉，达良俊. 上海市环城绿带生态系统服务价值评估[J]. 城市环境与城市生态，2013，26（05）：1-5.
16. 方创琳，王少剑，王洋. 中国低碳生态新城新区：现状、问题及对策[J]. 地理研究，2016，35（09）：1601-1614.
17. 方丽青，吴伟根. 道家“天父地母”隐喻及其生态智慧解读[J]. 浙江农林大学学报，2011（28）：640-643.
18. 傅丽华，莫振淳，彭耀辉，谢美，高兴燕. 湖南茶陵县域生态空间网络稳定性识别与重构策略[J]. 地理学报，2019，74（07）：1409-1419.
19. 傅强，宋军，王天青. 生态网络在城市非建设用地评价中的作用研究[J]. 规划师，2012，12（28）：91-96.

20. 高延利. 加强生态空间保护和用途管制研究[J]. 中国土地，2017（12）：16–18.
21. 高永年，高俊峰，韩文权. 基于生态安全格局的湖州市城乡建设用地空间管制分区[J]. 长江流域资源与环境，2011，20（12）：1446–1453.
22. 郭淳彬. “上海2035”生态空间规划探索[J]. 上海城市规划，2018（05）：118–124.
23. 韩向颖. 城市景观生态网络连接度评价及其规划研究[D]. 同济大学，2008.
24. 何碧波，黄凌翔. 重建与改造——国外生态城市建设模式及对我国的启示[J]. 生态经济，2011（12）：183–187.
25. 黄光宇. 乐山绿心环形生态城市模式[J]. 城市发展研究，1998（01）：9–11.
26. 黄光宇. 生态城市研究回顾与展望[J]. 城市发展研究，2004（06）：41–48.
27. 黄隆杨，刘胜华，方莹，邹磊. 基于“质量-风险-需求”框架的武汉市生态安全格局构建[J]. 应用生态学报，2019，30（02）：615–626.
28. 黄肇义，杨东援. 国内外生态城市理论研究综述[J]. 城市规划，2001，25（1）：59–66.
29. 蒋艳灵，刘春腊，周长青，陈明星. 中国生态城市理论研究现状与实践问题思考[J]. 地理研究，2015，34（12）：2222–2237.
30. 荆晓梦，董晓峰. 斯德哥尔摩生态城市空间规划的路径、特征与启示[J]. 南京林业大学学报（人文社会科学版），2017，17（04）：135–145.
31. 黎斌，何建华，屈赛，黄俊龙，李一挥. 基于贝叶斯网络的城市生态红线划定方法[J/OL]. 生态学报，2018（03）：1–12 [2018-01-11].
32. 李金旺，邢忠. 论城市中的绿色边缘区[J]. 重庆大学学报（社会科学版），2008，06（12）：28–32.
33. 李欣鹏，王树声，李小龙，高元. 方域经画：一种区域山水人居格局的谋划方式[J]. 城市规划，2018，07：69–70.
34. 李迅，董珂，谭静，许阳. 绿色城市理论与实践探索[J]. 城市发展研究，2018，25（07）：7–17.
35. 李迅，李冰，石悦. 从价值理念到实施路径的系统设计——生态城市规划技术导则编制的思考[J]. 城市发展研究，2017，24（10）：94–103.
36. 李艳. 全球城市发展背景下上海市城乡公园体系建设思考[J]. 上海城市规划，2018（03）：25–32.
37. 刘滨谊，王鹏. 绿地生态网络规划的发展历程与中国研究前沿[J]. 中国园林，2010（3）：1–5.
38. 刘滨谊，温全平. 城乡一体化绿地系统规划的若干思考[J]. 国际城市规划，2007（1）：84–89.

39. 刘滨谊，吴敏."网络效能"与城市绿地生态网络空间格局形态的关联分析[J]. 中国园林，2012（10）：66-70.
40. 刘勇. 城市防灾避难绿地系统探究[J]. 西北大学学报（自然科学版），2013，03：486-488.
41. 龙彬. 风水与城市营建[M]. 南昌：江西科学技术出版社，2005：8.
42. 龙彬. 中国古代山水城市营建思想的成因[J]. 城市发展研究，2000，05：44-48.
43. 卢曼. 珠江三角洲自然生态空间规划研究[D]. 广州大学，2018.
44. 罗巧灵，李志刚，周婕. 新型城镇化背景下长江经济带城市生态空间规划引导研究——以武汉市为例[J]. 现代城市研究，2017（04）：21-26.
45. 罗伟，李自福. 论敬畏精神对重建人与自然和谐关系的意义[J]. 玉溪师范学院学报，2008（06）：20-24.
46. 马交国，杨永春. 生态城市理论研究进展[J]. 地域研究与开发，2004（06）：40-44.
47. 马明，顾康康，李咏. 基于生态安全格局的城乡生态空间布局与优化——以宣城市为例[J]. 中国农业资源与区划，2019，40（04）：93-102.
48. 欧阳林，罗文智，李琳. 乐山绿心环形生态城市规划与实践[J]. 城市发展研究，2006（06）：42-45.
49. 潘竟虎，刘晓. 基于空间主成分和最小累积阻力模型的内陆河景观生态安全评价与格局优化——以张掖市甘州区为例[J]. 应用生态学报，2015，26（10）：3126-3136.
50. 彭晓春，李明光，陈新庚，黄鹄. 生态城市的内涵[J]. 现代城市研究，2001（06）：30-32.
51. 任倩岚. 生态城市：城市可持续发展模式浅议[J]. 长沙大学学报，2000（02）：62-64.
52. 沈清基. 城市生态与城市环境[M]. 上海：同济大学出版社，1998：52-55.
53. 史衍智，郭成利，李士国，卢方欣. 济宁市环城生态带规划实践[J]. 规划师，2018，34（10）：52-58.
54. 宋青宜. 点亮的神灯：我所感悟的人与自然和谐新哲学思想[M]. 上海：文汇出版社，2008：09.
55. 孙宇. 当代西方生态城市设计理论的演变与启示研究[D]. 哈尔滨工业大学，2012.
56. 唐震. 低碳生态城市建设的中国传统理论溯源与现代启示[J]. 城市发展研究，2014，21（11）：106-110.
57. 万敏. 我国城市中心绿轴的基本特征与思想探因[J]. 中国园林，2011，04：44-47.
58. 王超. 基于山水城市理念下的空间战略研究——以浙江省江山市城南新城发展战略规划为例[J]. 上海城市规划，2011（05）：67-71.
59. 王铎，叶苹."山水城市"的经典要义——再论"山水城市的哲学思考"[J]. 华中建筑，

2009，27（01）：6-8.

60. 王甫园，王开泳，陈田，李萍. 城市生态空间研究进展与展望[J]. 地理科学进展，2017，36（02）：207-218.
61. 王海珍，张利权. 基于GIS、景观格局和网络分析法的厦门本岛生态网络规划[J]. 植物生态学报，2005（01）：144-152.
62. 王剑. 特大城市生态空间规划编制体系及实施机制研究[J]. 城乡规划，2017（03）：117-118.
63. 王良. 襄阳城市历史空间格局及其传承研究[D]. 西安建筑科技大学，2017.
64. 王娜，张年国，王阳，钱振水. 基于三生融合的城市边缘区绿色生态空间规划——以沈阳市西北绿楔为例[J]. 城市规划，2016，40（S1）：116-120.
65. 王思易，欧名豪. 基于景观安全格局的建设用地管制分区[J]. 生态学报，2013，33（14）：4425-4435.
66. 王智勇，李纯，黄亚平，杨柳，郑志明. 城市密集区生态空间识别、选择及结构优化研究[J]. 规划师，2017，33（05）：106-113.
67. 文毅，毕凌岚. 城市中心绿轴对城市生态系统的生态效能影响探讨[J]. 四川建筑，2012(05)：30-33.
68. 吴必虎. 大城市环城游憩带（ReBAM）研究——以上海市为例 [J]. 地理科学，2001，21（04）：354-359.
69. 吴家骅. 景观形态学[M]. 北京：中国建筑工业出版社，1999：88.
70. 吴敏，吴晓勤. 融合共生理念下的生态激励机制研究[J]. 城市规划，2013（08）：60-65.
71. 吴敏，吴晓勤. 基于"生态融城"理念的城市生态网络规划探索[J]. 城市规划，2018，42（07）：9-17.
72. 吴敏. 城市绿地生态网络空间增效途径研究[M]. 北京：中国建筑工业出版社，2016：13.
73. 吴人韦，付喜娥. "山水城市"的渊源及意义探究[J]. 中国园林，2009，06：39-44.
74. 夏巍，刘菁，卢进东，陈梦莹. 城市生态空间规划管控模式探索——以《武汉市全域生态管控行动规划》为例[J]. 城乡规划，2018（02）：113-119.
75. 邢忠，应文，颜文涛，靳桥. 土地使用中的"边缘效应"与城市生态整合——以荣县城市规划实践为例[J]. 城市规划，2006（01）：88-92.
76. 徐文辉，饶虹霞. 基于城镇生态文化核心区的绿道网规划探索——以义务科创新区绿道网规划为例[J]. 中国园林，2015，12：56-60.
77. 薛滨夏，刘崇，周立军. 生态城市核心思想及其适宜性建设模式解析[J]. 建筑学报，2011（S1）：136-139.

78. 阎凯，沈清基. 香港郊野公园阶段特征与管制机制研究[J]. 国际城市规划，2019，34（03）：124-131.
79. 杨天荣，匡文慧，刘卫东，刘爱琳，潘涛. 基于生态安全格局的关中城市群生态空间结构优化布局[J]. 地理研究，2017，36（03）：441-452.
80. 姚亦锋. 南京城市水系变迁以及现代景观研究[J]. 城市规划，2009，33（11）：39-43.
81. 尹海伟，孔繁花，祈毅，王红扬，周艳妮，秦正茂. 湖南省城市群生态网络构建与优化[J]. 生态学报，2011，31（10）：2863-2874.
82. 臧鑫宇，王峤，陈天. 生态城绿色街区可持续发展指标系统构建[J]. 城市规划，2017，41（10）：68-75.
83. 詹运洲，李艳. 特大城市城乡生态空间规划方法及实施机制思考[J]. 城市规划学刊，2011（02）：49-57.
84. 张晧. 柳宗元的生态美学思想[C]. 全国第三届生态美学会议论文集，2004.
85. 张继禹. 聆听自然 随道而动：简论道教生态智慧的现代价值[J]. 中国道教，2009（6）：7-10
86. 张佳丽，王蔚凡，关兴良. 智慧生态城市的实践基础与理论建构[J]. 城市发展研究，2019，26（05）：4-9.
87. 张文博，宋彦，邓玲，田敏. 美国城市规划从概念到行动的务实演进——以生态城市为例[J]. 国际城市规划，2018，33（04）：12-17.
88. 张效通，钱学陶，曹永圣. 应用中国环境风水原则规划“山水城市”[J]. 城市发展研究，2011，01（18）：18-24.
89. 赵金平. 再论成吉思汗与“长生天”崇拜[J]. 青海民族研究，2002（03）：74-77.
90. 周海林，谢高地. 人类生存困境：发展的悖论[M]. 北京：社会科学文献出版社. 2003：2.

国家规范（按颁布年份顺序排列）

1. 中华人民共和国住房和城乡建设部. GB50137-2011城市用地分类与规划建设用地标准[S]. 北京：中国建筑工业出版社出版，2011.
2. 中华人民共和国住房和城乡建设部. CJJ/T91-2017风景园林基本术语标准[S]. 北京：中国建筑工业出版社出版，2017.
3. 中华人民共和国住房和城乡建设部. CJJ/T85-2017城市绿地分类标准[S]. 北京：中国建筑工业出版社出版，2017.
4. 中华人民共和国住房和城乡建设部. GB 50420-2007城市绿地设计规范（2016年版）[S]. 2016.

相关规划及研究报告

1. 上海市绿化和市容管理局，上海市林业局. 上海市环城绿带建设效益后评估[Z]. 2009.
2. 合肥工业大学设计院（集团）有限公司，淮北市规划设计研究院. 淮北市生态网络规划（2017—2030年）[Z]. 2017.
3. 合肥工业大学设计院（集团）有限公司. 淮南市生态网络规划（2017—2030年）[Z]. 2017.
4. 合肥工业大学设计院（集团）有限公司，宣城市规划设计研究院有限公司. 宣城市城市生态网络规划（2017-2030年）[Z]. 2018.
5. 合肥工业大学设计院（集团）有限公司，安庆市城乡规划设计院. 安庆生态网络规划（2017—2030年）[Z]. 2017.
6. 合肥工业大学设计院（集团）有限公司，淮北市规划设计研究院. 宿州市生态网络规划（2017—2030年）[Z]. 2018.
7. 合肥工业大学设计院（集团）有限公司. 宁国市生态网络规划（2017—2030年）[Z]. 2018.
8. 广东省城乡规划设计研究院，广东省城市发展研究中心等. 广东省绿道网建设总体规划（2011—2015年）[Z]. 广东省人民政府，2012.

后记
EPILOGUE

生态文明的思想，犹如春风般掠过城乡大地，为我国城乡发展建设吹来了一股股清新绿意，也留下了一串串绿色足迹。它吹进了城乡规划的新理念与新模式，也吹入了国土空间规划的新时代，最终将吹向“美丽中国”的新方向，引领着我们不断前行。

书稿收笔之际，再次回首这段探索历程，此书始于困惑、通于理念、践于行动、归于反思。起初是对现实发展的困惑与疑虑，再到对传统建设模式的深思与反省，继而展开一系列于城市生态网络规划、生态激励规划、空间特色规划、宜居城市战略规划、空间规划等领域的实践与探索，提炼与总结，进而升华……从宁国、安庆、淮北、怀宁等试点城市的探寻，到归纳并转化为地方标准和技术导则，再至面向全省范围的试行与推广，历经了一个理念挣脱—模式突破—方法创新—实践检验的全过程。而其间，从复杂纷乱的困顿到拨云见日的开朗，于观点之争、理论博弈中的坚守，于权力面前的真理讲述……是执念，是勇气，更是责任使然，而至于其中心得、体会与观点是否获得认同，已然不重要了，因为这一路走来，都是成长与收获。

自2012年起萌发留下文字的想法，至今也有近8年了，好在8年的积累也为本书的夯实提供了条件。在此由衷感谢安徽省住房和城乡建设厅吴晓勤先生，在研究思路上高屋建瓴的指引；感谢恩师高冰松女士，一路上无私的引导、鞭策与鼓舞，是笔者不断前行的最大动力；感谢同济大学刘滨谊教授，在最初迈上生态之路时的引领；感谢原宿州市城乡规划局史敦文先生、淮北市规划局徐殿忠先生、淮南市规划局张猛先生、宣城市规划局王雪凤女士、安庆市规划局唐厚明先生与高峡女士、宁国市规划局刘凡先生与朱湘义先生，以及怀宁县政府龚爱平先生与县规划局张孝珍女士，每一次的碰撞、交流与打磨，都是寻求真理之路上的坚实一步；感谢安徽省城乡规划设计研究院姚本伦先生，以及合肥工业大学建筑设计院（集团）有限公司唐望松先生，所给予的支持与鼓励。

一路走来，历练不断！也感谢合肥工业大学设计院（集团）有限公司规划二分院刘家铭院长、邢军副院长，项目团队主要成员陆冰清、唐乐乐、王蓉蓉、任冰儿、吴云霞、马可、李咏、汪秀丽、李珊珊、杨璐等同志，一次次实证的过程，犹如一场场全新的战役，即便是面对冰山一角的攻克，也为共同成长的道路积累了喜悦；同时也要谢谢娄梦玲、汪海蓉、胡瑶、黄中山、谢双双等研究生所付出的辛勤的图纸整理工作，你们的助力是顺利完成此书的重要保障，而生态之大业，也有赖于每一届学子们的前赴与后继；建工出版社编辑焦扬女士为《城市空间生态网络空间增效途径研究》以及本书的出版鼎力支持，始终如一，对此我由衷致谢。

还有很多需要感谢的人，感谢他们在笔者陷入困境之时给予的力量与勇气。感恩之意未能详尽，愿所有的人健康幸福、平安快乐！

眼下，正值多彩烂漫、如诗如画的时节，而城乡规划的改革也正如火如荼，学术之路的探索，亦将得以持续并永续……

吴敏

2019年秋于合肥